질병의 종식

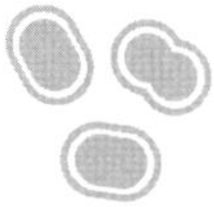

질병의 종식

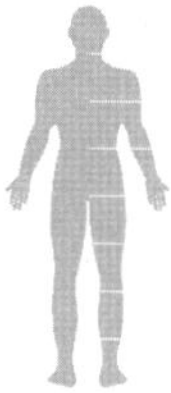

우리는 어떻게 해야 질병 없는 삶을 누릴 수 있을까

홍윤철 지음

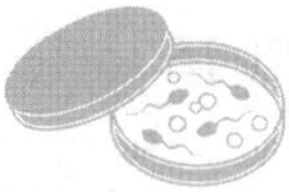

사이

목차

제3부 : 질병을 종식시키기 위한 우리 몸의 5가지 전략

제5부 : 질병의 종식, 그 이후

들어가는 글

우리는 과연,
질병 없는 세상에서
살 수 있을까

질병, 역사적 변천을 겪다

인류는 질병을 종식시킬 수 있을까? 『질병의 탄생』을 출간한 이후 가장 많이 받은 질문은 어떻게 하면 질병을 해결할 수 있느냐는 것이었다. 질병이 생기는 원인을 알면 그것을 해결할 수 있는 방법도 어렵지 않게 알 수 있을 거라는 생각에서 그런 질문을 했을 것이다. 그러나 질병은 원인을 안다고 해서 쉽게 해결 방법을 찾을 수 있는 간단한 문제가 아니다.

〈질병 없는 세상〉을 만드는 것은 우리 모두의 꿈이라고 할 수 있다. 이 꿈을 이루기 위해서는 질병을 해결할 수 있는 과학 기술, 의료 시스템, 사회경제적 기반이 뒷받침되어야 한다. 그리고 이러한 기반을 마련하기 위해서는 무엇보다도 건강과 질병을 바라보는 올바른 시각을 가져야 한다. 〈건강〉은 우리를 둘러싼 환경과 조화로운 상태를 이루어 생명의 목적, 즉 다음 세대가 존속할 수 있도록 하는 생명체의 상태라고 할 수 있다. 그런데 환경은 끊임없이 변하기 때문에 인간과 환경과의 관계가 조화와 균형을 유지하지 못하고 깨지면 균열이 생길 수밖에 없다. 〈질병〉은 이 균열이 메워지지 못할 때 나타나게 된다. 따라서 환경의 어떠한 변화들이 질병을 초래하는지, 그리고 앞으로 인류가 겪게 될 변화들은 어떤 질병을 발생시킬 것인지를 이해하는 것이 질병 종식을 위한 첫걸음이라 할 수 있다.

그러기 위해선 우선 과거의 역사를 통해 변화된 환경과 그 때문에 발생한 질병의 관계를 이해할 필요가 있다. 특히 인간의 생활환경이 크게 변했던 문명 이후의 역사를 살펴보는 것이 중요하다. 1만 년 전 농업혁명을 계기로 문명시대로 들어서면서 질병이 탄생되었는데 질병은 전쟁과 기아와 함께 인간의 생명을 위협하는 매우 중요한 요인으로 등장했다. 이에 인간은 질병을 이해하고 이를 극복하고자 하는 많은 노력을 기울여 왔다. 따라서 인간의 생활환경을 이루는 공동체와 이를 둘러싼 정치, 경제, 문화, 철학의 발전을 역사적으로 살펴보면서 의학적 개념 및 의술의 발전을 이해할 필요가 있다. 사실 생물학적 혹은 과학 기술적인 시각만으로는 질병을 제대로 이해할 수 없다. 시각을 확장해 공동체 속의 인간 그리고 인류라는 종種에 속한 개체의 삶과 죽음을 바라보아야 비로소 질병을 올바로 이해할 수 있다.

농업혁명 초기만 해도 생산력이 낮아 생산물이 부족했기 때문에 충분한 영양 공급을 받을 수 없었고 제한된 작물에만 의존하게 되면서 다양한 영양소 섭취를 하지 못해 영양 결핍에 의한 질환이 흔하게 발생했다. 더욱이 공동체 생활과 동물의 가축화로 인한 감염성 질환이 건강을 크게 위협해 평균수명은 30세를 넘지 못했다. 그러나 점차 생산력이 증가하고 공동체의 규모가 커지면서 국가라는 새로운 형태의 권력이 등장하게 되었다. 국가는 권력의 속성상 다른 지역을 수탈하거나 이용해 보다 많은 이윤을 남기고자 했기 때문에 지역 간 전쟁 또는 교역과 교류가 활발해지게 되었다. 이러한 변화는 이전에는 겪지 못했던 새로운 질병, 즉 〈전염병 시대〉를 가져왔다. 새로운 균에 대한 접촉이 면역력과 적응의 기간을 갖지 못한 인간에게 심각한 전염병의 유행을 가져온 것이다.

시간이 흘러 18세기에 이르자 산업혁명이 일어나면서 생산력의 놀라운 발전을 가져왔다. 이는 새로운 생산관계, 즉 자본을 갖고 영리를 추구하는 자본가와 자신의 노동을 팔아서 생활하는 노동자 계급을 만들어 냈다. 산업혁명 초기 노동자들의 생활조건은 형편없었고 이로 인해 많은 질환이 초래되었다. 그러나 과학적 발전과 향상된 생산력으로 생활환경이 개선되면서 일반대중을 이루는 노동자 계급도 풍요로운 생활을 하게 되었다. 그리고 이는 전염병의 유행을 크게 줄여 전염병 시대의 막을 내리게 했지만 한편으로는 〈현대인의 질병〉으로 알려진 당뇨병, 비만, 고혈압, 암 등 많은 종류의 만성질환을 폭발적으로 증가시킨 원인이 되었다. 한마디로 산업혁명은 오늘날 우리가 겪고 있는 온갖 질병의 온상이 되었다.

만성질환의 대유행,
그리고 이어지는 후기만성질환의 등장

20세기 초까지만 해도 세계적으로 사망을 일으키는 주요 요인은 폐렴, 결핵, 위장염이었고 이들 질환들이 전체 사망 요인의 3분의 1을 차지했다. 그런데 세계보건기구WHO의 보고서에 따르면 2012년 인류 전체 사망자의 68퍼센트가 심장질환, 당뇨병, 암과 같은 만성질환에 의해 사망했다. 한 세기 만에 주요 사망 원인이 되는 질환이 바뀌었을 뿐만 아니라 만성질환이 사망 원인 중에서 차지하는 비율 또한 크게 증가한 것이다.

만성질환은 감염성 질환과는 달리 한 종류의 병원균이 아니라 복합적인 원인에 의해 발생한다. 또한 질병이 발생하기까지 상당한 시간이 걸릴 뿐 아니라 질병에 걸린 경우에도 바로 사망하거나 회복되지 않고 상당히 오랜 기간 질병을 가진 상태로 있게 된다. 일반적으로 전염병이 미생물에 의해 초래된 질병이었다면, 만성질환은 과거의 환경에 적응된 유전자를 갖고 있는 현대인이 여러 가지 새로운 환경에 노출되면서 유전자와 생활환경이 서로 〈조화와 적응〉을 이루지 못해 생기는 것이라고 할 수 있다. 유전자가 새로운 환경에 적응하기 위해 인구집단에서 변하는 데에는 상당한 시간이 필요한데 현대 사회의 변화 속도가 유전자의 적응 속도보다 훨씬 빠르기 때문에 그 부조화로 인해 우리는 지금 만성질환의 대유행 시기를 겪고 있는 것이다. 즉 〈환경의 급속한 변화〉가 21세기 질병의 주요 요인이다.

현대인은 수렵채집인과 비교할 때 먹거리로 인한 칼로리 섭취가 크게 늘어났을 뿐 아니라 당분, 염분, 동물성 지방의 과다 섭취와 식물성 단백질의 섭취 부족 등 먹거리의 구성 또한 크게 달라졌다. 또한 신체 활동량은 크게 줄어든 반면 음주나 흡연 같은 새로운 생활습관을 갖게 되었다. 한편 대기오염이나 환경호르몬과 같은 화학물질에 새롭게 노출되고 있고 훨씬 경쟁적인 사회적 인간관계 속에서 살고 있다. 이러한 생활환경의 변화 때문에 과거에는 생존에 유리하게 작용했던 유전자가 이제는 오히려 질병을 일으키는 쪽으로 작용하게 되었다. 이것이 당뇨병, 고혈압, 심장질환과 같은 만성질환이 발생하게 된 근본적인 이유이다. 특히 제2차 세계대전이 끝나고 생활수준이 급격히 높아지자 만성질환은 폭발적인 증가를 나타냈다.

그런데 흥미로운 점은 만성질환의 유행 역시 매우 빠르게 변하고 있다는 것이다. 이미 선진국에서는 심혈관질환과 암으로 인한 사망률뿐 아니라 그 발생률까지도 정점을 지나 감소하고 있는 것으로 나타나고 있다. 현재는 만성질환이 개발도상국에서 유행병처럼 증가하고 있기 때문에 인류 전체를 놓고 보면 여전히 증가하고 있는 추세지만 이도 머지않아 감소할 것이다. 그런데 만성질환의 증가 추세가 꺾이고 감소하는 방향으로 전환된다면 인류는 진정 〈질병 없는 시대〉로 들어설 수 있을까? 전염병이나 만성질환이 줄어든다고 해도 인류는 새로운 문제에 직면하게 될 가능성이 높다. 더욱이 전염병이 줄어들면서 만성질환이 폭발적으로 늘어났듯이 만성질환이 줄어들면서 새로운 질환들이 급속하게 늘어날 수 있다.

새로 늘어날 질환들로는 알츠하이머병이나 파킨슨병과 같은 신경퇴행성질환들과 면역 기능이 교란되어 생기는 아토피나 크론병과 같은 면역교란질환, 그리고 경쟁과 스트레스와 같은 정신적인 자극이 증가되면서 생기는 정신질환 등을 들 수 있다. 이러한 질환들도 대개 만성적으로 질병이 진행되고 복합적인 요인들에 의해 초래된다. 그런데 이들 질환들은 만성질환을 초래하는 여러 가지 요인들 외에 노령화, 장내 세균의 변화, 경쟁적인 사회 구조 등 새로운 요인들이 더해져서 발생된다는 특징이 있다. 따라서 만성적인 질환에 속하기는 하지만 기존의 만성질환과 구분하기 위해 〈후기만성질환〉으로 부를 수 있을 것이다.

한편 도시화가 만성질환의 온상을 제공했듯이, 세계화는 전염병과 환경성 질환의 새로운 유행을 가져오는 계기가 될 수 있다. 세계화로 인해 〈국경 없는 질병 시대〉로 접어들면서 사스SARS, 메르스MERS, 지카ZIKA와 같은 새로운 바이러스 감염병의 유행이 생겼고, 앞으로 조류 인플루엔자AI 바이러스와 같은 새로운 병원균이 사람을 숙주로 하여 감염을 일으키게 되면 신종 전염병이 광범위하게 유행할 수도 있다. 또 일본의 후쿠시마 핵발전소 사고나 중국의 심각한 대기오염은 환경성 질환 역시 국경이나 지역의 경계 없이 확산될 수 있음을 보여주고 있다.

질병을 바라보는 시각의 변화,
이제는 〈포괄적 건강 관리 시대〉로

이처럼 시대에 따라 질병이 변해 왔듯이 질병을 바라보는 시각도 역사적 변천을 거쳐 왔다. 고대 문명의 시기를 벗어나 아테네와 같은 도시국가들이 만들어지자 인간의 질병과 죽음을 신에 의한 처벌 혹은 신이 정한 운명이라고 생각했던 이전의 종교적 관점에서 벗어나 이성적인 눈으로 바라보기 시작했다. 바야흐로 질병을 신의 영역에서 〈인간의 영역〉으로 끌어내린 것이다. 그러나 로마제국 끝무렵에 시작된 전염병의 대유행은 질병을 다시 신의 영역으로 보는 시각을 재등장시켰다. 전염병에 대처할 마땅한 방법이 없었기 때문에 질병을 나쁜 영이나 신에 의한 징벌로 인식했던 과거의 질병관이 다시 퍼지게 된 것이다. 이러한 질병관은 이후 천 년 이상 질병을 바라보는 시각이 되었고 르네상스를 거쳐 산업혁명에 이은 발전을 거치면서 그제야 비로소 질병은 과학의 영역으로 들어오게 되었다.

이후 과학의 시각으로 질병을 바라보게 되면서 만들어진 〈생의학적 질병관〉이 오늘날까지도 큰 영향을 미치면서 현대 의학의 중심적인 사고로 뿌리 깊게 자리 잡고 있다. 생의학적 질병관이란, 세균과 같은 외부 요인이 인체에 침입해 특정 장기에 있는 세포의 기능 혹은 구조를 비정상적으로 변화시켜서 질병을 일으킨다는 생각에 기반을 두고 있다. 즉 생의학적 질병관에서는 특정 미생물이나 유전자와 같은 생물학적 요인이 특정 질병을 직접적으로 일으키는 요인이라고 보지만 이러한 병인론病因論도 최근 들어 설득력을 잃고 있다. 왜냐하면 만성질환의 발생에 있어서 특정한 환경적 요인이나 유전자의 변이로 설명할 수 있는 부분은 매우 적고 오히려 유전자뿐 아니라 후성유전체, 단백체, 대사체 등의 다양한 인체 내부 시스템과 수많은 환경적 요인과 같은 인체 외부 시스템들이 얽혀져서 발생한다는 것이 밝혀지고 있기 때문이다.

사실 하나의 질병에도 여러 유전자가 관련되어 있고 특정한 유전자가 여러 만성질환과 관련 있는 경우도 상당히 많다. 환경적 변화 역시 개인 혹은 인구집단에 따라 매우 다양하게 나타나기 때문에 질병의 특정 요인을 단순화해서 정하기는 어렵다. 또한 생활을 구성하는 주요 요소들의 변화, 즉 음식, 신체활동, 세균, 인간관계, 환경의 위협 등 다양한 요인들이 서로 영향을 주고받으면서 만성질환을 일으키기 때문에 질병을 발생시키는 데에 있어서 특정한 요인의 독립적인 영향을 구분하기도 어렵다. 당뇨병, 고혈압, 동맥경화증, 고지혈증, 심장질환 등과 같은 경우에도 이들 각각은 서로 다른 질환이지만 어떤 개인에게 한 개 이상의 질환이 발생하는 경우 이들이 독립적으로 발생한다기보다는 서로 연결되어 발생한다고 보는 것이 보다 합리적인 생각일 것이다.

특정 원인이 특정 질병을 일으킨다는, 즉 질병의 원인이 되는 요인과 질병 현상이라는 결과가 〈1 대 1〉로 대응되는 단순관계는 만성질환에서는 거의 볼 수 없는 현상이다. 따라서 어느 한 요인을 질병의 원인으로 특정 지으려는 노력은 대부분의 질병을 설명하는 데 있어서 타당하지 않다. 질병이란, 다양하게 존재하는 인체 내부 및 외부 요인들에 의해 인체의 구조와 기능이 정상적인 범위를 벗어나면서 발생하기 때문이다. 따라서 이제는 생의학적 질병관을 넘어서 인체 내부와 외부의 다차원적 시스템들의 균형과 조화가 깨져서 질병이 발생한다는 생각을 기반으로 하는 새로운 질병관, 즉 〈시스템 의학적 질병관〉을 정립해 나갈 필요가 있다.

질병관의 변화와 함께 환자 관리에 있어서 중심적인 역할을 하는 병원에서의 진료 역시 바뀌어야 한다. 현재의 질병 중심의 진료는 심각한 문제를 드러내고 있기 때문이다. 질병 중심 의료가 의료의 전문성을 높이는 데 크게 기여했다고 할 수도 있지만 만성질환 시대에는 질병 각각에 대한 독립적인 대응 개념으로는 효율적으로 환자를 치료하기가 어렵다. 결국 질병 중심의 의학에서 사람 혹은 〈환자 중심의 의학〉으로 변화되어야 한다. 이와 함께 의학 교육 또한 바뀌어야 한다. 미래의 의사들에게는 인체 내부의 시스템과 외부 환경 간의 관계에서 나타나는 다양한 질병 현상들을 이해하고 환자에 대한 통합적이고 전인적인 접근을 할 수 있는 지식과 기술을 가르쳐야 한다.

미래에는 이처럼 질병을 대상으로 하는 것이 아니라, 환자의 개별적인 상황을 종합적으로 파악해 진단이 이루어져야 하고 기능 저하나 심리적 및 사회적 기능 장애를 극복하는 방법까지 포함된 〈포괄적 건강 관리〉가 행해져야 한다. 앞으로 보다 정밀한 진단과 처방, 세포나 조직의 재생, 그리고 유전자나 인체 기능 강화가 활발하게 이루어지는 시점이 되면 각 개인에 맞추어서 건강 문제를 다루는 〈개인 맞춤 의료〉 혹은 〈정밀 의료〉 시대가 오게 될 것이다. 이러한 시대가 되면 질병의 진단과 치료 행위 같은 전통적인 의료 행위는 포괄적 건강관리에 포함되어야 할 일부분에 해당될 뿐이다. 다시 말하면 우리는 앞으로 질병의 원인이 되거나 질병의 경과에 영향을 미치는 여러 생활습관과 환경적 요인들을 종합적으로 파악하고, 자동화되고 전산화된 의료 시스템을 이용해 환자에 대한 연속적이고 포괄적인 의료 서비스를 제공하는 〈새로운 질병 관리 시대〉를 맞게 될 것이다.

질병의 종식 실현, 그리고 그 이후

아마도 미래의 시점에서 바라보게 되면 지금 이 시대는 과거와 미래의 역사 모두를 통틀어서 질병 양상의 변화가 가장 심했고 생물학적 수명의 증가가 가장 크게 나타났던 시대일지 모른다. 지난 150년 동안 인류의 평균수명은 거의 2-3배 가까이 증가했다. 특히 한국의 경우 지난 60년 동안에 본격적으로 수명 증가가 이루어졌는데 거의 해마다 6개월씩 수명이 증가하는 놀라운 현상을 보여주었다. 이렇게 짧은 기간 안에 몇 배의 수명 증가가 관찰된 경우는 생물종 중에서 인류가 거의 유일하다. 인류의 이 같은 수명 증가는 기본적으로 질병으로 인한 사망률이 감소되었기 때문이다. 그런데 과학과 의학 기술이 더욱 발전해 질병이 거의 종식되고 인간이 생물학적 수명의 한계를 넘어서까지 생존하거나 수명 자체를 조절할 수 있는 시대로 들어서면 인류는 꿈에 그리던 유토피아 시대로 들어설 수 있을까?

대부분의 감염병이나 만성질환 혹은 후기만성질환을 치료할 수 있는 기술을 갖는다고 해서 곧바로 인류의 질병이 종식되고 유토피아가 도래하는 것은 아니다. 소득 불평등의 심화, 과학 기술의 불균형 발전, 의료 접근성의 차이 등이 유지되거나 더욱 심화되면 의료 기술 발전의 혜택을 보지 못하고 여전히 질병의 고통을 받는 집단이 존재할 것이기 때문이다. 반대로 과학 기술의 발전이 가져오는 성과를 비대칭적으로 풍요롭게 누리게 되는 일부 집단이 존재하게 될 것이고 결국에는 그 집단만이 생물학적 기능 강화를 통해 뛰어난 능력을 소유하게 될 수도 있다. 이렇게 〈생물학적 불평등〉이 현실화되는 순간 미래 사회는 돌아올 수 없는 길, 즉 화해할 수 없는 갈등과 대립의 시대에 들어서는 것이다.

따라서 미래의 사회는 전염병 시대나 만성질환 시대보다 더욱 심각한 도전을 인류에게 안겨줄 수 있다. 더욱이 앞으로 인류가 겪을 문제들은 그동안 경험해 보지 못한 것일 뿐만 아니라 인구의 노령화, 죽음의 선택과 관리, 활력을 잃은 정체된 사회와 같이 결코 쉽게 해결할 수 없는 것일 수 있다. 결국 인류는 미래에 만성질환이나 노화와 같은 난제들을 푸는 열쇠를 갖게 되겠지만 이는 동시에 새로운 난제의 문으로 들어가는 열쇠일 수도 있다.

인류는 지금, 매우 중요한 순간을 맞고 있다. 지금을 사는 우리가 어떻게 하느냐에 따라 질병에서 해방된 밝은 미래를 맞게 될지, 아니면 미래의 변화가 오히려 인류의 생존을 위협하는 도전이 될지 결정될 것이다. 그렇기 때문에 질병을 종식시키려는 노력과 함께 질병의 종식이 가져올 변화가 인류의 위기로 이어지지 않게끔 노력해야 한다. 이제 미래의 변화에 적절하게 대응할 수 있는 의료 시스템을 만들어 가야 할 뿐만 아니라 질병을 종식시킬 수 있는 개인적 실천과 함께 공동체 수준에서의 실천 전략, 즉 사회적 전략과 세계적 전략을 갖추기 위한 노력을 본격적으로 시작할 때가 되었다.

이 책의 구성

이 책에서는 다음에 나올 세 가지 사항에 초점을 두고 질병의 변천과 정복 그리고 미래에 대해 살펴보았다. 인류의 오랜 꿈인 질병의 종식에 대해 방법론적인 모색을 하는 것이 이 책의 가장 중요한 목적이지만 한편으로는 그와 더불어 나타날 수 있는 미래의 도전적인 문제들도 같이 설명하고자 했다.

첫째, 질병은 역사적 변천과 맥을 같이한다는 것이다. 수렵채집 시기의 질병에서 현대 사회의 만성질환으로까지의 변천은 질병의 발생이 인간의 사회경제적 조건과 밀접하게 결부되어 있다는 것을 보여준다. 따라서 자동화, 전산화에 기초한 생산력의 발전과 생산관계의 변화, 그리고 세계화에 따른 정치경제적 변화는 미래의 질병 양상에도 영향을 줄 수밖에 없다. 이러한 변화는 도시화 등 공동체의 변화를 가져올 뿐 아니라 신경퇴행성질환, 면역교란질환, 정신질환 등이 주요 질환으로 등장하는 〈후기만성질환의 시대〉로 인류를 이끌어갈 것이다.

둘째, 질병을 특정한 요인이 인체의 특정한 기관, 조직, 세포에 이상을 일으켜서 발생하는 현상으로 이해하는 기계적인 인과론적 개념으로는 만성질환을 제대로 이해할 수 없으며 근본적인 질병의 종식을 가져올 수도 없다. 따라서 질병에 대한 인식은 생의학적 질병관에서 복합적이고 유기적인 시스템 의학적 질병관으로 발전해야 하고 이러한 인식을 바탕으로 인체 내부와 외부 시스템 간의 균형과 조화를 회복하려는 노력이 있어야 질병에 대한 정복이 가능할 것이다.

셋째, 과학 기술의 발달로 전반적인 건강 수준이 높아질 뿐 아니라 장애가 줄고 생물학적 수명의 한계를 넘어서는 수준까지 수명이 연장될 수 있을 것이다. 그러나 한편으로는 자손을 출산하려는 동기가 떨어지면서 출산율은 낮아지고 노인이 다수가 되는 인구 구조가 될 것이다. 이렇게 되면 인류는 지금까지 경험하지 못했던 새로운 도전을 맞이하게 될지도 모른다.

이 책의 구성은 크게 5부로 이루어져 있다. 1부에서는 질병의 탄생에서 전염병의 대유행 시대까지 살펴보면서, 역사는 발전하며 질병의 역사도 인류의 역사 발전 단계 안에서 바라보아야 한다는 것을 이야기하고자 했다. 2부에서는 만성질환과 후기만성질환이 어떻게 나타났으며 또 앞으로 질병의 양상은 어떠한 변화를 거칠 것인가와 함께 시스템 의학이 질병의 문제를 해결할 수 있는 새로운 방법이라는 것을 설명하고자 했다. 3부에서는 질병을 종식시키기 위한 우리 몸의 5가지 전략에 대해 살펴보았다. 즉 미생물과 협력하며 함께 사는 공생 시스템, 독성물질에 대한 방어를 강화하는 독물대사 시스템, 외부 침입자로부터 자신을 지키는 면역 시스템, 건강한 노화 과정을 거치는 건강노화 시스템, 그리고 인체 기능을 강화시키는 재생 시스템 등에 대해 살펴보면서 이들이 우리 몸 안에서 작동하는 방식과 질병에 대응하는 전략에 대해 알아보았다. 4부에서는 변화하는 질병에 대한 대응으로써 의료 시스템의 변화를 살펴보고 질병을 종식시킬 수 있는 개인적 실천, 사회적 전략, 그리고 세계적 전략을 함께 살펴보고자 했다. 끝으로 5부에서는 수명의 한계에 대한 고찰과 함께 수명의 증가가 가족과 사회 공동체에 미치는 변화를 생각해 보고자 했다. 마지막으로 인류세人類世, 즉 인류가 지구환경 전체에 커다란 영향을 미치는 오늘과 미래에 대한 조망을 담았다.

결론적으로 이 책에서는 역사적 조망을 통해 질병과 의학의 변화를 고찰하고 인류의 숙원인 질병의 종식을 어떻게 이룰 수 있을지를 설명하고자 했다. 2014년에 출간한 『질병의 탄생』은 질병의 원인에 대한 문명사적인 고찰이라고 할 수 있는데 그 책과 짝을 이루는 이번 책은 질병의 종식에 대한 방법론적 고찰, 그리고 미래에 대한 전망으로 읽히기를 희망한다. 이제, 질병이 인간의 삶과 죽음 그리고 수명에 커다란 영향을 미쳤던 시대는 조금씩 저물어갈 것이다.

제1부

질병의 탄생에서 전염병의 대유행까지

01

마침내,
질병이 시작되다

인류,
신체 및 지적 발달을 겪다

오스트랄로피테쿠스와 같은 선행인류의 시기를 포함해 인류인 호모 사피엔스에 이르기까지 수렵채집 시기의 문화를 살펴보면 석기, 불, 먹거리, 의사소통에서 변화와 발전이 서서히 이루어진 것을 알 수 있다. 석기는 매우 중요한 문화적 도구로, 돌을 깨서 만든 날카로운 조각에서부터 정교하게 다듬은 주먹도끼 그리고 칼로 점차 발전해 왔다. 120만 년 전쯤에 이르면 선행인류는 그 이전에 비해 도구를 보다 잘 다룰 수 있게 되는데 이때부터 도구를 이용해서 동물을 잡아먹을 수 있게 되었을 뿐만 아니라 불을 이용해서 고기를 안전하게 익혀 먹게 되었다.

인류가 보다 정교한 도구를 이용해 낚시를 하고 옷을 만들어 입게 된 것은 대략 5만 년 전부터이다. 이 시기의 인류는 보다 잡식성이 되어 이전보다 훨씬 다양해진 음식을 섭취하게 되면서 더 큰 동물과 물고기까지 잡아먹을 수 있게 되었다. 또한 의복을 만들어 입게 되면서 추운 기후에서도 생존할 수 있는 능력을 갖게 되었다. 즉, 인류가 아프리카에서 나와 본격적으로 문화를 만들어낼 수 있는 기반을 갖추게 된 것이다. 이후 보다 다양하고 더욱 정교하게 만들어진 석기가 등장했고 동굴 벽화와 조각, 장신구 등과 함께 제사를 중심으로 한 의식 문화가 나타나기 시작했다.

이러한 문화는 단순하게 어떤 기술을 갖추었다고 해서 이루어지는 것이 아니라 언어를 기반으로 한 의사소통이 가능해야 만들어질 수 있다. 따라서 이 시기에 인류는 문화를 이루는 데 있어 생물학적으로 필요한 능력을 충분히 갖추었다고 볼 수 있다. 예를 들어 언어를 구사하는 데 필요한 상당한 지능을 가진 두뇌, 발성에 필요한 후두나 성대의 신체적 구조, 말할 때 요구되는 특징적인 구강 운동 기능 등이 갖추어져야 한다. 다른 포식동물에 비해 발톱이나 날카로운 이빨 등 사냥에 필요한 뛰어난 신체 조건을 갖추지 못한 인간은 대신 의사소통을 기반으로 한 협업을 통해 수렵과 채집을 할 수 있는 우수한 능력을 갖추게 된 것이다. 먹거리 획득이 용이하면 짝짓기를 통해 후손을 보다 많이 낳을 수 있는 기회가 생기기 때문에 언어 구사 및 협업 능력은 자연선택의 압력을 크게 받으면서 갖추게 된 인간의 주요한 특성이라고 할 수 있다.

수렵채집 시기의 인류는 인구가 늘거나 혹은 환경이 변해 주변에 무리를 먹여 살릴 수 있는 먹이가 충분치 못할 때는 살고 있던 곳을 떠나서 새로운 거주지를 찾아 나서곤 했다. 이들은 가족을 중심으로 작은 무리집단을 형성해 살면서 자주 이동을 했는데 대개 처음에는 다른 무리집단과는 일정한 거리를 두면서 자신들만의 영역을 만들어 갔다. 그러나 짝을 이루어 새로운 가족을 만들기 위해서는 무리집단 간의 접촉이 필요했고 이러한 접촉을 통해 점차 가족의 범위를 넘는 공동체를 이루게 되었다. 그러다 5만 년 전에 본격적으로 아프리카를 벗어나 세계 각지로 흩어져 살게 되었고 각 지역에 적응하면서 서로 다른 인종으로 분화되었으며 또한 유전적인 특성도 다양화되었다.

3만 년 전에 시작된 가장 최근의 빙하기가 1만 2천 년 전에 끝나자 중위도 지역에서 넓게 자리를 차지하고 있었던 빙하가 물러나면서 초원과 강, 그리고 호수 등이 나타났다. 빙하기에 비해 5-6도 정도 올라간 기온은 식물군과 동물군을 보다 다양하게 변화시켰다. 문명의 기반이 되었던 농업이 시작될 수 있는 조건이 형성되기 시작한 것이다. 이 시기에 이르자 인류의 지적 능력은 더욱 향상되었고 창의성 또한 보다 뚜렷하게 나타나기 시작했다. 석기와 같은 도구도 더욱 발전되었고 동굴 벽화도 이전보다 예술성이 향상되었다. 또한 온난화된 기후 덕분에 훨씬 다양해진 생태계는 계절이나 환경 조건에 따라 다르기는 했지만 인류에게 비교적 풍부한 먹거리를 제공했다. 각종 동물과 식물, 과일, 견과류, 어류, 조개류 등 다양해진 먹거리는 인류의 신체적 발달과 함께 지적 발달도 촉진했다. 인류는 이러한 변화를 통해 장차 문명을 만들어 갈 문화적 규범과 생물학적 기반을 갖추게 되었다.

수렵채집인,
감염병에는 걸렸지만 전염병에는 걸리지 않았다

그러나 수렵채집 시기는 문명이 시작되기 전이라 석기나 언어와 같은 문화적 도구의 힘보다는 아직은 자연의 힘이 훨씬 지배적으로 영향을 미쳤던 시기였다고 할 수 있다. 선행인류에서 호모 사피엔스로 변해 오면서 도구와 불의 사용, 음식의 변화, 의복과 주거지의 변화들과 함께 생존의 조건 또한 서서히 개선되어 왔다. 하지만 사망률이 출생률과 사실상 같아서 인구의 증가는 거의 없었고 당시 인류의 평균수명 또한 20-25세 정도로 40세 이상 살기가 어려웠다. 수렵채집인의 건강을 가장 위협한 요인은 먹거리의 부족이었으며 그 다음 요인은 수렵채집 활동을 하면서 찔리거나 떨어져서 다친 상해였다. 상처를 입으면서 생활환경에 있는 세균이 상처 부위에 감염을 일으킬 수 있는데 이는 수렵채집인의 건강을 위협하는 하나의 요인이었다. 그러나 오늘날 볼 수 있는 대부분의 전염병은 수렵채집 시기에는 거의 발생하지 않았다.

실제 감염병을 일으키는 세균은 인체 내부와 외부, 그리고 생활 주변에서 접할 수 있는 미생물 중에서 아주 일부에 불과하다. 사실 대다수의 미생물은 질병을 일으키지 않고 인류와 공생의 관계를 이루면서 사람에게 도움이 되기도 한다. 하지만 이러한 공생의 관계는 대부분 사람과 미생물 간에 힘의 균형이 이루어지는 정상적인 상태에서만 나타나게 되고 사람의 영양 상태가 나쁘거나 스트레스가 심할 때는 둘 사이에 힘의 균형이 무너지면서 공생관계에 있는 미생물도 사람에게 병을 일으킬 수 있다. 예를 들어 대장에서 정상적으로 살고 있는 세균인 대장균은 보통 때는 병을 일으키지 않지만 사람의 면역력이 떨어지거나 대장의 환경이 크게 바뀌게 되면 감염을 일으킬 수 있다.

즉 사람에게 어느 정도의 방어 능력이 있으면서 힘의 균형이 유지되는 경우에는 사람과 미생물의 공생관계가 유지될 수 있다. 그러나 이러한 관계는 선행인류나 인류가 그 미생물을 처음 접했을 때부터 주어진 것은 아니다. 아마도 아메바나 박테리아와 같은 미생물이 선행인류나 인류의 몸 안에 처음 들어갔을 때는 서로 간에 적응이 되지 않은 상태였을 것이다. 따라서 그 개체나 집단에게 병을 일으켜서 적어도 그 중의 일부는 사망했을지도 모른다. 결국 선행인류나 인류는 이러한 미생물이 몸 안에 들어오게 된 경우 병이 발생되지 않거나 병에 걸려도 심하지 않은 개체만이 살아남는 자연선택의 과정을 거쳤다고 할 수 있다. 미생물 역시 병이 발생한 숙주가 사망하면 자신도 같이 죽어야 하기 때문에 생존과 번식의 입장에서 보면 숙주가 사망에 이르는 것은 미생물 입장에서도 바람직한 상태가 아니다. 따라서 점차 미생물의 경우도 병을 덜 일으키는 방향으로 자연선택이 일어났다. 이와 같은 과정을 통해 형성된 미생물과 인간의 〈공존 혹은 공생〉의 관계는 미생물의 독력이나 감염 능력과 인간의 방어 능력 사이에 〈균형〉이 이루어진 관계라고 할 수 있다.

한편 미생물이 사람에게 병을 일으키고 그 병이 퍼져 나가기 위해서는 사람의 방어 능력을 넘어서야 하지만 그 외에도 중요한 조건들이 몇 가지 있다. 우선 미생물이 사람을 숙주로 삼아 계속해서 번식할 수 있어야 한다. 그런데 수렵채집 시기에는 오늘날과 같이 많은 사람들이 한곳에 모여 살지 않고 서로 간에 멀리 떨어져 작은 무리를 이루고 살거나 새로운 거주지를 찾아 여러 지역을 이동하면서 살았기 때문에 사람 간에 미생물이 전파되거나 중간숙주가 미생물을 쉽게 사람에게 옮길 수가 없었다. 예를 들어 홍역을 일으키는 바이러스는 한 사람에게 감염을 일으킨 후 곧바로 다른 사람에게 전파되지 않으면 사멸하게 된다. 결국 많은 사람들이 모여 사는 지역에서는 홍역이 쉽게 퍼져 나가지만 그렇지 못한 곳에서는 어렵다. 따라서 수렵채집 시기에는 나병균과 같이 한 사람에게 오랜 기간 감염 상태를 유지할 수 있는 균이라야 다른 사람을 전염시킬 수 있는 기회가 생기고 그래야만 균도 생존해 나갈 수 있기 때문에 전염병이 있었다 하더라도 상당히 제한적일 수밖에 없었다.

동물을 사냥하거나 죽은 동물의 고기를 다룰 때에도 동물이 갖고 있는 균이 사람에게 들어와서 감염병을 일으킬 수 있으나 이때 사람은 그 감염균의 정상적인 숙주가 아니기 때문에 대부분의 경우 사람과 사람 사이에 쉽게 퍼져 나가지 않는다. 또한 동물을 다룰 때 직접적인 감염은 아니지만 동물의 내장이나 부패한 부위에 있는 혐기성 박테리아의 독소에 노출되면 보툴리즘이나 파상풍과 같은 질병이 생겨 생명의 위협을 받을 수도 있으나 이러한 독소 역시 전염력이 없기 때문에 다른 사람에게 퍼져 나갈 수가 없다. 따라서 수렵채집 시기에는 동물을 통해 세균에 감염되거나 중독이 일어난 경우에도 세균이 사람들 사이에 퍼져 나가서 전염병이 유행하는 현상은 거의 나타나지 않았다고 할 수 있다.

문명,
질병을 탄생시키다

마지막 빙하기가 끝나면서 각 지역의 환경 조건이 다양해지자 생활환경 또한 다양해졌고 이를 기반으로 한 먹거리 획득도 지역에 따른 차이가 나타나기 시작했다. 바닷가나 강가에 거주한 사람들은 어류나 조개류를 획득할 수 있었고, 초원에 거주한 사람들은 초식동물을 주로 사냥했다. 그러나 대부분의 사람들은 식물이 잘 자랄 수 있는 환경과 다양해진 식물군 덕분에 밀, 조, 벼와 같은 곡물을 선택해 재배하는 농경으로 전환했다. 이렇게 본격적으로 수렵채집에서 농경으로 전환되면서 인류는 마침내 농경과 목축, 어업이 생활의 기반이 되는 문명시대로 들어서게 되었다.

1만 년 전에 문명사회를 이루기 시작했을 때의 공동체는 대개 몇 개의 가족을 중심으로 만들어졌지만 이와 같은 소규모 공동체는 이후 서로 연합하거나 경쟁하면서 무리집단에서 마을로, 또 도시와 국가로 발전해 갔다. 경쟁에서 밀려난 공동체는 사라지거나 중심지에서 멀리 떨어진 열대우림 지역이나 극지방, 사막과 같은 변두리로 이동해 정착했다. 공동체의 형성과 이동 그리고 정착생활은 수렵채집 시기에도 어느 정도는 있었지만 문명이 시작되면서 더욱 가속화되었다. 그런데 공동체가 맞이하게 된 다양한 환경과 생활 조건, 그러니까 다양한 일조 시간, 기온, 고도, 강수량, 계절 변화 등의 자연적인 환경과 농경과 목축 등 문명과 함께 만들어진 생활양식은 인간의 건강 상태와 질병의 변화에 큰 영향을 미치기 시작했다.

무엇보다도 농경과 목축을 기반으로 한 문명사회로 접어들면서 인류의 영양 공급이 수렵채집 시기에 비해 크게 달라졌는데 이는 질병의 양상에 상당한 영향을 미쳤다. 농경과 목축은 수렵채집보다 안정적으로 먹거리를 공급하기는 했지만 먹거리의 다양성은 훨씬 줄어드는 결과를 초래했다. 이동을 하지 않고 일정한 지역에 정착해 특정한 생산물에 의존하게 되면 먹거리 공급의 안정성은 높아지지만 그만큼 다양성은 줄어들기 때문이다. 정착생활을 하는 경우에도 지역 간 먹거리 교환이 활발해지면서 다양하게 섭취할 수 있지만 다른 지역으로부터 고립되어 있거나 상업과 교역이 발달하지 못한 지역에서는 수렵채집 시기보다 먹거리의 다양성이 훨씬 줄어들 수밖에 없었다.

수렵채집 시기에는 계절에 따라 얻을 수 있는 먹거리가 달라지기 때문에 안정적으로 먹지는 못해도 100종 이상의 음식을 섭취할 수 있었으나, 농경사회에서는 작물 생산을 통해 비교적 안정적으로 먹을 수는 있었지만 음식의 종류가 10-15종 정도로 크게 줄어들게 된 것이다.[1] 그러자 줄어든 음식물 종류로 인해 필요한 영양소를 균형 있게 섭취하지 못하게 되면서 종종 필수 영양소가 결핍되곤 했다. 예를 들어 농경을 주로 하는 경우 탄수화물 섭취는 크게 늘었지만 육류 등의 단백질 섭취는 크게 줄었고 일부 농작물 위주의 다양하지 못한 식단은 필수 영양소 부족으로 인한 구루병, 각기병, 펠라그라와 같은 병들을 초래하기도 했다. 목축이나 어업을 주로 하는 경우도 단백질 섭취량은 수렵채집 시기에 비해 떨어지지 않았지만 먹거리의 다양성이 크게 줄었고 이는 종종 영양 공급의 불균형을 초래하는 요인이 되었다.

또한 사람들이 농경과 목축을 시작한 이후 일정한 지역에서 정착하는 생활로 전환하면서 말라리아와 같이 곤충이 매개하는 질환의 발생이 늘어났다. 모기나 파리와 같은 곤충의 경우 그 곤충의 활동반경을 벗어나는 거리로 사람들이 자주 이동을 하는 경우에는 사람에게서 사람으로 질병을 퍼뜨리기 어렵게 된다.[2] 따라서 먹거리를 찾기 위해 거주지를 자주 옮겨야 했던 수렵채집 시기에는 곤충이 퍼뜨리는 말라리아나 수면병, 사상충과 같은 질병은 크게 유행할 수 없었다. 이러한 곤충 매개 질환은 문명이 시작된 이후 일정한 정착지에 많은 인구집단이 모여 살게 된 이후에야 본격적으로 발생하기 시작했다.

기생충 질환 역시 인류가 정착생활을 하기 시작하면서 사람들의 건강을 위협했던 질환 중의 하나이다. 기생충은 사람을 숙주 혹은 매개체로 해서 유충부터 성충까지 성장하면서 변해가는 생애 기간을 모두 거칠 수 있어야 숙주를 이용한 번식이 가능하게 되어 지속적으로 사람을 감염시킬 수 있다. 그런데 이러한 조건을 갖추기 위해서는 상당수의 인구집단이 이동하지 않고 한 지역에서 오랜 기간 거주해야 한다. 따라서 30-50명 정도의 적은 규모의 무리가 자주 이동하는 생활을 한 수렵채집인들에게는 기생충이 지속적으로 감염원으로 작용하기가 어렵다. 따라서 기생충이 토양이나 동물에서 서식하다가 우연히 사람을 감염시킨다든가, 아니면 사람 안에서 서식하는 기간이 생애 기간 전체 중에서 차지하는 비중이 상당히 큰 경우에만 예외적으로 감염을 일으킬 수 있었다.[3]

기생충의 일부는 가축을 중간숙주로 하면서 이따금씩 사람에게 들어와 질환을 일으킨다. 촌충과 같은 기생충은 소와 돼지를 중간숙주로 하지만 사람에게 옮겨와서 기생충 질환을 일으킬 수 있다. 촌충에 감염된 소나 돼지의 고기를 사람이 먹고 대변으로 촌충의 알이 배설된 다음에 다시 소나 돼지가 사람의 대변이 묻은 사료를 먹고 감염되는 순환고리가 생기기 때문이다. 아마도 가축이 사람과 밀접한 생활을 하기 전, 즉 목축을 하기 전인 수렵채집 시기에는 동물과 사람 사이를 번갈아 가면서 감염시키는 기생충은 매우 드물었을 것이다. 그러나 농경시대에 들어온 이후에는 가축과 함께 생활을 하면서 동물을 중간숙주로 하는 기생충 질환이 만연하게 되었다. 따라서 문명이 시작되어 비교적 규모가 큰 무리집단이 정착생활을 하기 시작한 이후에야 기생충 질환도 본격적으로 늘어났다고 볼 수 있다.

농사를 짓게 되면서 잉여 농산물이 생기자 농산물을 저장하게 되었는데 이는 쥐와 같은 동물이 모여드는 온상이 되었다. 특히 집쥐는 사람들의 거주지 변화에 가장 빨리 적응한 동물 중의 하나다. 집 주변에 떨어진 음식 찌꺼기나 저장해 놓은 곡식을 어렵지 않게 먹을 수 있었고 한편으로는 사람들의 거주지가 쥐를 잡아먹는 포식자로부터 쥐를 보호해 주었기 때문에 생존과 번식을 쉽게 할 수 있었다. 따라서 쥐는 사람이 사는 거의 모든 곳에서 번성했다. 사람들의 거주지에 살지 않는 야생조류나 야생쥐와 같은 동물들도 사람들의 거주지 근방에서 먹이를 얻기가 쉬워지자 사람들과의 간접적인 접촉이 늘어났다. 야생동물들이 사람들의 거주지 근방에 더 많이 나타나면서 이들은 가축이나 집쥐와 같이 사람과 직접 접촉하는 동물들을 매개로 해 사람들에게 병원균을 퍼뜨릴 수 있게 되었다. 이와 같이 동물로부터 병원균이 옮겨와서 생기는 질병 역시 문명이 시작된 이후에야 늘어나게 되었다고 할 수 있다.

가축의 사육,
인류의 질병 양상을 바꾸다

수렵채집 시기의 마지막 5만 년은 인류가 아프리카에 국한하지 않고 대이동을 해 세계 각지에 흩어져서 정착하게 된 시기로, 이때는 각 지역 거주자들의 유전적 특성 및 환경에 대한 적응력에 매우 중요한 영향을 미쳤던 시기이다. 특히 농경과 목축이 시작되는 문명의 초기로 이어지는 시기는 오늘날의 각 인종의 특성뿐 아니라 인종마다의 특징적인 질환이나 면역 체계 등이 결정되는 시기였다고 할 수 있다. 또한 농경을 위한 개간이나 관개시설을 만들면서 주변 환경을 크게 변화시켰으며 목축이 도입되고 동물과 밀접하게 접촉하게 되면서 사람들은 이제 새로운 종류의 균과 관계를 만들어 가야 했다. 말하자면 새로운 환경에 적응해야 하는 과제가 생겼고 적응을 성공적으로 이루었던 사람만이 각 지역에서 살아남았다.

중위도 지역에 온난한 기후가 자리를 잡게 되자 지중해 동쪽의 비옥한 초승달 지역에서 농사를 짓게 되면서 문명이 퍼져 나갔다. 특히 기온과 같은 기후 조건이 비교적 비슷한 지역, 그러니까 위도가 비슷한 동서 지역으로 주로 퍼져 나가서 메소포타미아를 비롯해 이집트, 인도, 중국에서 문명이 발달하기 시작했다. 농업에 기반한 문명은 동물의 가축화를 동반했고 대부분의 경우 가축은 농업을 보조하는 수단으로 사용되었지만 한편으로는 목축이 농업 자체를 대신하기도 했다. 이러한 가축의 사육은 농경과 더불어 문명의 시작을 뜻하는 것이었지만 또 다른 측면에서는 인류의 질병이 새로운 양상으로 전개되기 시작했다는 것을 뜻하기도 한다. 수렵채집 시기에는 동물 사냥을 했어도 동물과의 밀접한 접촉이 자주 있지는 않았지만, 가축의 사육은 동물이 갖고 있는 균이 사람에게 옮겨올 수 있는 기회가 많아졌다는 것을 의미하기 때문이다.

결국 동물의 가축화는 각종 전염병이 생길 수 있는 기반을 제공하는 셈이었다. 왜냐하면 사람이 정상적인 숙주는 아니라도 동물과 밀접한 접촉을 하게 되면 동물에 있는 균에서 돌연변이가 생기면서 사람을 숙주로 삼을 가능성이 커지기 때문이다. 또한 사람을 숙주로 삼은 균은 밀집해 거주하는 생활양식으로 인해 사람과 사람 간의 전파를 쉽게 할 수 있었다. 이러한 조건들이 사람에게서 새로운 질병들을 발생시켰다. 염소는 부르셀라병을 가져왔으며, 소와의 접촉은 치명률이 매우 높은 탄저병을 발생시켰다. 소는 또한 천연두와 디프테리아를 초래했고, 돼지나 닭은 인플루엔자를, 그리고 말은 감기를 가져왔다. 그 외의 대부분의 상기도 바이러스 질환도 가축화가 시작된 후에 나타났다.

한편 남북 방향으로 펼쳐진 지형적 조건은 기후 조건을 크게 다르게 하기 때문에 자연적 조건이 한계로 작용해 농경과 목축이 원활하게 확산되는 데 어려움을 주는 요인이 되었다. 그래서 유럽과 아시아에서 광범위하고 다양하게 진행된 동물의 가축화가 아메리카와 같이 기후변화의 폭이 큰 남북 방향의 자연적 조건에서는 쉽게 퍼져 나가지 못했다. 아메리카에서는 라마나 알파카와 같은 아주 일부 동물만 가축화되었는데 이들 가축도 농경에는 활용되지 못하고 주로 물건을 나르거나 털을 얻기 위해 사용되었다. 그런데 전염병은 그 병을 앓고 지나간 사람에게는 면역성을 남겼기 때문에 각종 전염병을 먼저 거친 인구집단은 전염병을 전혀 경험하지 못한 인구집단에 비해 집단 면역 능력에 있어 커다란 차이를 보인다. 아메리카 대륙의 거주민들은 제한된 동물의 가축화로 인해 전염병에 대한 경험이 유럽과 아시아인들에 비해 적었고 따라서 전염병에 대한 집단면역 능력 또한 떨어질 수밖에 없었다. 이는 유럽인들이 아메리카에 들어간 초기에 아메리카 원주민들에게 전염병의 대유행을 일으켰던 근본적인 원인이었다.

폴리네시아와 같이 고립된 지역에서는 이러한 현상이 더욱 극적으로 나타났다. 홍역은 소를 숙주로 한 바이러스로부터 변이가 일어난 후에 그 변이된 바이러스가 사람을 숙주로 삼으면서 일으키는 질병이다. 폴리네시아인은 수천 년 전 소를 가축화하기 이전에 아시아에서 폴리네시아의 여러 섬으로 이주해 와서 살기 시작했기 때문에 유럽인들이 대항해 시대 때 폴리네시아를 방문했을 때까지는 홍역 바이러스를 경험한 적이 없었다. 결국 유럽인들이 폴리네시아를 점령하면서 퍼트린 홍역 바이러스는 홍역에 대한 면역 능력이 없던 폴리네시아인들에게 엄청난 사망률을 기록하게 한 원인이 되었다.

질병은 신이 내린 형벌이다?

문명 초기의 질병이나 의술에 대해서는 바빌로니아나 아시리아에서 기술된 자료가 있기는 하지만 이집트인들은 그보다 훨씬 자세한 기록을 남겼다. 따라서 고대 이집트의 질환과 의술을 보면 당시의 질병을 어느 정도 알 수 있다. 기록에 의하면 기원전 3천년경 고대 이집트에는 이미 의사라는 전문가들이 있었으며 질병을 치료하는 의술이 존재했다. 당시에는 질병이 나쁜 영혼이나 독이 몸 안에 들어와서 생기는 것이라고 생각했기 때문에 주로 치료의 신에게 기도하거나 약초로 조제한 약을 먹는 방법으로 치료를 했다. 이와 같은 치료법은 대개는 주문, 마술, 또는 제사의식 같은 것이었고 따라서 성직자가 의사 역할을 겸하곤 했다. 임호텝 같은 경우 파라오의 제사장이었으나 의사로서의 역할을 했고 나중에는 의술의 신으로까지 숭배되었다. 또한 고대 이집트에는 이미 의사들의 전문화가 이루어져서 눈이나 치아 혹은 복부를 진료하는 의사들이 따로 있었다. 이는 다양한 형태의 질병이 인식되고 또 치료되고 있었다는 것을 의미한다.[4]

고대 이집트 사람들을 크게 괴롭혔던 질환은 주혈흡충증이었다. 주혈흡충증은 민물에 사는 기생충이 달팽이를 통해 사람의 몸에 들어온 후에 요로나 장에 감염을 일으켜서 복통, 설사, 혈변, 혈뇨 등의 증상을 나타내는 질환이다. 이집트에서는 매년 수개월간 나일 강이 넘쳤기 때문에 달팽이가 서식하기 좋은 환경이 마련되었고 덕분에 많은 사람들이 달팽이를 먹거리로 섭취할 수 있었다. 따라서 달팽이를 통한 주혈흡충증이 만연했고 이로 인해 빈혈이나 불임증 등이 초래되거나 심한 경우 사망하는 경우도 흔했다. 또한 모기에 의해 감염되어 생기는 말라리아와 사상충병 등도 주기적으로 발생했고, 특히 사람들이 밀집해서 살았던 나일 강 유역에는 천연두나 이질, 장티푸스와 같은 전염성 질환이 발생하곤 했다.

고대 중국의 경우에는 기원전 2천년경 청동기 시대를 대표하는 상왕조商王朝가 들어서면서 많은 것들이 문자로 기록되기 시작했기 때문에 당시의 생활습관과 문화를 어느 정도 파악해볼 수 있다. 그 중에서 거북이의 등껍질에 새겨진 질병에 대한 기록을 보면 질병의 증상과 원인, 경과에 대해 자세한 관찰을 했다는 것을 알 수 있다. 질병명만 보더라도 피부질환, 종기, 위통, 소아질환, 산과질환, 정신질환 등 다양한 질환을 진단하고 분류하고 있었다. 또한 말라리아나 옴과 같은 곤충 매개 질환도 기술하고 있을 뿐 아니라 질환이 많이 발생했던 시기, 즉 질병 유행에 대한 기록도 남겨 놓았다. 특히 심장을 뜻하는 〈心〉은 실제 심장의 모양을 하고 있어서 당시 중국인에게는 해부학적인 지식도 어느 정도 있었다는 것을 알 수 있다.[5]

중국 의술에서 특징적인 것은 침술의 사용이다. 중국에서 침술이 사용된 시기는 농경이 시작되기 전인 수렵채집 시기부터였다. 처음에는 돌로 된 날카로운 도구를 이용해 종기 등을 절개하는 간단한 시술을 했는데 점차 뼛조각이나 대나무 등으로 가느다란 침을 만들어 사용하게 되었다. 이후 침술은 상당한 발전을 하게 되는데 침을 놓은 부위와 증상이 호전되는 부위가 서로 다른 경우를 흔히 관찰하면서 인체의 부위들이 기氣의 흐름을 통해 서로 연결되어 있다는 생각에 이르게 되었다. 이러한 생각은 신체를 유기적으로 연결하는 경락이 있고 그 경락을 통해 건강을 유지하게 하는 기가 흐른다는 의학적 사고로 연결되었다. 그러나 이러한 생각이 과학적 발전을 이루면서 체계화되지는 못하였고 질병에 대한 일반인들의 인식을 지배한 것은 샤머니즘이었다. 대부분의 사람들은 조상들이 화가 나서 저주를 내렸기 때문에 병에 걸렸거나 악령이 몸에 들어와서 병이 생겼다고 믿었다. 따라서 조상들을 달래거나 조상에게 악령을 쫓아 달라는 의식을 치러야만 질병이 치료된다고 생각했다. 질병에 대한 치료 방법도 일부 침술이 사용된 것을 제외하고는 대부분 제사의식으로 이루어졌다.

아메리카 대륙의 고대 문명은 이집트나 중국에 비해 기록을 충분히 남기지 않았기 때문에 유럽인이 아메리카에 들어오기 이전의 질병 및 의료 기술에 대해서는 잘 알기가 어렵다. 그러나 아메리카 거주민들도 수렵채집 생활에서 농경사회로 변화되어 가면서 감자를 주식으로 하는 등 먹거리가 변했고 먹거리의 종류가 제한되면서 수렵채집 시기에 비해 영양소 섭취가 균형 있게 이루어지지 않았다는 것을 알 수 있다. 특히 고고학적 발굴을 통해 얻은 유골을 보면 수렵채집에서 농경사회로 전환되면서 철 결핍성 질환이 많아졌음을 알 수 있는데 이는 여러 가지 영양소 섭취가 충분치 못했음을 나타낸다.[6]

당시의 생활상을 바탕으로 유추해 보면 고대 문명 시기에 아메리카 대륙에 거주하던 사람들의 건강을 위협한 주된 요인들은 영양소 결핍, 기생충 감염, 상처나 독 때문에 생기는 문제였다.[7] 한편 페루와 같은 지역에서 발굴된 유적은 머리뼈에 구멍을 내는 수술인 천공술이 상당히 행해졌음을 보여준다. 이는 두통이나 간질과 같은 질병을 치료하기 위한 시술이었을 수도 있지만 악령에 사로잡힌 사람에게서 악령이 빠져나가게 하는 주술적 목적이었을 수도 있다. 아마도 악령을 몰아내는 것과 질병 치료를 위한 시술이 같았을 수 있고 치료자의 역할을 하는 사람 역시 의사이자 주술사였을 가능성이 높다.[8]

02

이성의 눈으로 질병을 보기 시작하다

인간의 이성이, 도약하다

칼 야스퍼스는 기원전 8세기부터 기원후 2세기에 걸쳐 그리스, 중국, 인도 등 서로 동떨어진 지역에서 인류의 이성적 도약이 거의 동시에 일어난 것을 보고 이 시대를 주축시대Axial age라고 불렀다. 이 시기에 그리스에서는 과학과 철학이 꽃피웠으며, 중국에서는 정치철학, 인도에서는 종교철학이라고 부를 만한 철학적 사고가 등장해 각각 문화의 중심 사상으로 자리 잡았다.[9] 따라서 이 시기는 초기 농경사회가 고대 도시의 복잡한 사회적, 정치적, 경제적 체계로 이어지는 데 성공한 이후 인간은 어떠한 존재이고 무엇이 이상적인 사회인지에 대한 반성적 사고와 함께 복잡해진 사회 체계를 이끌어 가기 위한 인간 이성이 본격적으로 싹텄던 시기라고 할 수 있다.

이 시기는 삶의 의미와 목적, 고난과 죽음, 그리고 선과 악에 대한 질문과 이에 대한 철학적 가르침을 바탕으로 문학, 정치, 예술, 종교 등 인류의 문화가 전반적으로 크게 발전하면서 현대 문명의 기초를 만들었던 시기이다. 사실 이러한 위대한 사상의 등장은 그 깨달음과 가르침을 받아들일 수 있는 사회의 기틀이 적어도 유럽과 아시아의 문화권에는 전반적으로 마련되었다는 의미이기도 하다. 왜냐하면 이와 같은 커다란 진보가 중심 문화권에서 다른 문화권으로 확산되어 간 것이 아니라 놀랍게도 각 지역에서 거의 비슷한 시기에 비교적 독립적으로 나타났기 때문이다. 특히 이 시기에는 각 지역에 거주한 인구집단 간의 접촉과 거래가 끊겨 있지는 않았지만 적어도 먼 지역과의 문화적 교류가 활발했다고는 할 수 없던 시기였다. 따라서 위대한 사상이 어느 한 곳에서 만들어져 전파된 것이 아니라 그와 같은 사상이 만들어질 수 있는 토대가 유럽과 아시아를 중심으로 구세계의 광범위한 지역에서는 이미 갖추어져 있었다고 보는 것이 타당하다.

고대 도시국가 이후 금속, 문자 등의 발달은 생산성뿐만 아니라 사람들의 의식과 문화 수준도 크게 향상시켰다. 생산성과 의식 수준이 향상되면서 새로운 사회 구조와 질서 체계에 대한 요구들이 생겨났고 이러한 변화는 문명 초기를 이끌어 왔던 지배 질서를 무너뜨리면서 새로운 질서를 찾아야 할 필요성을 불러일으켰다. 이 같은 요구와 더불어 위대한 철학적 사고가 등장하게 된 근간에는 정치적 변화와 전쟁의 소용돌이가 있었다. 그 속에서 사람들은 그동안 자연스럽게 받아들였던 자신과 세계에 대해 좀 더 깊은 생각을 하게 되었고 개인이나 집단을 넘어 보편적인 사람, 즉 인류에 대한 생각을 하기에 이르렀다.

특히 고대 그리스는 인간의 존재와 세계와의 관계를 성찰하면서 민주주의와 같은 정치 제도가 만들어지고 수학, 천문학, 철학과 같은 과학 지식의 커다란 도약이 일어났던 지역이라고 할 수 있다. 고대 도시국가 시대에 이룩한 업적을 크게 발전시켰을 뿐 아니라 오늘날의 정치와 과학의 근간도 이때 만들어졌다고 할 수 있다. 사실 과학은 해, 달, 별들을 관측해서 날씨와 기후를 예측하고자 했던 지혜와 물건의 수를 정확히 헤아리고 경작지의 크기를 측정하고자 했던 고민으로부터 시작되었다. 천문학과 수학은 이집트와 수메르 문명에서 발전하기 시작하여 그리스에서 상당한 도약을 이루었다. 그리스의 민주적인 의견 수렴 방식과 지식에 대한 공개적인 추구로 인하여 지식이 늘어났을 뿐 아니라 이러한 지식을 증명하고자 하는 학문이 발전하게 된 것이다. 천문학과 수학의 발전과 더불어 당연하게 보이던 현상들의 궁극적인 원리가 무엇인지를 알고자 하는 욕구는 철학의 발전을 가져왔다. 왜냐하면 철학이란 〈모든 현상의 근본은 무엇인가?〉라는 질문에 답을 찾아가는 학문이기 때문이다.

페르시아 전쟁을 거치면서 그리스를 휩쓸었던 정치적, 사회적 혼란은 시련이기도 했지만 그리스의 잠재력을 크게 부상시켜 도약을 가져온 결정적인 계기가 되었다. 특히 해군으로 참여한 아테네는 동맹세로 얻은 부와 함께 전쟁에 참여한 기층 민중의 정치적 요구에 의한 민주화와 맞물려 문화를 꽃피우는 중심이 되었다. 그러나 아테네의 주민들은 페르시아 전쟁 이후 10년간의 평화를 누리다 다시 30년간 지속된 펠로폰네소스 전쟁에서 패하면서 기존의 가치와 질서가 무너지는 것을 경험했다. 이 같은 상황에서 새로운 철학적 사상이 아테네를 중심으로 만들어졌는데 이전까지 신에 의존하던 종교적 믿음과 전통적인 판단 가치는 사라져가고 이를 대신할 가치와 질서가 필요하게 되었다.

이러한 혼란과 변화의 시기에 뛰어난 철학자들, 즉 소크라테스, 플라톤, 아리스토텔레스 같은 철학자들이 등장하였고 이들은 인간의 존재와 세계와의 관계에 대한 성찰과 해석을 진지하게 함으로써 철학의 이성주의적 토대를 마련했다. 중국과 인도에서도 전례 없이 대규모로 일어난 전쟁으로 인해 삶과 죽음, 그리고 죽음 이후의 세계에 대한 질문이 전면에 등장했고 이러한 생각이 위대한 철학 혹은 종교가 등장하게 된 직접적인 배경이 되었다. 중국에서는 공자, 맹자, 노자 등의 사상가가 나타나서 윤리와 도덕에 대해 가르쳤고, 인도에서는 경전인 『우파니샤드』의 저자들이 삶과 죽음 그리고 궁극적 진리에 대해 설파했다.

인간 존재에 대한 철학적 성찰뿐 아니라 인간의 질병과 죽음에 관해서도 신에 의한 형벌이라는 종교적 믿음에서 벗어나 이성적인 눈으로 바라보기 시작했는데 이러한 시각의 변화는 뛰어난 의사들의 배출로 이어졌다. 그 선두에 히포크라테스가 있었고 갈레노스가 그 뒤를 이었다. 중국에서는 편작과 같은 전문적인 의사가 등장했고 인도에서도 수슈루타라는 뛰어난 의사가 나타났으며 의사라는 직업을 전수하기 위해 의술이 정리되기 시작했다.

히포크라테스, 질병을 〈신의 영역〉에서 〈인간의 영역〉으로 끌어내리다

기원전 460년에 그리스에서 태어난 히포크라테스는 의학사에서 가장 중요한 사람 중의 한 명이라고 할 수 있다. 플라톤과 아리스토텔레스가 인간과 세계에 대한 성찰을 한층 깊게 하면서 철학의 기초를 놓았다면, 이들과 동시대에 살았던 히포크라테스는 인간과 질병에 대한 관찰을 통해 질병의 원인에 대한 이해를 깊게 하면서 의학의 기초를 놓았다고 볼 수 있다. 코스라는 그리스의 섬에서 태어난 히포크라테스는 코스의 아스클레피온에서 의학을 공부했다. 아스클레피온은 의술의 신이었던 아스클레피오스Asklepios를 받드는 신전으로 환자들이 병을 치료하기 위해 방문하던 곳이다. 히포크라테스는 이곳에서 질병과 치료법을 배운 후에 제자들에게 의학을 가르치고 또 실제로 의술을 시행하면서 90세 가까이 살았다고 전해진다.

히포크라테스는 「공기, 물, 장소에 관하여」란 글에서 생활환경에 따라 건강 상태 및 질병 양상이 어떻게 다르게 나타나는지를 설명하고 있다. 이 글의 전반부에서는 사람이 거주하는 생활환경이 사람의 특성과 체액에 영향을 미쳐서 건강 상태를 결정한다고 설명하고 있으며, 후반부에서는 유럽인과 아시아인 등 인종적인 특성이 환경에 따라 어떻게 다르게 나타나는지를 기술하고 있다.[10] 예를 들어 코감기, 이질, 급성열병 및 중풍 같은 질병은 계절과 관련이 있고, 사람의 성격이나 체형은 지형적 특성에 의해 결정된다고 설명했다. 질병의 원인과 그 대책에 대해서도 설명을 했는데, 요로결석에 대한 기술을 보면 소변의 끈적거리고 탁한 부분이 응축되어 응결되고 이것이 점차 커져서 결석이 된다고 설명하면서 이를 치료하기 위해서는 물로 희석된 포도주를 많이 마시도록 권하고 있다. 오늘날 결석의 예방과 치료를 위해 물을 충분히 마시도록 권유하는 것과 사실상 큰 차이가 없다.

히포크라테스가 공기, 물, 장소를 건강에 밀접한 영향을 미치는 요인으로 생각한 것은 사실 그리스의 철학적 개념의 발전과 관련이 있다고 할 수 있다. 탈레스는 그리스 철학을 탄생시킨 사람이라고 할 수 있는데, 언덕에 있는 바위에 조개 화석이 있는 것을 발견하고는 세상에 있는 모든 것은 물로 이루어져 있다고 주장했다. 한편 그의 제자인 아낙시메네스는 하늘의 공기가 내려와 압축되면서 물이 되었고 그 압력에 의해 땅과 돌이 생성되었다고 생각했다. 결국 탈레스와 그의 제자들이 주장한 세계관은 세상의 만물은 물이나 공기로부터 만들어졌다는 것이다.[11] 인간도 만물의 하나이기 때문에 히포크라테스가 이러한 철학적 개념을 이어받아서 만물을 이루는 요소인 공기, 물, 장소와 같은 생활환경이 인간의 건강에 중요한 영향을 미친다고 생각한 것은 어쩌면 당연한 귀결이었는지 모른다.

이와 같이 의학의 발전이 당시의 철학에 영향을 받았지만 의학 역시 철학적 발전에 상당한 영향을 주었다고 할 수 있다. 실은 당시의 의학과 철학은 오늘날처럼 서로 독립적으로 나누어져 있는 학문 영역이라고 할 수 없었다. 플라톤은 『대화』 편에서 히포크라테스를 여러 차례 언급하고 있는데 국가를 세우고자 하는 사람은 거주자의 육체와 정신에 영향을 미칠 수 있는 환경적 요인을 고려해야 한다고 말하고 있다. 이처럼 플라톤과 히포크라테스는 동시대에 살면서 각각 철학과 의학을 발전시켰을 뿐만 아니라 서로에게 상당한 영향을 미치고 있었던 것이다.[12]

당시에는 이집트, 메소포타미아 등 고대 문명으로부터 이어져온 생각, 즉 질병은 신의 노여움이나 징벌이라는 생각이 지배적이었으나, 히포크라테스는 질병을 신이 지배하는 영역에서 분리해 환경적인 요인이나 식사 및 생활습관 때문에 발생하거나 부모로부터 유전되어 발생한다고 주장했다. 한마디로, 질병을 신의 영역에서 〈인간의 영역〉으로 끌어내린 것이다. 또한 위에서 언급한 요인들을 개선하고 환자를 쉬게 함으로써 질병이 호전되도록 하는 간병 중심의 임상적 접근법을 취했는데 실제로 이는 많은 성과가 있었다. 그는 환자의 맥박이나 열, 통증, 움직임 등을 자세히 관찰했을 뿐 아니라 가족이나 환자 주변의 환경에도 주의를 기울였다. 질병이나 환자에 대한 접근 방법에서 오늘날의 접근법과 크게 다름이 없었던 것이다. 다만 해부학이나 생리학에 대한 지식이 부족했기 때문에 네 가지 체액humor, 즉 혈액, 점액, 황담즙, 흑담즙의 작용으로 사람의 기질과 질병을 설명하려 했다는 한계를 벗어날 수는 없었다. 체액설은 과학적이지도 않고 실용성도 없어 보이지만 네 가지 체액의 균형이 깨어질 때 질병이 발생한다는 생각은 질병을 원인과 결과의 단순한 인과론이 아니라 조화론적인 관점에서 이해하려 했다는 점에서 중요하게 평가해야 할 부분이다.[13]

사실 4체액설은 그리스의 엠페도클레스가 처음 주장했는데 히포크라테스가 이를 받아들여 사용함으로써 오랜 기간 질병 발생의 주요 이론으로 자리 잡게 된 것이다. 4체액설에 의하면 사람은 네 가지의 체액이 있고 각 체액은 사람의 건강과 행동에 각각 다르게 영향을 미친다. 즉 혈액은 사람을 따뜻하고 활기차게 하며, 황담즙은 건조하고 용감하게 하고, 흑담즙은 차갑고 우울하게 하며, 점액은 축축하고 사람의 행동을 느리게 한다는 생각이었다. 모든 사람은 이와 같은 네 가지 체액이 섞여 있는데 각 사람의 건강 상태는 그 체액들 간의 균형이 얼마나 유지되느냐에 달려 있으며 균형이 깨졌을 때 병에 걸리게 된다는 것이다. 따라서 질병에 걸렸을 때에는 〈균형〉을 회복시키는 것이 중요한 치료법이었다. 특히 사람에게는 자연적으로 회복할 수 있는 치유 능력이 있다고 생각하고 환자 옆에서 좋은 음식을 주면서 기다리는 것이 히포크라테스의 주된 치료법이었다. 하지만 당시의 그리스인들은 인체를 해부한다는 생각을 받아들이지 않았기 때문에 히포크라테스 의학은 사람의 표면적인 상태를 관찰함으로써 질병을 진단하고 예후를 판단하는 데 그칠 수밖에 없었다.

해부학적 지식으로 서양 의학의 중심에 서다

서기 129년, 로마제국 시대에 그리스에서 태어난 갈레노스는 스토아 학파와 에피쿠로스 학파의 철학 등 그리스의 주요 철학을 공부했으며 이어서 당시의 의학 교육 기관인 아스클레피온에서 의학을 공부했다. 그는 고향인 페르가몬에 돌아와서는 검투사를 돌보는 의사로 자리를 잡았는데 검투사의 상처와 회복을 관찰하면서 음식, 체력 관리, 위생 등의 중요성을 이해했고 해부학 및 골절이나 상해에 대한 치료법들을 익혔다. 이후 이집트의 알렉산드리아에서 9년 가까이 지내면서 의학에 대해 좀 더 공부하고 실험할 수 있었다. 특히 알렉산드리아의 박물관이었던 무세이온에 있던 인체 골격은 인체에 대한 해부가 금지되었던 당시에 인체 골격에 대해 알 수 있는 귀중한 기회를 제공했고 더불어 돼지, 황소, 원숭이 등을 해부하면서 갈레노스는 인체에 대한 자신의 이론을 완성시켜 갔다.[14]

동물 해부를 통해 얻은 지식이지만 갈레노스는 몇 가지 오류를 제외하고는 비교적 정확하게 인체 해부학적 지식을 정리했는데 이는 이후 오랜 기간 동안 인체에 대한 해부학적 지식으로 자리 잡게 되었다. 그의 결정적인 오류는 간에서 생성된 혈액이 우심실로 이동한 다음 일부는 폐로 가고 나머지는 좌심실로 직접 이동한다는 것이었다. 사실 심실벽은 매우 두꺼워서 혈액의 이동이 가능하지 않지만 갈레노스는 미세한 구멍을 통해 혈액이 이동한다고 설명한 것이다. 또 폐의 역할은 심장에 공기를 넣어서 뜨거워진 혈액을 식히고 혈액에 뉴마pneuma라는 생명의 기운을 공급하는 것이라고 생각했다. 사실 갈레노스가 정리한 이 같은 혈액 순환은 기원전 3세기에 알렉산드리아 학파의 프락사고라스가 사체의 동맥은 비어 있고 정맥은 혈액으로 가득 차 있는 것을 관찰한 후 주장한 것이다. 이를 받아들여 갈레노스 역시 동맥은 폐로부터 들어온 공기, 즉 뉴마를 온몸에 공급하는 역할을 하고, 정맥은 음식물이 간에서 혈액으로 변하면 그것을 온몸에 영양소로 공급하는 역할을 한다고 생각했다.[15]

갈레노스는 로마에 와서 마르쿠스 아우렐리우스 황제와 그를 이은 코모두스의 주치의로 일했는데 질병에 대해서 궁금한 내용이 생기면 동물 해부를 통해 지식을 쌓아갔으며 상처를 봉합하거나 혈관을 결찰하는 등의 많은 치료법도 개발했다. 히포크라테스의 영향을 받았기 때문에 체액설에 기반해 사람의 기질을 나누는 등 오늘날의 지식으로 보면 타당하지 않은 점도 있지만 원숭이나 돼지를 해부하고 신경 차단 실험 등을 통해 해부학이나 생리학에 대한 기초를 놓는 등 상당한 업적을 이루었다. 갈레노스의 생각은 그 후 천 년 이상 서양 의학의 중심 이론으로 자리를 잡았는데 이러한 갈레노스의 권위는 동물 실험과 검투사들을 치료하면서 인간의 몸을 들여다볼 수 있었던 경험에서 나왔다고 할 수 있다. 인체 해부가 금지되어 있던 시기에 해부학적 지식을 어느 정도 가질 수 있었던 갈레노스의 주장들은 과학적 진실성은 다소 떨어진다 하더라도 당시에는 이를 비판적으로 증명할 수가 없었기 때문에 절대적 믿음이 되었던 것이다.

갈레노스는 또한 상당히 많은 책을 저술했는데 이 책들을 통해 건강과 질병에 대한 그의 생각을 알 수 있다. 『히포크라테스와 플라톤의 이론에 대하여』라는 저서에서는 인간에게는 세 가지 혼soul이 각 장기에 따라 존재한다고 주장했다. 즉 뇌에는 합리성, 심장에는 영성, 그리고 간에는 식성이 있고, 혼이 있는 각 장기가 독자적으로 기능을 잘할 때 인간이 건강해질 수 있다는 개념을 세웠다. 이와 같이 신체와 정신은 구분되지 않으며 신체와 정신이 모두 기능을 잘할 때 건강해진다는 개념은 당시로서는 혁명적인 생각이었다. 또한 갈레노스는 『정신질환의 진단과 치료에 대하여』라는 저서를 통해서 환자의 깊은 내면을 드러내어 치료하는 정신요법의 원칙과 방법에 대해서도 기술하고 있다. 갈레노스는 당시 신체적 질환뿐 아니라 정신질환도 중요한 질환이라는 인식을 했는데, 정신질환을 악령이나 신의 저주에 의해 생긴 질환이 아니라 환자의 내면에 감추어진 열정이나 비밀에 의해 생기는 질환으로 이해했다.

그러나 갈레노스가 활동했던 시기에도 질병의 경과는 신성한 힘 혹은 계시에 의해서 결정된다는 생각이 의사들 사이에서도 지배적인 영향을 미치고 있었다. 이러한 의사들 사이에서 갈레노스는 의학을 이론과 관찰, 그리고 실험을 종합해서 수행해야 하는 학문으로 이해하고 정확한 진단을 통해 질병의 경과 및 예후를 알 수 있다는 주장을 펼침으로써 의학이 과학적인 체계를 갖추어 가는 데 크게 공헌했다. 이는 당시 사회에 큰 영향을 미치고 있었던 철학적 사조들, 예를 들어 플라톤이 대표했던 합리주의와 아리스토텔레스가 대표했던 경험주의의 생각을 갈레노스가 의학이라는 학문적 틀 안에서 융합해 과학적 사고로 만들어 나간 것으로 볼 수 있다.

갈레노스가 의사로서 성공적일 수 있었던 이유는 한편으로는 당시의 질병 양상 때문이었다고도 할 수 있다. 당시에는 전쟁이나 싸움 등으로 다쳐서 생기는 상처나 골절, 그리고 말라리아처럼 곤충이 매개하지만 사람 간에 직접 전염되지 않는 감염병, 또는 사람 간에 전염되더라도 폭발적으로는 퍼지지 않는 나병이나 결핵과 같은 만성 전염병, 그리고 황달이나 간질 등이 주된 질병이었다. 이들 질병의 상당 부분은 외상에 대한 수술적 치료와 안정, 식이요법과 같은 처방만으로도 어느 정도 효과를 볼 수 있었다.

하지만 질병의 양상에 큰 변화가 일어나는 사건이 발생했다. 서기 164년에 마르쿠스 아우렐리우스의 통치하에 있던 로마제국에서 전염병이 시작되었던 것이다. 전쟁 중이던 로마 군대를 중심으로 퍼지기 시작한 전염병은 갈레노스로서는 원인을 알 수도 없고 치료도 할 수 없는 무서운 병이었다. 로마제국은 광활한 영토를 갖고 있었지만 한편으로는 외부의 공격을 끊임없이 받고 있어서 로마군은 동쪽으로는 오늘날의 이라크에서 서쪽으로는 라인 강까지 주둔하고 있었다. 그런데 반란군을 진압하기 위해 시리아에 파견 나가 있던 로마군의 주둔지에서 전염병이 발생하면서 많은 사망자를 남겼고 166년에는 전염병이 로마에까지 이르렀다.[16]

갈레노스는 군 주둔지에서 이 전염병을 경험했는데 피부에 발진, 물집, 농포가 생기고 고열과 혈변 등이 나타난 것을 관찰할 수 있었다. 갈레노스가 남긴 기록에 의하면 이는 천연두라고 볼 수 있다. 이 전염병은 가장 맹위를 떨칠 때에는 로마에서 하루에 2천 명까지 사망에 이르게 했다. 이러한 전염병의 위력은 군 징집뿐 아니라 로마의 경제에도 상당한 영향을 미쳤다. 그리고 전염병에 대처할 마땅한 방법도 없었기 때문에 질병을 나쁜 영이나 신에 의한 징벌로 인식하던 과거의 질병관이 다시 퍼지게 된 계기가 되었다. 결국 로마는 전염병과 외부의 공격에 의해 위기를 맞았는데 이것이 로마제국의 쇠퇴를 촉진한 계기가 되었고 이후에 의학 역시 발전을 멈추고 오랜 암흑기로 들어가게 되었다.

서양 의학과 맥을 달리하는, 동양 의학

서양에서는 히포크라테스와 갈레노스의 4체액설이 18세기 말에 근대 의학이 태동하기 전까지 질병 발생의 기본 이론이었다면, 동아시아에서는 인체를 우주와 닮은 구조로 이해한 음양오행설이 서양으로부터 근대 의학이 도입되기 전까지 질병 발생의 기본 이론이었다. 질병을 나쁜 영이나 귀신의 영향으로 생기는 것이 아니라 음양陰陽과 나무木, 불火, 흙土, 쇠金, 물水로 이루어진 오행五行의 조화로 형성된 인체의 질서가 깨짐으로써 발생하는 것으로 이해한 것이다. 즉 음에 해당하는 다섯 개의 기관인 심장, 간, 폐, 신장, 비장과, 양에 해당하는 다섯 개의 기관인 대장, 소장, 담낭, 위장, 방광이 조화를 이룰 때 건강하고 이들 장기가 부조화를 이룰 때 질병이 발생한다고 이해했다.

4체액설을 근간으로 했지만 특정 부분에 이상이 생겨서 질병이 발생하며 이를 치료하면 병이 낫는다는 기계론적 개념을 발전시켰던 갈레노스와 달리, 동아시아 의술을 대표한다고 할 수 있는 중국의 편작은 음양오행설에 기초해 신체의 각 부분은 전체 신체를 반영한다는 유기체적 개념으로 질병을 바라보았다. 이는 서양과 동양의 중심적인 사상적 전통과 맥을 같이하며 또 오늘날의 서양 의학과 동양 의학의 중심적 사고틀이기도 하다. 즉 편작은 질병이란 신체를 유기적으로 연결하는 경락이 막혀서 경락을 흐르는 기의 흐름이 원활하지 않게 되어 생기는 것으로 이해했다. 경락은 해부학적으로 관찰되지 않기 때문에 이러한 생각은 관찰과 실험으로 얻어진 경험을 바탕으로 질병을 이해하고 의학적 논리를 만들어 냈던 서양 의학의 시각에서 보면 근거가 부족하다고 할 수밖에 없는 것이었다.

춘추전국시대부터 진나라에 걸쳐 형성되었던 의학적 사고를 집대성한 책인 『황제내경黃帝內經』은 저자가 알려지지 않고 있는데 이 책은 황제가 주변의 의사들과 나눈 질병과 의술에 관한 대화책이라고 할 수 있다. 특히 기백이라는 뛰어난 의사가 있었는데 사람들이 건강하지 않은 이유를 물은 황제의 질문에 그는 "개개인의 생활방식과 습관이 변해서 질병에 걸린다."고 대답하고 있다. 이는 음식을 먹을 때 절제하고, 규칙적인 삶을 살며, 무리해서 힘을 쓰지 않고, 몸과 정신이 조화를 이루면 건강해진다는 주장이었다. 대화책인 『황제내경』의 기본적인 내용을 요약하면, 음양의 조화가 생명의 본질이고 음양의 조화가 깨질 때 건강을 잃는다는 것이다. 즉 『황제내경』의 이론은 음양은 계속해서 변하지만 서로 조화를 이루고 있으며 인체의 조직 구조, 생리적 기능, 병리적 변화에 이러한 음양의 원리가 들어 있을 뿐 아니라 질병의 진단과 치료를 하는 데에도 음양의 원리가 적용되어야 한다는 것이다.[17] 따라서 인체 내면의 조화와 함께 자연의 조화가 같이 부합해 이루어지는 방향으로 생활한다면 건강하고 장수할 수 있다고 주장했다.

페르시아 전쟁과 펠로폰네소스 전쟁이 그리스에서 철학적 사고의 도약을 가져온 배경이 되었듯이, 춘추전국시대의 급격한 사회 변화와 잔혹한 전쟁 그리고 과학 기술의 발전은 제자백가諸子百家의 출현이라고 하는 사상 발전의 커다란 밑거름이 되었다. 그 이전의 시기, 즉 주나라가 권위를 잃고 춘추전국시대에 들어가기 전까지 중국은 생산력의 완만한 성장을 바탕으로 비교적 평온한 시기를 맞았다. 그리고 거의 모든 고대 도시 문명에서 질병을 신의 징벌이나 혹은 악령의 저주로 인해 생겼다고 이해한 것과 동일하게 질병을 이해했다. 그러나 춘추전국시대의 혼란은 중국에서도 인간 이성의 도약을 가져왔고 건강이나 질병에 대한 개념 역시 음양의 조화론으로 발전하게 되었던 것이다. 하지만 진나라의 시황제가 중원을 통일하면서 춘추전국시대는 끝을 보게 되었고 정치적으로는 중앙 집권을 추구하면서 분서갱유焚書坑儒 등 사상 통제가 이루어지게 되었다. 이후 춘추전국시대의 자유분방했던 문화는 더 이상 꽃을 피우지 못하게 되었고 의학도 음양오행설을 넘어서는 발전을 이루지 못한 채 오랜 정체기로 들어서게 되었다.

인도는 기원전 3세기에 인도 전역을 통치하던 강력한 아소카 왕의 통치가 끝나면서 여러 나라들로 분할되었다. 때마침 로마제국과의 교역이 증가하고 각 나라의 문화가 발전하면서 인도는 문화의 황금기를 맞게 되었다. 특히 4세기에 이르러 굽타제국 시대가 시작된 후부터 6세기에 제국이 몰락할 때까지 철학, 문학, 과학, 기술, 종교 등 문명의 모든 측면에서 커다란 도약이 있었다. 로마제국의 의학적 영향을 직접적으로 받을 수 있었던 인도의 의사들은 더 이상 질병을 악령의 작용으로 보지 않고 체액의 불균형에 의해 발생하는 것으로 이해하게 되었다. 인도의 아유르베다Ayurveda 의학을 대표하는 의사 중의 한 명인 차라카는 질병은 발생하기 전에 예방하는 것이 가장 좋은 치료법이며 담즙, 가래, 숨의 세 가지 체액이 균형을 이루면 건강을 유지할 수 있다고 주장했다.[18]

〈생명에 대한 지식〉이란 뜻의 아유르베다는 인도를 대표하는 의학 체계라고 할 수 있는데 전통적으로 전수되어 오던 약초에 대한 지식 위에 새로운 이론과 치료법을 더해 가면서 발전해 왔다. 아유르베다 의학서에는 환자에 대한 진찰과 질병의 진단, 치료 및 예후 등도 상세히 정리되었다. 의사였던 수슈루타는 코와 귀의 성형수술이나 백내장 수술 등 여러 가지 어려운 수술법을 소개했으며 상당히 많은 질환을 구분하고 분류했다. 또한 아유르베다 의학에서는 해부학을 가르쳤을 뿐 아니라 생리학, 병리학적인 지식도 학생들에게 가르쳐서 당시로서는 세계 어느 지역보다 발전된 의학적 지식을 갖고 있었다고 할 수 있다.[19] 이와 같이 인도를 포함하여 유럽과 아시아의 문명 중심지에서는 문명의 초기 혹은 고대 도시국가 시기에 비해 상당한 의학적 발전을 이루었다. 그러나 이러한 발전에도 불구하고 그 다음에 올 〈전염병 시대〉를 막을 방법은 없었다.

03

전염병의 대유행,
세계의 역사를 바꿔놓다

전염병이 유행할 여건이, 마련되다

도시국가는 문명이 발전하면서 교역로를 따라서 형성되기 시작한 도시들을 근간으로 해 제국으로 발전해 갔는데 이는 물품의 교환뿐 아니라 병원균의 전파에도 아주 좋은 여건이 되었다. 상업과 교역이 늘어나면서 도시는 점차 거대화되어 갔고 정치 체제도 제국화되어 갔다. 게다가 제국의 원활한 통치를 위해 도로나 수레바퀴 등이 표준화되었으며 교통도 편리해지면서 전염병이 쉽게 퍼질 수 있는 여건이 마련되었다. 특히 로마제국은 제국의 영토 전역에 도로를 건설해 이동의 편의성을 높였는데 이는 한편으로는 전염병의 전파를 쉽게 만든 요인이기도 했다.

사람들은 이전보다 훨씬 더 모여 살게 되었고 가축과 동물들도 사람과 더욱 밀접한 접촉을 하게 되었다. 특히 사람이나 가축의 분뇨를 처리할 수 있는 위생시설이 제대로 갖추어지지 않았기 때문에 미생물이 번성할 수 있는 여건도 마련되었다. 결국 전염병이 거주 지역 내에서 활성화될 수 있는 조건을 갖추게 되었을 뿐 아니라 지역적으로 국한되었던 전염병이 교역로를 따라 전파될 준비까지 갖추게 된 것이다. 더욱이 도시국가 혹은 제국은 상업과 무역을 통해 부를 얻거나 영토를 확장해 부를 축적하고 노동을 대신할 노예를 필요로 했기 때문에 전쟁을 끊임없이 벌였는데 이로 인해 군대의 이동, 교역의 증가, 노예의 이동 등이 급증하게 되었다. 결국 어느 한 지역에서 전염병이 발생하면 곧바로 다른 지역으로 전파될 수 있는 좋은 여건이 마련된 것이다.

전염병이 유행하기 위해서는 가축의 사육과 인구가 밀집된 거주 형태, 활발한 교역과 교류 등이 있어야 하지만, 한편으로는 전염병을 일으키는 미생물의 독력이 커야 하고 미생물의 새로운 숙주가 된 사람의 저항력이 적어야 한다. 그런데 문명이 발달해 도시국가나 제국이 형성되기 전에는 전염병을 새롭게 일으키는 미생물과 사람이 대규모로 만난 적이 없었기 때문에 미생물은 새로운 숙주인 사람에게 자연선택에 의한 적응을 할 기회가 없었고 사람 역시 미생물에 대항할 면역 체계를 갖출 기회가 없었다. 따라서 미생물은 강력한 독력으로 사람을 공격해 사람에서 사람으로 전파될 수 있었고 사람은 이를 막을 수 있는 방법이 없었다.

특히 새로운 지역에 대한 정복이나 자연환경을 변경시키는 개발은 사람을 숙주로 이용하지 않았던 미생물에게 사람을 숙주로 삼을 수 있는 기회를 계속해서 제공했다. 이 중에서 돌연변이가 생겨서 사람이라는 새로운 숙주로 옮겨가는 데 성공한 미생물은 사람들 사이에 새로운 전염병의 유행을 가져오곤 했다. 숙주를 바꾸는 일은 수렵채집 시기나 초기 농경시대에도 일어나곤 했지만 이때는 대개 매우 한정된 정도였기 때문에 대규모의 전염병 유행을 일으킬 수는 없었다. 즉 미생물이 병을 일으킨다고 하더라도 전염병이 되어 퍼져 나가지 않고 원래의 숙주에게로 다시 돌아갔으나, 도시국가와 제국시대에는 전염병이 전파될 수 있는 여건이 마련되었기 때문에 미생물은 사람을 새로운 숙주로 고착화해 전염병의 대규모 유행을 일으킬 수 있었던 것이다.

전염병균이 사람을 새로운 숙주로 삼아 인체 안으로 들어오면 강력한 독력에 의해 감염된 사람을 죽이기도 하지만 감염된 사람이 면역력을 얻어서 그 병에서 회복되기도 한다. 이렇게 면역력을 얻어 회복한 사람이 인구집단 내에서 많아지면 더 이상 그 전염병균은 사람과 사람 사이에 전파되기가 어려워진다. 마치 차단막이 많아지면 그것을 뚫고 나가기 어려운 것과 같다. 따라서 면역력을 갖추지 못한 새로운 인구가 끊임없이 유입되거나 혹은 충분한 수의 아기가 계속해서 태어나지 않으면 전염병균은 사멸하게 된다.

반면에 이러한 조건이 지속적으로 형성되는 지역에서는 상당 기간 전염병이 유행될 수 있다. 인구의 규모가 큰 도시는 어린이들도 많기 때문에 이러한 조건을 충족시킬 수 있다. 특히 어린이들은 학교나 탁아소 등에 서로 밀집된 형태로 모여 있고 겨울에는 환기가 안 되는 실내에 함께 있으면서 위생적이지 못한 환경에 노출되기 쉽다. 또한 충분한 면역 체계가 아직 갖추어지지 못해서 전염병이 유행하기 쉬운 대상이다. 큰 규모의 도시가 전염병의 유행에 적합한 또 다른 이유는 작은 규모의 공동체에서는 전염병이 한 번 휩쓸고 지나가면 죽든지 아니면 살아서 면역이 생기든지 둘 중의 하나로 귀결된다. 따라서 더 이상 감염시킬 사람이 없으면 전염병을 일으킨 세균도 사멸하게 되는데, 인구 규모가 크면 전염병균이 계속해서 사람을 감염시킬 기회를 갖게 되기 때문이다.

전염병의 위세는 점차 커져서 한 번 전염병이 돌면 이는 공포의 대상이었고 그 앞에서 사람들은 속절없이 죽어갔다. 질병의 원인을 공기나 물 혹은 동물의 시체와 같은 생활 주변의 환경에서 찾아서 그 원인을 막으려는 시도도 있었지만 그리 성공적이지 못했고 죽음에 대한 공포는 사람들을 다시 신에게 의존하게 만들었다. 로마제국에서 국교로 공인된 기독교와 페르시아 지역에서 활발하게 퍼져갔던 이슬람교는 죽음에 대한 공포를 기반으로 세력을 더욱 확장해 나갔다. 질병과 죽음은 신이 정한 운명이었고, 이제 인간은 다시금 신의 처분만을 기다리는 존재가 되어갔다.

천연두,
전염병의 공포를 가져오다

천연두는 바리올라variola라는 바이러스에 감염되어 생기는 질환이다. 대개 감염된 사람이 기침이나 재채기를 할 때 상기도에서 나온 작은 침방울이나 피부의 농포에서 나온 고름, 혹은 피부에서 떨어져 나간 딱지 등을 통해 다른 사람에게 전파되기 때문에 사람들이 밀집해서 생활하는 곳에서 유행하기 쉽다. 천연두 바이러스가 체내에 들어오게 되면 인체의 면역력이 큰 경우에는 가벼운 열만 앓고 지나갈 수 있지만 대부분은 바이러스가 전신에 퍼지면서 고열, 두통으로 시작해 출혈, 피부 농포 등 여러 가지 증상을 일으키고 면역력이 약한 경우에는 사망에까지 이르게 된다. 한마디로, 천연두는 감염되면 치사율이 30~50퍼센트에 이르는 무서운 질병이었다.

이 바이러스는 원숭이나 다람쥐를 숙주로 하다가 사람에게로 옮겨와서 천연두를 일으켰을 것으로 추정되고 있다. 아마도 아프리카의 밀림 속에 있다가 원숭이를 통해서 사람에게로 옮겨오고 이후 노예나 상인, 군인, 혹은 탐험가들을 통해 교역로를 따라서 구세계에 들어왔을 가능성이 크다. 천연두는 고대 이집트의 미라에서도 확인이 되는데 파라오였던 람세스 5세도 기원전 1157년에 천연두로 사망한 것으로 알려졌다.[20] 천연두가 고대 이집트에서 인도에 도달한 이후 인도는 2천 년 이상 천연두의 만성적인 발생 지역이 되었고, 중국에 도착한 시기는 중앙아시아에 살던 훈족이 중국을 공격하던 기원전

250년경이다.[21]

서기 164년에 로마제국에서 발생해 맹위를 떨쳤던 천연두는 서기 569년에 에티오피아 군대가 메카를 공격한 코끼리 전쟁 때 아라비아에 크게 퍼졌다. 그 이후에 특히 십자군과 순례자들을 통해 중동 지역에서 이탈리아, 프랑스, 스페인 등으로 들어오게 되면서 서유럽은 오랜 기간 천연두의 만성적인 발생지가 되었다. 시간이 지나면서 덴마크, 영국, 그린란드 등 북쪽으로 퍼져 나가다가 17세기에는 러시아에까지 이르게 되었다. 이렇게 천연두가 퍼져 나갔던 가장 중요한 이유는 이들 지역에서 도시화가 진행되었고, 사람들은 이전보다 더욱 모여 살았으며, 상업과 교역 그리고 전쟁이 활발했기 때문이다.

유럽이 천연두의 만성적인 발생지가 되면서 15세기 이후 대항해 시대에 이은 유럽의 식민지 개척은 구세계와 연결되지 않고 독립적으로 살아가던 신세계에까지 천연두를 전파시키는 역할을 했다. 1507년 스페인 사람들에 의해 천연두 바이러스가 카리브 섬에 퍼지면서 처음 신세계에 천연두가 발생했고 이후 아메리카 대륙으로 퍼져 나가기 시작했다. 특히 광산에서 일을 시키기 위해 서아프리카에서 쿠바로 노예들을 이송했을 때 노예들을 통해 천연두 바이러스도 함께 들어와 천연두는 아메리카 대륙에 급속히 퍼지게 되었다. 코르테스가 이끄는 스페인 군대가 1519년에 아메리카에 도착했을 때는 사실상 전쟁을 치르기도 전에 이미 천연두가 아즈텍제국을 휩쓸고 지나가서 원주민의 절반 정도가 사망한 상태였다. 따라서 수백 명의 스페인 군인들만으로도 1521년에 아즈텍제국을 손쉽게 정복할 수 있었다. 천연두는 잉카제국도 휩쓸어서 1532년 스페인의 피사로가 도착했을 때는 이미 대혼란에 빠져 있어서 잉카제국도 쉽게 손에 넣을 수 있었다.

이와 같이 스페인 군대가 손쉽게 아즈텍과 잉카제국을 무너뜨릴 수 있었던 이유는 이들 제국의 주민들이 구세계 사람들이 갖고 들어온 천연두균에 처음 노출되었고 따라서 이들에게는 면역력이 형성되어 있지 않았기 때문이다. 한 세기 이후에는 북아메리카에도 유럽인들이 품고 온 천연두 바이러스가 들어와서 퍼져 나갔다. 심지어 일부 유럽인들은 천연두 환자가 사용한 담요를 통해서 천연두 바이러스가 옮겨질 수 있다는 것을 이용해 식민 지배를 거부하는 북아메리카 원주민들에게 일부러 천연두 환자가 사용한 담요를 선물해 의도적으로 천연두를 퍼트리기도 했다. 이후 천연두는 18세기에 오스트레일리아에까지 퍼졌고 선박에 싣는 짐이나 우편물, 선원과 승객들로 인해 19세기에는 전 세계에 퍼지게 되었다.[22]

흑사병,
봉건제도를 끝내고 강력한 국가를 등장시키다

그러나 천연두의 위력은 흑사병에 비하면 오히려 약소한 편이었다. 흑사병은 예르시니아 페스티스Yersinia pestis라는 세균에 감염되어 생기는 질병으로 쥐벼룩에 물려서 발생된다. 역사적으로는 세 번의 흑사병 대유행이 있었고 이로 인해 수많은 사람들이 목숨을 잃었는데 이는 사회경제적 구조마저 흔들어서 변화로 나아가게 하는 중요한 추동력이 되었다. 흑사병은 대개 처음에는 임파선에 고름이 차는 농양으로 시작해서 패혈증이 되거나 폐로 가서 폐렴을 일으키게 되는데 폐렴까지 가면 거의 대부분 사망하게 될 뿐만 아니라 사람과 사람 사이에 직접 흑사병을 전염시키게 된다.

서기 541년에 에티오피아 혹은 중앙아시아에서 시작된 흑사병은 교역로를 따라 사람과 같이 이동하던 쥐를 통해 로마제국뿐 아니라 아프리카와 페르시아, 서유럽에 이르기까지 급속도로 퍼져 나갔다. 이 흑사병은 서기 542년에 콘스탄티노플에 들어와서 비잔틴제국의 유스티니아누스 황제마저 걸리게 했는데 이후로 유스티니아누스 흑사병으로 불리기도 했다. 콘스탄티노플에서 흑사병이 절정에 이르렀을 때는 하루에 5천 명이 죽어나갈 정도였으며 542년에서 546년 사이에는 지중해 동부 지역 인구의 4분의 1이 흑사병으로 사망했다. 이후 흑사병은 거의 3백 년간 사라지지 않고 지역을 옮겨 다니면서 가는 지역마다 초토화시켰다. 바야흐로 본격적인 〈전염병 시대〉에 들어선 것이다. 흑사병이 지나가는 곳마다 엄청난 사망자가 속출해 교역은 마비되고 세금도 걷을 수 없어 경제적으로 크게 어려움을 겪었다. 군대마저 유지하기 어려워지면서 사회질서는 붕괴되고 정치적인 혼란이 가중되었다.[23]

이러한 혼란과 더불어 식량 생산 체계가 커다란 타격을 입으면서 경제의 기반이었던 농경 체계는 자급자족적인 장원제도 중심으로 재편되었고 이는 결국 중세 유럽이 시작되게 된 결정적인 계기가 되었다.[24] 한편으로는 전염병에 대한 과학적 이해와 마땅한 대처 방안이 없었기 때문에 사람들은 종교적 권위에 더욱 의존하게 되었고, 사제들은 질병을 치유하는 역할도 맡게 되었으며, 과학 역시 종교의 지배를 받게 되었다.[25] 이후 장원제도를 기반으로 한 지방 분권적인 정치 사회 체계와 종교적 권위가 13세기까지 특별한 변화와 발전 없이 중세 유럽을 지배했다. 결과적으로 흑사병으로 인해 유럽에서의 질병의 발생과 치료는 다시 완전히 〈신의 영역〉 안으로 들어가게 되었고 과학으로서의 의학적 전통은 대부분 중동 지역에서만 명맥을 이어갔다.

한동안 잠잠하다가 1330년대에 중국에서 다시 시작된 흑사병은 무역선을 타고 이탈리아에 들어와서는 곧바로 도시와 농촌으로 퍼져나갔다. 흑사병이 맹위를 떨치던 1346년에서 1352년 사이에만 유럽에서 2천5백만 명이 사망했는데 이는 유럽 인구의 4분의 1에 해당하는 숫자였다. 수많은 사람이 죽으면서 상업과 교역은 중지되고 정부의 기능마저 마비되어 길에는 죽은 사람들이 넘쳐나고 가축들이 떠돌아다녔다. 이후 거의 2백 년간 흑사병이 지속되었는데 이로 인해 유럽의 많은 지역들이 경제적으로, 또 인구학적으로 성장이 정체되거나 오히려 후퇴했다. 흑사병의 원인이나 치료법을 알지 못했던 당시 사람들은 흑사병이 죄와 부도덕함에 대한 신의 처벌이거나 시체나 환자에게서 나오는 독기 때문에 생긴다고 이해했고 의사는 절제된 활동이나 금욕 등을 권고하는 이상의 활동을 하지 못했다. 심지어는 유태인들이 독을 퍼트렸다고 해서 많은 유태인들이 희생되기도 했다.

그러나 어떠한 방법으로도 흑사병에 적절하게 대처할 수 없었던 사람들은 결국 분노와 좌절을 경험하게 되었고 이는 종교적 혹은 정치적 권위에 대한 부정으로 나타났다. 흑사병 때문에 유럽의 인구가 격감하자 농사를 지을 인력이 부족해지고 농업 생산성도 떨어지면서 식량 공급이 원활하지 않게 되었다. 한편 인구가 줄어들면서 봉건사회적인 신분의 규율은 느슨해지고 농부들은 점차 자유를 얻어갔다. 특히 1337년에 시작된 백년전쟁으로 상당수의 농민들이 전쟁에 참여하게 되면서 농민노동을 기반으로 한 봉건제도는 더욱 약화되기 시작했다. 흑사병에 의해 유발된 봉건사회의 종교적, 정치적 권위에 대한 부정은 권력을 영주 중심에서 국왕 중심으로 이동시키는 역할을 했고 장원제도 중심의 경제 체제를 벗어날 수 있는 여건을 제공했다. 흑사병으로 인해 만들어진 장원제도가 다시 흑사병으로 인해 해체의 위기를 겪게 된 것이다. 결국 봉건제도는 막을 내리고 왕권이 강화되면서 유럽은 본격적인 〈변화의 시기〉를 맞게 되었다. 특히 전염병에 대한 역사적 경험은 전염병에 대항할 시스템의 필요성을 제기했고 이는 강력한 국가 성립의 정당성을 강화시켜 주는 계기가 되었다.

왕권이 강화되자 유럽의 국가들은 국가의 부를 축적하고 영토를 확장시키기 위해 해외로 나가는 대항해 시대를 열게 되었는데 이는 한편으로는 구세계의 전염성 질환을 신세계로 전파시키는 역할을 했다. 유럽인들은 육지에서 말을 타고 전쟁을 하는 능력은 뛰어나지 않았지만 먼 바다까지 항해할 수 있는 기술은 뛰어났다. 유럽인들이 무장한 배를 앞세워 인도양을 거쳐 태평양으로 세력을 확장하는 동안 전염병은 아시아를 거쳐 호주와 폴리네시아까지 서서히 퍼져 나갔다. 이후에 흑사병은 1855년에 중국에서 다시 나타나 무역로를 타고 인도, 오스트레일리아, 아프리카 등 세계 각지로 퍼져 나갔지만 과거 두 차례 대규모로 흑사병이 유행할 때의 독력과 사망률은 나타나지 않았다. 병원균도 독력을 줄이는 방향으로 자연선택이 일어났던 것이다.

전염병의 광풍이 가른 동양과 서양의 역사

14세기에 흑사병이 한참 퍼져 나가고 있을 때 신의 자비에 의존하던 전염병 대책은 전혀 역할을 하지 못했다. 그래서 유럽인들은 신과 신으로부터 부여받은 권력 체계에 대해 의심하기 시작했고 이는 르네상스와 종교개혁으로 이어졌다. 신에게서 눈을 돌려 인간 자신을 돌아보기 시작한 것이다. 이탈리아에서 태어난 지오반니 보카치오는 1358년에 『데카메론』을 썼는데 이 책은 7명의 여성과 3명의 남성이 플로렌스에서 유행하고 있는 흑사병을 피해 10일간 시골마을에 머물면서 나눈 100편의 이야기책이다. 『데카메론』은 르네상스의 거대한 서막을 알리는 작품이었는데, 흑사병이라는 전염병의 유행과 신과 교회에 대한 절대적 권위의 상실이 같은 시점에 발생되었다는 것을 드러내고 있어서 르네상스가 흑사병의 영향을 크게 받았다는 것을 상징적으로 나타낸다고 할 수 있다.

르네상스는 마치 갇혔던 물꼬가 트인 것처럼 유럽 문명의 도약을 가져왔다. 유럽인들은 인간이라는 존재에 대해 좀 더 깊이 있는 생각을 하게 되었고 과학과 의학도 신의 영역에서 나와서 관찰적, 실증적으로 발전하기 시작했다. 이제 전염병은 신이 내린 형벌이 아니라 어떤 특정한 원인에 의해 발생되는 질병이라고 생각하게 된 것이다. 전염병은 더 이상 공포의 질병이 아니라 치료 가능하고 정복해야 하는 하나의 질병이 되었다.

미셸 푸코는 『광기의 역사』에서 17세기 이후 지배 권력이 눈에 보이는 폭력적, 사법적 권력에서 눈에 잘 보이지 않는 학술적 권력으로 전환되어 갔다고 설명했다. 미친 사람은 사법관에 의해 수감되는 것이 아니라 의사에 의해 격리되고 치료받아야 하는 대상이 되었던 것이다. 정신질환에 대한 이러한 인식의 변화는 중요한 시대적 변화를 의미한다. 즉 신이 만든 천사와 악마가 사람의 신체와 정신에 절대적인 영향을 미친다고 이해한 중세 유럽에서는 정신질환을 악마의 영향을 받아서 생긴 것으로 인식했지만 이제는 더 이상 신의 영역이 아니라 인간의 세계에서 일어나는 하나의 질병일 뿐이라는 자각을 하게 된 것이다. 이 같은 인식의 변화가 생긴 것은 전염병 유행의 광풍을 거치면서 신의 존재와 역할에 대한 회의 혹은 신을 대신하던 교회나 권력에 대한 의심이 시작되었기 때문이다. 결국 전염병의 대유행은 신에 의해 주어졌다고 생각했던 것들을 다시 〈인간 중심〉으로 볼 수 있게 된 중요한 계기가 되었다.

한편 14세기에 명나라가 들어선 이후의 중국은 혁신보다는 안정을 중시했고, 과학은 더 이상 발전하지 못하고 정체되었으며, 외부에 대한 탐험과 교류도 정화鄭和가 콜럼버스보다 한 세기나 앞서서 3백 척이 넘는 대규모 선단을 이끌고 일곱 차례 인도양을 오가며 아프리카까지 진출한 이후 갑작스럽게 중지되었다. 유럽이 14-16세기 사이에 혹독한 흑사병의 유행을 거치면서 르네상스에 이은 철학, 예술, 정치, 사회의 변화와 발전을 이어나간 반면, 중국을 중심으로 한 동아시아는 관료주의를 바탕으로 비교적 안정되고 보수적인 사회를 이루고 있었다. 기존 사회질서에 반발해 발생한 농민 반란과 같은 저항과 북방 민족의 위협, 그리고 지배 권력의 교체 등과 같은 혼란이 있었지만 사회의 질서와 체계를 근본적으로 위협하는 수준이 되지는 못했다. 유럽과 달리 동아시아에서 사회경제적 기반과 정치적 질서가 큰 변화 없이 유지되었던 이유 중의 하나는 대규모 전염병이 없었기 때문이었다고 할 수 있다. 즉 구세계의 또 하나의 중심지였던 동아시아에서는 전염병으로 인한 죽음에 대한 공포를 심하게 경험하지 않았는데 이것이 오랜 기간 안정된 사회를 유지할 수 있었던 배경이 되었던 것이다.

하지만 안정적인 발전은 한편으로는 발전의 동력을 잃어가는 과정이기도 하다. 유럽은 14세기에 발생한 흑사병의 대규모 유행을 겪으면서 봉건 체계가 해체되는 위기를 맞았고 사회를 지탱해 왔던 종교적 신념이 흔들리면서 새로운 사고와 새로운 질서에 대한 요구가 커졌다. 그리고 이를 바탕으로 국가 권력이 강화되고 식민지를 개척해 부를 축적하는 방식으로 사회 발전의 원동력을 확보했다. 이후 산업혁명과 과학 기술의 발전이 이어졌고 이는 수세기 동안 지속되었던 유럽의 지배적 지위를 가져왔다. 유럽은 정치적, 사회적, 문화적, 경제적 기준이자 모범이 되었고 과학 기술은 거의 완전히 유럽이 주도하게 되었다. 동아시아에는 전염병의 광풍이 휩쓸지 않았는데 그로 인해 사회의 기반이 흔들리지 않았다. 이것이 그 이후 거의 모든 분야의 발전이 유럽보다 뒤처지게 된 중요한 이유 중의 하나가 된 셈이다. 특히 의학 분야는 유럽에 비해 크게 뒤처지게 되었다. 결국 16세기에서 20세기까지 유럽은 과학을 비롯한 거의 모든 분야에서 대도약을 한 반면에 동아시아에서는 역사의 발전이 비교적 정체되었던 이유 중의 하나는 흑사병과 같은 무서운 전염병에 대한 경험이 없었기 때문이었다.

과학으로 발전할 채비를 갖춘 의학

사실 중세의 유럽에서도 전염병 시대가 끝나기 전까지는 의학의 발전은 거의 정체되어 있었다고 볼 수 있다. 대부분의 사람들은 질병은 신의 뜻이고 전염병이 만연한 것은 세상이 끝날 날이 다가왔다는 것을 의미하는 것으로 받아들였다. 의사들도 적절한 의학적 교육을 받지 못했고 그리스에서 시작된 의학적 지식과 의술은 발전하지 못했을 뿐 아니라 제대로 전수되지도 못했다. 그리스의 의학이 전승되고 발전된 곳은 서유럽이 아니라 오히려 콘스탄티노플을 중심으로 한

동유럽이었고, 비잔틴제국이 멸망하고 이슬람의 지배에 들어간 이후에도 그리스 의학은 이슬람 문화권에 상당한 영향을 주었을 뿐 아니라 그곳에서 한층 더 발전되었다. 예를 들어 아비센나의 『의학내경 *Cannon of Medicine*』은 의학의 이론, 수술과 약물 치료, 위생에 관한 방대한 저술로 오랜 기간 이슬람 문화권에서 의학 교과서로 사용되었다. 이슬람 의학은 다시 라틴어로 번역되어 후에 유럽 의학이 발전할 수 있는 기반이 되었다.[26] 그리스 의학이 유럽이 아니라 오히려 페르시아에서 발전된 후 정체되어 있던 유럽으로 다시 들어온 것이다.

11세기의 이슬람 세계에서는 이미 질병이 다른 환자들은 서로 구분해 수용하는 병원시설이 만들어졌고 병원에서 학생들에게 의술을 가르쳤다. 이후 이슬람 의학과 의술이 유럽으로 건너오면서 의학을 가르치는 교육시설들이 유럽에 생겨나기 시작했는데 이는 신학, 법학 등의 교육시설들과 합쳐지면서 대학으로 발전했다. 대학 속의 교육시설로 자리를 잡은 의과대학은 이제 의학 교육의 중심이 되었다. 그러나 18세기 말까지의 의학 교육은 진료소나 병원에서 환자를 대상으로 해서 학생들을 교육시키는 것이 아니라, 갈레노스 의학 혹은 그를 이어받은 이슬람 의학에 기반한 의학 서적의 내용을 가르치는 것에 머물렀다.

갈레노스 의학은 기본적으로 4체액설에 기반하기 때문에 체액이 균형을 이루면 건강이 유지되고 균형이 깨져서 넘치거나 부족할 때는 사혈과 같이 체액을 뽑아내거나 약초를 먹음으로써 부족한 체액을 만들어 내도록 하는 것이 치료법이었다. 그러나 이러한 방법은 전염병에는 효과를 보기가 어려웠기 때문에 갈레노스의 권위 그리고 4체액설은 점차 설 자리를 잃어갔다. 특히 갈레노스 의학의 종식을 선언한 인물이 있었는데 그의 이름은 바로 파라셀수스이다. 스위스 바젤 대학의 의학교수였던 그는 학생들 앞에서 히포크라테스와 갈레노스의 책들을 불태워 과거의 전통과 결별하고 새로운 것을 찾아야 한다는 것을 상징적으로 보여주었다. 그러나 갈레노스 의학은 파라셀수스에 의해서가 아니라 해부학과 생리학의 발전에 의해서 막을 내리게 되었다.

처음으로 인체 해부가 시행된 것은 1315년 볼로냐의 몬디노 델루치에 의해서였다. 이후 점차 인체 해부 시행이 늘어나면서 해부는 의학 교육의 중심적인 내용이 되었고, 벨기에의 안드레아스 베살리우스가 1543년에 펴낸 『인체 구조에 대하여』는 상세하게 그림으로 인체의 해부학적 구조를 표현했다. 이 책을 통해 비로소 우심실에서 좌심실로 혈액이 이동한다는 갈레노스의 해부학적 오류를 바로잡을 수 있었다. 1628년 윌리엄 하비는 심장이 수축할 때 혈액이 심장 밖으로 밀려나가고 심장이 이완할 때 혈액이 다시 심장으로 흘러 들어오는 것을 관찰했다. 이후 해부학적 지식에 기초해 혈액 순환의 개념을 정립했는데 이는 생리학의 발전으로 이어지게 되었고 이로써 의학은 갈레노스의 영향을 완전히 벗어나서 새로운 의학적 체계를 갖추기 시작했다. 바야흐로 의학은 〈과학〉으로 발전할 채비를 갖춘 것이다.

04

생의학적 질병관,
의학의 중심이 되다

산업혁명,
결핵과 콜레라를 퍼트리다

18세기의 산업혁명은 그동안 누적되어 진행되었던 사회경제적 변화와 과학적 발전이 본격적으로 사회 전반에 영향을 미치면서 도시화, 산업화가 빠르게 진행되었던 역사적 사건이다. 영국에서는 왕권이 강화되면서 근대 국가의 새로운 체계를 갖추려는 노력이 있었고, 봉건제의 기반인 장원제도가 해체되면서 농경에서 목축으로의 전환이 광범위하게 일어났다. 왜냐하면 흑사병으로 인해 인구가 격감하면서 노동력은 부족해지고 상대적으로 가용할 땅은 많아지면서 노동 생산력을 높이려는 노력들이 나타났기 때문이다. 농경 작업은 많은 농부들의 일손을 필요로 하지만 목축은 가축을 돌보는 사람과 개만 있으면 가능하기 때문에 상당한 농경지가 목축지로 전환되었다. 게다가 소고기와 우유에 대한 소비가 크게 늘어나면서 농경에서 목축으로의 전환은 더욱 가속화되었다. 농촌에서 농부의 필요성이 줄어들게 되자 결국 많은 농부들이 농촌을 떠나서 도시로 이주해 나갈 수밖에 없었다. 삶의 터전을 잃은 농민들은 도시로 와서 하층민이 되었고 이는 산업혁명에 필요한 노동력을 싼값에 공급할 수 있는 기반이 되었다.

대항해 시대를 거치면서 많은 식민지를 거느린 거대한 제국이 된 영국에는 인도에서 수입된 면직물이 널리 퍼지게 되었다. 면직물은 모직물에 비해 세탁하기가 쉽고 다양한 색깔의 제품을 만들어낼 수도 있으며 가격도 비싸지 않아서 18세기 영국 중산층에게 인기가 많았다. 면직물에 대한 수요가 크게 증가하자 영국은 인도의 수입 면직물과 경쟁하기 위해 방적기계를 만들기 시작했고 여러 번의 개량을 거쳐서 가내 수공업 규모가 아닌 대규모 생산을 할 수 있는 기계들이 만들어지게 되었다. 또한 석탄을 이용한 증기기관은 인간의 손에 의존한 노동에서 기계를 이용한 노동으로 전환하게 된 계기가 되었고 이로써 공장에서 다수의 노동자가 기계를 이용해 작업하는 새로운 노동 형태가 등장하게 되었다.

도시 하층민은 결국 노동자가 되었고 이들은 주거 조건이 좋지 못한 지역에 모여 살았다. 낮은 임금으로 생활하느라 좋은 음식을 먹을 수도 없었고, 도시의 기반시설이 제대로 갖추어지지 못해 깨끗한 물도 공급받지 못했으며, 하수와 폐기물 또한 제대로 처리되지 못했다.

산업혁명은 경제적인 발전과 근대 국가로서의 면모를 갖추는 데는 크게 기여했지만 하층 노동자의 생활수준과 도시 위생 조건의 악화도 초래했다. 이는 전염병이 확산될 수 있는 최적의 조건을 갖춘 셈이었고 천연두와 흑사병에 이어서 결핵과 콜레라가 본격적으로 역사의 무대에 등장하게 된 배경이 되었다.

결핵은 문명 초기부터 시작해 산업혁명 이전까지 지속적으로 발생해 왔지만 빠르게 전파되는 전염병이 아니기 때문에 대규모로 발생한 적은 없었다. 하지만 산업혁명으로 산업화와 도시화가 진행되면서 위생환경은 이전보다 더 나빠지고 거주 조건, 근로 조건 등이 열악한 상태가 되자 결핵균의 서식 조건이 완벽하게 갖추어지면서 드디어 결핵이 본격적으로 역사의 무대에 등장하게 되었다. 특히 19세기에서 20세기 초까지는 도시 하층민을 중심으로 맹위를 떨쳤는데 19세기 초 영국에서는 결핵으로 인한 사망이 전체 사망의 25퍼센트에 이를 정도였다. 결핵은 대부분 기침과 피가 섞인 가래, 열, 식은땀, 체중 감소 등의 증상을 보이며 만성적으로 진행되면서 신체를 쇠약하게 만들기 때문에 전신이 소모된다는 의미로 〈소모병 consumption〉으로 불리기도 했다. 또 대부분 폐에 병이 생기지만 병이 진행되면서 폐 이외의 다른 기관에 퍼지기도 한다. 결핵은 환자들이 기침을 할 때 혹은 가래를 통해서 다른 사람에게 옮겨가는 전염병이기 때문에 위생 상태가 좋지 않은 환경과 많은 사람들이 밀집해서 거주하고 있는 장소에서 전염되기 쉽다. 따라서 19세기의 영국뿐 아니라 산업화 과정을 겪은 나라에서는 산업화 초기에 거의 예외 없이 결핵의 유행을 겪어야 했다.

콜레라는 비브리오 콜레라가 소장을 감염시켜서 생기는 병이다. 며칠씩 지속되는 쌀뜨물 같은 설사가 주요 증상인데 심할 때는 몇 시간 안에 심한 탈수와 전해질 불균형이 생긴다. 탈수가 심하면 눈이 움푹 들어가고 피부와 손발은 탄력을 잃어 주름이 생기고 탈수 증상이 개선되지 않으면 수일 안에 사망할 수도 있다. 19세기 유럽에서 한참 유행하던 시기에는 빠르게 전염될 뿐 아니라 걸리게 되면 50퍼센트 정도가 사망했기 때문에 콜레라는 극심한 〈공포의 질환〉이었다. 콜레라의 원인이 제대로 밝혀지기 전까지는 미아즈마miasma라는 더러운 공기나 나쁜 냄새에 의해 생기는 병이라고 생각했다.

그러다가 1854년에 가서야 영국의 존 스노우가 오염된 식수가 콜레라의 원인이라는 것을 밝혀냈고, 직접적인 원인이었던 비브리오 콜레라균을 밝혀낸 사람은 1884년 인도에서 콜레라균을 처음으로 확인하는 데 성공한 독일의 로베르트 코흐였다.[27] 사실 콜레라는 전근대 의학에서 근대 의학으로 넘어가는 과정에 있었던 대표적인 질환이라고 할 수 있다. 근대 의학이 자리를 잡기 전에 질병의 원인으로 지목을 받았던 미아즈마에서 존 스노우의 체계적인 역학적 분석 방법을 거치면서 오염된 물이 원인이라는 것이 밝혀졌고 최종적으로는 코흐의 과학적 연구를 통해 비브리오 콜레라가 원인균이라는 것이 밝혀졌기 때문이다.

특정 원인이 특정 질병을 일으킨다는 근대 의학의 등장

근대 의학은 18세기 말 이후 탄생되었다고 볼 수 있다. 근거에 기반한 경험주의가 지배적인 시대 사조가 되면서 수술이나 실험과 같은 구체적인 행위만이 객관적이고 실증적이라고 간주되었고 객관성이나 실증성이 없는 의학은 의학의 중심에서 점차 멀어지게 된 것이다. 의사들은 해부학을 통해서 인체 구조를 관찰하고 더 나아가 현미경을 통해 인체를 구성하고 있는 세포를 관찰함으로써 인간의 몸을 자세히 들여다보기 시작했다. 객관적이고 실증적으로 〈들여다봄〉으로써 의학은 과학으로서 자리를 잡게 되었고 질병에 대한 과거의 모든 생각과 이론들은 비과학으로 규정되었다. 이렇게 인체를 구성하는 특정 기관에서 비정상적인 현상이 객관적이고 실증적으로 생김으로써 질병이 발생한다는 기계론적인 개념의 〈생의학적 모형biomedical model〉이 만들어지면서 의학의 중심 이론으로 자리를 잡아갔다. 사실 생의학적 모형은 실증주의가 철학, 과학뿐 아니라 일상생활의 모든 부분에까지 지배적 영향력을 미치게 되었던 시대적 배경에서 나온 것이다. 질병의 발생과 치료도 객관적으로 밝힐 수 있는 원인과 결과가 있으며 그것을 다시 실증적으로 증명할 수 있어야 한다는 믿음을 바탕으로 설명되고 수행되어야 했다.

그런데 객관적, 실증적으로 질병을 관찰해서 원인을 찾고 이를 해결하려는 노력은 일상생활을 살아가는 인간으로서의 환자가 아니라 질병을 갖고 있는 관찰 대상자로서의 환자에 대한 접근 방법이라고 할 수 있다. 따라서 환자는 사회적 존재가 아니라 사회와 분리된 개체이면서 질병에 점유된 육체로서 인식이 되었다. 또한 질병의 본질이란 개체적, 분절적으로 이루어진 신체 혹은 장기에 어떤 외부의 요인이 영향력을 미쳐서 본래 갖고 있는 구조 혹은 기능을 손상시킨 상태로 이해했다. 예를 들어 B형 바이러스성 간염은 B형 간염을 일으키는 바이러스가 환자의 몸 안에 침투해 들어온 후 간에서 염증을 일으켜 정상적인 간 기능을 떨어뜨리는 질병이라고 이해하는 것이다. 따라서 B형 간염 바이러스가 활동을 못하도록 막거나 간 기능을 보호하기 위한 여러 가지 조치를 취하는 방법이 B형 바이러스성 간염에 대한 치료법이 된다. 이러한 생의학적 모형은 과학적 합리주의가 세계를 지배하면서 사실상 18세기 말 이후 서양 의학의 중심이 되었을 뿐 아니라 그 이전과 비교해도 괄목할 만한 환자 치료의 성과를 이룬 바탕이 되었다.

생의학적 모형이 만들어지는 데 크게 기여한 이탈리아의 지오반니 모르가니는 수백 명의 환자들의 사례를 소개하고 이 환자들의 부검 소견을 책으로 정리했다. 1761년에 출판한 『질병 부위와 원인에 대하여*On the Seats and Causes of Disease*』에서 그는 환자의 머리부터 발끝까지 질병으로 인해서 생기는 병리학적 소견들을 자세히 기록한 후에 질병을 특정한 장기와 조직에 생기는 병리적인 현상으로 설명한 것이다. 또한 환자를 자세히 관찰한 다음 사후에 부검을 실시해 임상적 소견과 부검 소견을 비교함으로써 질병에 대해서 보다 잘 이해하고 이를 통해 진료 능력을 향상시키고자 했다. 즉 부검을 통한 병리학적 소견을 바탕으로 질병이 어떻게 진행되었는지를 이해함으로써 의학의 획기적인 발전을 가져오게 된 것이다. 이제 의학은 히포크라테스와 갈레노스의 영향을 완전히 벗어나서 새로운 체계를 갖추게 되었다. 질병은 조화와 균형이 깨져서 생기는 몸 전체의 문제가 아니라 인체를 구성하는 각 장기의 병리적 과정에서 나온 결과라는 인식이 지배하게 된 것이다.

사실 18세기 중엽까지만 해도 질병의 분류 기준 자체가 명확하지 않았다. 18세기 말 이후에야 환자들을 모아서 치료하고 임상적 경과를 관찰해 질병을 제대로 정의할 수 있었다. 그리고 이를 기반으로 의학 교육을 한 진료소가 현대식 의학 교육이 이루어지는 오늘날 병원의 원형이라고 할 수 있다. 질병들은 이제 분류되고 이름을 갖게 됨으로써 객관적인 대상으로 자리를 잡아갔다. 또한 원인적 요인이 어떻게 인간의 몸 안에서 작용해 질병을 일으키는지에 대해 병인론적 관점에서 설명하고 그 원인적 요인을 제거하는 것이 질병의 치료라는 〈생의학적 질병관〉이 확립되어 갔다. 이러한 질병관은 당시까지도 수많은 생명을 앗아감으로써 커다란 영향을 미치고 있었던 전염병을 설명하는 데 매우 적합했다. 전염병은 세균이 인간의 몸 안에 들어와 몸 속 장기들을 공격해 질병을 일으키고 또 전파하는 것으로 충분히 설명이 되었기 때문이다. 특히 파스퇴르와 코흐 등이 전염병의 원인이었던 세균을 발견한 후 생의학적 질병관은 의학의 중심 이론으로 자리를 잡아갔다. 이를 계기로 18세기 말 이후 진료소, 의사,

학생, 병인론이 하나의 체계로 기틀을 잡게 되면서 생의학적 모형에 기반한 현대적 의료 체계가 형성되고 발전되어 갔던 것이다.

환자 중심이 아닌, 〈질병 중심〉의 의학

18세기 말 이후 파리를 중심으로 발전하기 시작한 현대적 의학 교육과 진료 체계는 그 이전의 의학 교육과 진료 체계에 비해 훨씬 발전했다는 의미에서 〈의료 혁명〉이라고 부를 만했다. 이러한 변화는 정치사회의 혁명적 변화에 부응하는 것이었다고도 볼 수 있다. 당시의 파리는 정치사회적 혁명의 도시였고 또 한편으로는 의료 혁명의 도시라고 할 수 있었다. 하지만 프랑스 혁명이 그러했듯 의료 혁명 또한 순조롭게 진행된 것은 아니다. 혁명과 함께 앙시앵 레짐으로 불리던 모든 체계가 무너지면서 의학 교육 기관, 병원, 의사 등 구의료 체계도 함께 무너졌다. 과거의 특권과 불평등이 없어지면 질병 없는 건강한 사회가 될 것이라는 혁명 지도자들의 생각은 너무나 순진했다는 것이 곧 드러났다. 질병은 전혀 사라지지 않았고 혁명에 참가했던 군인들은 의사들을, 특히 지식만이 아니라 진료 능력을 갖춘 의사들을 요구하기 시작했다. 결국 혁명 지도부는 의료 체계를 새롭게 만들어 가야 했고 이러한 요구에 부응해서 임상의학의 기술과 교육이 병원을 중심으로 발전하게 되었다.[28]

병원에 환자들이 모이고 진찰 기술도 발전하면서 시진, 촉진, 타진, 청진, 즉 환자를 자세히 관찰하고 만지고 두드리고 소리를 듣는 네 가지 진찰 기술이 표준화되어 보편적으로 사용되기 시작했다. 의사는 환자와 어느 정도 거리를 두고 관찰하던 이전과는 달리 환자를 좀 더 가까운 거리에서 자세히 진찰할 수 있게 되었다. 특히 라에네크는 속이 텅 빈 나무 막대를 이용해서 끝이 종 모양과 판 모양으로 된 청진기를 만들었는데 이는 환자의 몸에서 나는 소리를 듣기에 매우 편리했다. 라에네크는 오늘날까지도 진찰 도구의 상징이라고 할 수 있는 청진기의 소리를 이용해 심장과 폐의 많은 질환들을 진단했다. 특히 청진기 소리로 폐결핵을 진단하는 데 관심이 많아서 폐결핵 환자를 주로 보았는데 안타깝게도 환자로부터 감염되어 그 자신이 폐결핵에 걸려 사망했다.

이와 같이 환자 진료에 몸을 아끼지 않고 열성적이었던 의사들로 인해 파리는 임상의학의 중심이 되어갔다. 파리에서 해부를 통해 병리학적 지식이 향상되고 진찰 기술이 크게 발전했던 이유는 정치사회적 혁명과 함께 부유한 계층을 왕진해 진료하던 의료에서 병원 중심의 의료로 바뀌어 갔기 때문이다. 병원에는 많은 환자들이 수용되어 있었는데 이들은 대개 군인이거나 가난한 하층민들이었다. 환자들이 병원에 모여 있었기 때문에 의사들은 그들에게 훨씬 쉽게 접근할 수 있었고 이들을 대상으로 각종 진찰 기술들을 시험해 보고 개발해 나갈 수 있었다. 또한 진찰 소견과 사후에 행한 부검 소견을 비교하는 것도 용이했기 때문에 의학적 지식과 기술을 보다 더 발전시켜 나갈 수 있었던 것이다.

한편 유럽 각지와 미국에서 파리로 와서 배웠던 많은 학생들이 자기들의 나라로 다시 돌아간 후 각 나라에 의과대학과 부속병원들을 세우면서 임상의학적 지식과 기술이 여러 나라로 퍼져 나갔다. 이처럼 파리를 중심으로 발전한 임상의학은 19세기 중반 이후에 독일에서 의학 연구에 실험을 체계적으로 추가하면서 한 차원 더 발전했다. 독일을 중심으로 세포병리학이나 세균학이 발전하게 되었는데 이는 질병의 병인론을 완성하는 데 중요한 역할을 했고 이로써 임상의학과 기초의학이 결합된 생의학적 모형이 완성되었다. 질병은 세균과 같은 외부의 요인이 인체에 침입함으로써 특정 장기의 조직세포가 비정상적으로 변해 발생한다는 질병 발생론, 즉 원인과 결과가 1 대 1로 연결되는 병인론이 완성되었고 오늘날까지도 이러한 병인론이 현대 의학의 중심적인 사고로 뿌리 깊이 자리 잡게 되었다.

생의학적 모형에 따르면 의사가 되기 위해서는 실험실적 교육, 임상적인 훈련, 그리고 질병 탐구 능력을 갖추어야 한다는 것을 의미했다. 즉 환자를 관찰하고 돌보는 진료실의 의사로서의 역할에 그치지 않고 더 나아가서 질병의 원인을 탐구하고 해결책을 찾는 과학자로서의 의사의 역할이 강조되었다. 그러나 이와 같은 생의학적 모형은 환자 중심이 아니라 질병 중심의 의학 모형이었다고 할 수 있고 이후 현대 의학은 질병 중심으로 교육, 연구, 진료가 이루어지게 되었다.

동양,
서양 의학이 전통 의학을 대신하다

19세기 세계사의 중심 사건은 인도와 중국이 유럽을 중심으로 하나의 체계에 편입된 것이다. 인도는 16-17세기에 무굴제국을 중심으로 번성했고 18세기가 시작될 무렵에는 세계의 어느 곳과 비교해도 상당히 부유했다고 할 수 있다. 농업 경제는 매우 생산적이었고 제조업을 바탕으로 한 시장경제 또한 팽창하고 있었다. 중국은 17세기에 명나라에서 청나라로 바뀌었는데, 청나라는 한족이 아닌 만주족이 통치하는 나라였기 때문에 처음부터 다문화적이었고 정권을 유지하기 위해서는 절대적인 권력을 필요로 했다. 따라서 강력한 중앙 집권 체계를 갖춘 청나라는 잘 무장된 군대를 바탕으로 제국주의적 팽창을 추구했다. 중앙유라시아 지역으로 지배를 확대해 나갔을 뿐만 아니라 동남아시아에도 세력을 넓혀 미안마와 베트남을 침공해 조공관계를 만들어 나갔다. 하지만 군사적 팽창주의는 성공도 했지만 상당 부분 실패로 끝났고 대외정책의 혼란은 왕실의 부패와 함께 청나라 후기에 국력의 약화로 이어졌다.

그럼에도 18세기 중국은 부와 생활수준에 있어서 세계적으로 가장 앞선 곳의 하나였다. 쌀 생산의 증가와 옥수수, 감자 등 새로운 작물의 도입은 생활수준의 향상과 인구의 증가를 가져왔다. 외국과의 교역도 확대되어 차, 비단, 제조품 등이 중국에서 다른 지역으로 흘러들어갔고 아메리카 대륙에서 주로 생산된 은이 그 대금으로 중국에

들어와 중국은 상당한 부를 소유하게 되었다.[29]

이처럼 17-18세기는 인도와 중국이 제국주의화되고 외부와의 활발한 교류를 통해 세계 경제 형성에 중요한 역할을 한 시기이다. 또한 당시에 두 나라는 세계 생산과 소비의 다수를 차지했다.[30] 그럼에도 불구하고 17-18세기의 유럽은 그 이전 대항해 시대의 유산을 이어받아 제국주의적 팽창에 있어서 인도와 중국에 비해 유리한 점을 갖고 있었다. 특히 군사 기술, 조선, 항해 분야에서는 확실한 우위를 점했다. 그 이유는 14세기 이후 유럽은 르네상스를 거치면서 사회경제적 변혁과 함께 과학의 발전, 산업혁명을 겪었고 또한 강력한 중앙 집권적 근대 국가 체계를 만들어 나갔기 때문이다. 즉 17-18세기에 인도와 중국은 군사력을 바탕으로 제국주의적 국가 체계를 갖추어 가기는 했지만 이는 유럽과 같이 사회 내부의 근본적인 뿌리를 재해석하고 세계관을 새롭게 만들어 가면서 구축한 시민사회적 혁명적 변화는 아니었던 것이다. 결국 인도와 중국은 유럽과의 경쟁에서 지게 되면서 보다 우위에 있던 유럽의 지배적 영향권 안으로 들어가게 되었는데 한편으로 이는 세계를 하나로 연결시키는 중요한 계기가 되었다. 그리고 이처럼 하나의 세계로 연결된 체계는 전염병이 어느 한 지역에서 발생하더라도 곧 세계적 유행으로 퍼질 수 있는 기반이 되었다.

지역적 범위를 넘어 세계적으로 유행을 한 대표적인 전염병이 콜레라였다. 콜레라는 11세기에 인도에서 처음 발견되었지만 그 후에도 오랜 기간 동안 인도를 벗어나지 못했다. 그러다가 1817년에 이르러 인도를 벗어나 전 세계적인 대유행을 시작하는데 영국을 비롯한 유럽, 중국과 한국을 비롯한 동아시아 등 세계 각지로 퍼져 나갔다. 이후 19세기에만 여섯 번의 대유행이 있었는데 대개 그 시작은 인도였다. 콜레라는 이전의 전염병과는 달리 한 대륙에 국한해서 영향을 미쳤던 것이 아니라 전 세계를 휩쓸면서 강력한 영향을 미쳤다. 14세기에 흑사병이 중국에서 발원해 실크로드를 따라 전파되어 유럽 대륙을 휩쓸었던 것처럼, 19세기에 콜레라는 인도에서 발원해 유럽의 제국주의에 의해 세계화가 이루어진 전 세계를 휩쓸면서 많은 사망자를 발생시켰던 것이다.

콜레라에 대한 대책에 있어서 19세기 유럽과 아시아는 상당한 차이를 보였는데 그 차이는 사회경제적 차이뿐 아니라 과학적 인식의 차이에서 비롯되었다. 유럽은 세균설에 기초해 위생과 격리를 주된 정책으로 취했는데 동아시아에서는 제사나 구휼救恤을 통한 민심 수습이 주된 정책이었다. 따라서 19세기에 유럽은 전염병에 적절하게 대응한 반면 동아시아는 제대로 대응하지 못했다고 볼 수 있다. 이러한 차이가 생긴 이유는 유럽은 수세기 전부터 만연한 전염병 때문에 사회 체계, 과학, 의학의 발전이 있었고, 동아시아에서는 전염병에 대한 경험이 많지 않아 의학적 개념이 발전하지 못했기 때문이다. 결국 이후에 동아시아에서는 경험과 과학 수준에 있어서 앞서 있는 유럽의 세균설과 전염병 관리 체계를 받아들일 수밖에 없었고 이는 서양 의학이 동아시아에서 전통적인 동양 의학을 대신해 중심적인 의학과 의술로 자리 잡게 된 결정적인 계기가 되었다.

제2부

만성질환 및 후기만성질환 시대, 새로운 질병관으로 접근하다

05

인류,
만성질환 시대로
진입하다

전염병 대유행의 시대,
드디어 막을 내리다

19세기 후반에 들어서면서 결핵의 발생률과 사망률이 줄어들기 시작했다. 미국의 경우 1900년에는 결핵으로 인한 사망률이 10만명당 194명에 달하였으나 결핵 치료제인 스트렙토마이신이 사용되기 시작한 1944년에는 이미 10만명당 46명 이하로 줄어들어 있었다.[1] 결핵 사망률이 줄어든 주된 이유는 환자 격리와 같은 위생 행정의 영향도 어느 정도 있었지만 무엇보다도 식생활과 주거 등 생활환경의 개선으로 결핵균이 서식할 수 있는 조건이 줄어들었고 충분한 영양 공급으로 면역 능력이 향상되었기 때문이다. 사실 결핵이라는 병은 결핵균이 잘 살 수 있는 비위생적인 환경을 개선하면 효과를 볼 수 있는 질병이다. 즉 폐에 결핵균이 들어오는 확률을 줄이고 영양 섭취를 통해 면역 능력을 향상시키면 결핵 발생이 줄어들고 또 이미 결핵에 걸린 경우도 회복될 가능성이 커지는 것이다. 19세기 후반에는 결핵만 줄어든 것이 아니었다. 인구 변화에 큰 영향을 미쳤던 디프테리아, 성홍열, 백일해, 장티푸스 등으로 인한 유아 사망률도 도시의 상하수 시설과 위생 조치들로 인해 눈에 띄게 줄어들기 시작했다.

그러나 공중위생을 개선해도 전염병은 여전히 위협적이었다. 전염병의 위협에서 벗어나기 위해서는 공중위생의 개선 이외에도 〈백신과 항생제〉라는 두 가지 현대적 의료가 더 필요했다.[2] 백신은 특정 질환에 대한 면역력을 주기 위해 개발된 생물학적 약제이다. 전염병에 대한 백신은 대개 전염병을 일으키는 박테리아나 바이러스와 비슷한 성분이거나 혹은 죽거나 약화된 전염병균을 사용해 만든다. 이러한 백신이 몸 안에 들어오게 되면 우리 몸은 이를 외부 위협 요인으로 인식해 면역 반응이 생길 뿐 아니라 그 요인에 대한 기억을 저장하게 된다. 따라서 나중에 같은 전염병균이 몸 안으로 침입을 하게 되면 면역 반응이 바로 작동하게 되어 전염병균을 물리치게 되는 것이다. 백신은 1796년에 영국의 에드워드 제너가 우두에 걸린 소의 고름을 이용해 천연두를 막을 수 있다는 것을 증명한 이후 소아마비, 홍역, 수두, 인플루엔자 등 높은 사망률을 초래한 대부분의 전염병균들에 대해서 개발되어 상당히 많은 전염병을 예방할 수 있었다. 특히 어린이의 사망률을 줄임으로써 19세기 이후 뚜렷하게 나타난 수명의 증가에 상당한 기여를 했다.

폐렴, 류머티스열, 농양 등 세균에 의해 발생된 질병에 대해 특별한 치료법이 없었기 때문에 그저 환자가 스스로 회복되기만을 기다렸던 시대는 알렉산더 플레밍이 1928년에 페니실린을 발견한 이후 막을 내리게 되었다. 플레밍은 병원균을 배양하는 실험을 하던 중에 실수로 뚜껑을 열어놓은 배양접시 하나에서 곰팡이가 핀 것을 관찰했다. 그런데 신기하게도 곰팡이 주위로는 병원균이 배양되지 않는 것이었다. 이후 곰팡이에서 나오는 물질이 병원균을 죽인다는 것을 이용해 페니실린이 만들어지게 되었다. 페니실린은 제2차 세계대전이 끝날 때쯤에는 대량생산이 가능해졌고 세균에 의한 감염성 질환에 항생제라는 강력한 무기로 대응하는 시대를 열었다.

이제 질병을 일으키는 원인이 세균이라는 것이 밝혀졌고, 그 세균이 어떤 기관에 감염을 일으켜서 질병이 발생한다는 병리학적 기전도 밝혀졌으며, 또한 그 질병의 원인인 세균을 죽여서 치료할 수 있는 항생제도 생산이 되게 된 것이다. 제2차 세계대전이 끝나면서 오랜 기간 인류를 괴롭혀 왔던 주요 질병의 하나였던 병원균에 의한 감염성 질환, 특히 그 중에서 사람들 간에 널리 퍼져 나가던 전염병은 이제 공중위생의 개선, 백신과 항생제의 개발로 인해 역사 속으로 사라질 것이라는 희망이 넘쳤다. 아직도 바이러스에 의한 전염병이 때때로 세계적으로 퍼져 나가기는 해도 전염병이 인류를 극심한 공포로 몰아넣었던 시대는 막을 내리게 된 것이다.

만성질환,
21세기 사망 원인의 3분의 2를 차지

그런데 미생물로 인해 생긴 감염병, 특히 전염병에 의한 사망률은 줄었지만 그 이전에는 두드러지지 않았던 당뇨병, 고혈압, 심장질환, 암 등과 같이 만성적인 질병의 경과를 거치는 일련의 질환들이 지속적으로 증가하는 새로운 현상을 맞이하게 되었다. 20세기 초까지만 해도 세계적으로 사망을 일으키는 주요 요인은 폐렴, 결핵, 위장염이었고 이들 질환들이 전체 사망의 3분의 1을 차지했다. 그런데 21세기 초인 현재 주요 사망 요인은 심장질환, 암, 뇌혈관질환이고 이들 질환이 전체 사망의 3분의 2를 차지하고 있다.[3] 주요 사망 원인이 되는 질환이 바뀌었을 뿐만 아니라 만성질환이 사망 원인 중에서 차지하는 비율 또한 크게 증가한 것이다.

만성질환은 콜레라나 결핵과는 달리 단일한 병원균이 아니라 원인 인자가 복합적이고 원인에 노출되었다고 해도 질병이 발생될 때까지 상당한 시간이 걸린다. 또한 질병 발생 이후에도 바로 사망하거나 회복되지 않고 질병을 가진 채로 오랫동안 지낼 수 있다. 이러한 만성질환에는 고혈압, 당뇨병, 비만, 심장질환, 그리고 암 등이 속한다. 만성질환은 전염병과 같이 인류가 문명시대로 들어선 이후에 발생한 질환이지만 전염병과는 아주 다른 요인에 의해 생긴다. 전염병이 미생물에 의해 초래된 질병이었다면, 만성질환은 〈생활환경〉에 의해 발생되는 질병이라고 할 수 있다. 그런데 생활환경이라는 독립적인 요인이 인체 내에서 질병을 초래하는 것이 아니라, 인간이 갖고 있는 유전자와 인간의 생활환경이 서로 〈조화와 적응〉을 이루지 못해 생기는 것이다. 따라서 만성질환이 왜 생기는지 이해하려면 오랜 기간에 걸쳐 형성된 유전자와 환경의 조화와 적응에 대해 이해해야 한다.

역사를 돌이켜보면 인류는 수렵채집 시기부터 자연선택이라는 과정을 거쳐서 오늘날의 현대인으로 이어져 왔다. 즉 수렵채집 시기의 생활환경에 보다 적합하게 적응할 수 있는 유전자를 가진 조상은 살아남아서 자손을 퍼트렸지만 잘 적응하지 못한 경우는 자손을 얻지 못해 후대가 끊기는 방식으로 자연선택되었다. 그러니 현재 우리가 갖고 있는 유전자의 대부분은 과거 인류의 조상이 살던 수렵채집 시기의 생활환경에 적응된 유전자라고 할 수 있다. 그런데 우리의 유전자는 현대의 생활환경에는 적응성이 떨어진다. 왜냐하면 현대의 생활환경은 과거, 특히 문명 전 수렵채집 시기의 생활환경과는 큰 차이가 있기 때문이다.

현대인은 수렵채집 시기에 비해 섭취하는 먹거리의 구성과 칼로리의 양이 크게 달라졌고, 과거에 비해 신체 활동량이 크게 줄었으며, 음주와 흡연과 같은 새로운 생활습관이 생겼고, 대기오염이나 환경호르몬과 같은 화학물질에 새롭게 노출되고 있고, 훨씬 경쟁적인 사회적 인간관계 안에 처하게 되었다. 이 같은 생활환경의 변화 때문에 과거에는 정상이거나 생존에 도움이 되었던 유전자가 이제는 오히려 질병을 유발시키는 방향으로 작용하게 되었고 이로 인해 당뇨병이나 고혈압, 동맥경화증 등이 발생하게 된 것이다. 특히 제2차 세계대전

이후 생활수준이 급격하게 높아지면서 만성질환의 발생률은 전례 없이 증가했다.

예를 들어 당뇨병 발생과 관련이 있는 것으로 알려진 유전자인 Calpain-10은 인슐린의 작용에 관여한다. 동물에서 Calpain-10을 차단시키는 실험을 하면 당뇨병이 발생하며 사람에서는 Calpain-10의 유전자 변이가 당뇨병의 위험도를 높이는 것으로 나타났다.[4] 이러한 결과를 보면 Calpain-10 유전자는 인슐린에 대한 작용을 통해 당뇨병 발생에 영향을 미친다는 것을 알 수 있다. Calpain-10 유전자는 인슐린으로 하여금 혈액 안에 있는 포도당을 세포 안에 넣어주어서 세포가 포도당을 에너지원으로 이용할 수 있게 하는 역할을 하는 것으로 밝혀졌다. 그런데 이 유전자의 작용은 수렵채집 시기에 먹을 것이 없어 때때로 기아를 경험했거나 먹을 것이 주변에 많이 있어도 오늘날과는 달리 칼로리가 높지 않은 음식을 주로 먹었을 때에 적응된 작용이다. 말하자면 혈액 안에 있는 포도당의 농도가 그리 높지 않거나 간헐적으로만 높을 때 포도당을 세포 속에 넣어서 에너지로 활용하는 데 관여한 유전자인 것이다.

그런데 오늘날의 식생활 양식과 신체활동 수준을 수렵채집 시기와 비교해 보면 섭취하는 칼로리가 에너지로 소모되는 칼로리보다 훨씬 많은 경우가 종종 있기 때문에 혈액 내의 포도당 농도는 수렵채집 시기에 비해 쉽게 높아진다. 따라서 높아진 혈액 내의 포도당을 Calpain-10으로는 충분히 처리할 수 없는 경우가 자주 생겨서 당뇨병의 발생이 증가하는 것이다. 그런데 Calpain-10에 유전자 변이가 있어서 세포 안으로 포도당을 넣는 기능이 정상 유전자에 비해 더 떨어져 있는 경우에는 혈액에 있는 포도당 농도는 더욱 높아지게 된다. 즉 혈중 포도당 농도가 지나치게 높아진 현대인의 경우 Calpain-10의 기능으로는 혈중 포도당을 충분히 처리하기 어렵기 때문에 이미 당뇨병을 발생시키기 쉬운 상태가 되었는데 여기에 더하여 유전자 변이에 의해 그 기능이 더 떨어지게 되면 그만큼 더 쉽게 당뇨병을 초래할 수 있게 되는 것이다.

유전자 변이가
만성질환의 원인은 아니다

상당수의 과학자들은 어떤 사람들은 당뇨병에 걸리고 또 어떤 사람들은 당뇨병에 걸리지 않는 현상을 두고 특정 미생물이 감염병을 일으키듯 만성질환에도 특정한 근원적인 원인이 존재할 것이라는 생각을 하게 되었다. 생물학적 현상의 밑바탕에는 유전자 코드가 있기 때문에 당뇨병과 같은 만성질환 환자들에게는 정상인과 다른 특정한 〈유전자 변이〉들이 있어서 질병이 일어난다고 생각했다. 즉 유전자 변이에 의한 질병 발생론은 유전자가 질병을 초래하는 것이 아니라 유전자 변이에 의해 질병이 발생한다고 가정한다. 이런 가정의 근거는 겸상적혈구빈혈이나 낭포성 섬유증과 같은 유전 질환이 특정 유전자의 변이에 의해서 초래된다는 것이 확인되었기 때문이다. 사실 만성질환 환자들에게 특정한 유전자 변이들이 있고 그 변이가 질병을 일으키는 것이라면 생의학적 모형으로도 완벽하게 만성질환을 설명할 수 있다. 또한 유전자 변이를 진단할 수 있으면 질병 발생을 예측할 수 있고 더 나아가 질병 치료도 유전자 변이를 제거함으로써 충분히 가능해진다는 것을 의미한다.

21세기로 들어오면서 유전자 분석 기술이 획기적으로 향상되었기 때문에 의학은 놀라운 발전을 이룰 수 있는 전기를 맞이하는 듯했다. 그러나 많은 학자들의 기대와는 달리 최근에는 유전자 변이만으로는 만성질환을 거의 설명하지 못한다는 것이 밝혀졌다. 유전자 분석 기술이 질병의 정복을 가져올지 모른다는 장밋빛 꿈은 사라졌지만 사실 유전자 변이와 질병 발생 사이에 뚜렷한 관련성이 잘 나타나지 않는 이유는 따로 있다. 현대인의 만성질환은 지금의 생활환경에 대한 유전자의 부적응 때문에 초래되긴 하였으나 유전자 변이는 이러한 부적응에 있어서 큰 역할을 하는 것은 아니기 때문이다. 즉 만성질환은 유전자 변이 때문이 아니라, 인류가 갖고 있는 유전자 자체가 과거 수렵채집 시기 생활환경에 적응된 유전자이기 때문에 현대의 생활환경에는 적응하지 못하면서 발생하는 것이다. 따라서 새로운 환경에 대한 유전자의 부적응 혹은 부조화 때문에 만성질환이 발생한다고 볼 수 있는데, 이때의 〈유전자 부적응〉이란 유전자 자체가 갖고 있는 기능이 현대인이 노출되는 생활환경에는 잘 맞지 않는다는 뜻이다.

앞서 설명했던 Calpain-10 유전자의 경우도 혈중 포도당 농도가 높지 않았던 과거의 생활환경에서는 잘 작동을 했지만 칼로리를 넘치도록 섭취하는 오늘날의 생활환경에는 잘 맞지 않는다. 더욱이 에너지 섭취와 대사에 관여하는 유전자는 Calpain-10만 있는 것이 아니라 수십 개의 유전자들이 서로 협력해 역할을 하기 때문에 Calpain-10 유전자만이 아니라 수십 개의 유전자 복합체가 오늘날의 생활환경에 잘 적응하지 못한 것으로 볼 수 있다. 그러므로 Calpain-10 유전자의 변이가 있어서 Calpain-10 유전자의 기능이 떨어지면 더욱 당뇨병을 일으키기 쉬워지기는 하지만, 수십 개의 유전자 복합체와 현대 생활환경 간의 부조화가 당뇨병 발생에 미치는 영향에 비해 Calpain-10 유전자라는 어느 한 유전자의 변이 자체는 상대적으로 그 영향이 작게 나타난다고 볼 수 있다.

한편 대부분의 유전자 변이는 유전자 코드의 변화는 있지만 기능적인 차이를 초래하지는 않는다. 기능의 차이가 있는 경우에도 대개 그 차이는 크지 않다. 말하자면 유전자 변이는 유전자의 코드를 다양화시켜서 유전자를 주어진 환경에 보다 더 적합하게 만들기 위한 장치일 뿐이다. 즉 유전자의 적응을 위한 〈미세 조정 장치〉인 셈이다. 그런데 환경적 변화에서 비롯된 유전자 부적응은 유전자 복합체가 환경적 변화에 맞추어서 변화되지 못함으로써 초래된 심각한 부적응이라고 할 수 있다. 따라서 환경적인 요인, 예를 들어 식이습관, 운동, 흡연, 음주와 같은 요인들은 유전자와의 적응 관계를 크게 변화시켰기 때문에 질병 위험도를 100퍼센트 이상 높이는 경우들을 흔히 볼 수 있다.

그러나 미세 조정 장치인 유전자 변이가 질병 위험도를 100퍼센트 이상 높이는 경우는 찾기가 매우 어렵다. 질병에 영향을 준다고 밝혀진 유전자 변이도 대부분 20퍼센트 안팎의 변화를 초래할 뿐이다. 더욱이 질병 발생에 영향을 주는 여러 가지 환경 요인들을 합쳐서 보면 그 위험도는 서로 더해지거나 때로는 곱해져서 나타나기 때문에 아주 커지게 되는데, 유전자 변이의 경우는 질병 위험도를 높이는 유전자 변이들을 모두 합쳐 보아도 질병 위험도가 50퍼센트 이상 커지는 경우는 매우 드물다.

사실 유전자 변이와 같은 환경 적응을 위한 미세 조정 장치가 있는 이유는 유전자의 일부가 무작위적으로 변이를 갖게 됨으로써 환경에 대한 적응을 보다 잘 해나가기 위해서다. 즉 이러한 변이들의 일부는 유전자 기능에 있어서 조금씩 차이를 나타내는데 이 차이를 통해 주어진 환경에 보다 더 잘 적응하는 유전자 변이가 선택되는 것이다. 이 같은 유전자 변이에 대한 자연선택이 어떤 세대에서 일어난다면 그 인구집단에는 환경에 대한 적응력이 좋은 유전자 변이의 구성 비율이 높아진다. 시간이 지나고 세대를 거치면서 그 유전자 변이를 가진 사람이 더욱 많아지게 되고 경우에 따라 모든 사람이 그 변이를 갖게 되면 이제 그 유전자 변이는 변이로서 존재하는 것이 아니라 사람이 갖고 있는 기본 유전자 구성에 해당되게 된다. 이 단계가 되면 기능의 차이를 나타내던 유전자 변이는 더 이상 존재하지 않고 유전자 자체가 유전자 변이의 기능을 받아들여 우수한 기능을 소유하게 되는 것이다.

그러나 여기서 끝나는 것이 아니라 또 다른 유전자 변이가 무작위적으로 만들어지고 같은 과정을 반복하면서 유전자는 서서히 환경에 적응해 간다. 따라서 대부분의 유전자 변이는 기본적으로 유전자 기능의 작은 차이를 가져올 수밖에 없고 질병에 미치는 영향도 크지 않다. 결국 우리는 유전자 변이가 아니라 유전자와 생활환경의 부조화에 더 주목해야 하고 그 중에서도 생활환경의 변화가 주는 영향에 더 큰 관심을 가져야 한다.

인류의 바뀐 생활환경이 만성질환을 초래한다

오늘날 우리가 접하는 생활환경은 과거 수렵채집 시기의 조상들이 접하던 환경과는 매우 다를 뿐 아니라 이에 대한 노출 기간도 길어봐야 수백 년에 불과하다. 특히 산업혁명 이후의 현대 사회에서 발생하는 환경 노출은 그 역사가 더욱 짧다. 과거에 생활환경이 변화되는 데 필요했던 시간과 이에 대한 적응에 걸리는 시간의 차이가 없을 때는 만성질환 발생의 문제가 없었다. 그러나 새로운 환경이 만들어지는 데 걸리는 시간이 매우 짧아진 현대에는 유전자가 적응을 할 만큼의 시간적 여유가 없기 때문에 유전자와 환경과의 부조화가 생기게 되고 이러한 부조화는 결국 현대인의 만성질환으로 나타나게 되는 것이다. 더욱이 최근에는 의학의 발전으로 사망률이 줄어들어 자연선택의 압력이 더 이상 큰 효력을 발휘하지 못하고 있다. 따라서 새로운 환경 노출과 유전자 사이에 형성된 부조화 상태가 자연선택의 과정으로 해소되기 어려운 것도 만성질환이 유행하게 된 이유 중의 하나이다.

앞에서 언급한 것처럼, 유전자가 새로운 환경에 적응하지 못해서 만성질환이 생겼다고 했을 때 질병의 원인을 모두 유전자로 돌릴 수는 없다. 오히려 생활환경이 과거 수렵채집 시기에 비해 크게 변한 것이 만성질환의 원인이라고 보는 것이 타당하다. 왜냐하면 유전자는 오랜 시간에 걸쳐 주어진 환경에 적응해 왔는데 갑자기 환경이 바뀌게 되면서 환경에 대한 부적응의 양상을 나타내어 만성질환을 초래했기 때문이다. 예를 들어 먹거리를 살펴보자. 수렵채집 시절에 다양하게 야채와 과일, 견과류, 어류, 동물의 고기 등을 먹던 식습관에서 농업혁명 이후 곡물 위주로 바뀐 식습관, 그리고 산업혁명 이후에 지방 섭취가 크게 늘어나게 된 식습관의 변화가 질병 발생에 상당한 영향을 미쳤다고 할 수 있다.

술과 담배도 마찬가지이다. 술은 문명이 시작되면서, 그리고 담배는 15세기 이후에 전 인류에게 퍼져 나간 생활습관이다. 수렵채집 시기에는 노출되지 않았던 요인인 것이다. 술이나 담배 모두 인체의 거의 모든 기관에 상당한 영향을 주어서 심장질환, 당뇨병, 고혈압과 같은 만성질환을 초래할 뿐 아니라 암을 일으킬 수 있다. 신체활동은 수렵채집 시기에 비해 크게 부족한 것이 문제이다. 어느 정도의 신체활동이 기본적으로 필요한 이유는 우리의 조상들은 수렵채집 시기에 오래 달리기를 이용해 사냥을 해야 했고 또 사냥을 통해 얻은 무거운

동물의 사체를 먼 거리를 걸어서 운반해야 했기 때문이다. 즉 상당량의 신체활동을 했고 우리의 유전자는 이러한 신체활동에 최적화되어 있다. 따라서 신체 활동량 혹은 운동량이 충분치 못할 때는 인체가 정상적인 작동을 할 수 없게 되고 결국에는 만성질환이 생길 수 있는 것이다.

그런데 만성질환을 초래하는 생활환경 요인이 개인의 생활습관만 있는 것은 아니다. 기후변화나 환경오염, 그리고 일상생활에서 사용하는 화학물질의 증가와 같은 요인들도 만성질환을 초래할 수 있다. 우리를 둘러싸고 있는 환경적인 요인을 살펴보면 대기오염, 식품 첨가물, 플라스틱, 화학물질 등 대부분이 아주 최근에 사람들에게 노출되기 시작한 것들이라는 점을 쉽게 알 수 있다. 이러한 새로운 노출이 유전자와 환경의 부조화 상태를 보다 더욱 크게 만드는 쪽으로 작용해 사람들이 만성질환에 걸리게 하는 원인이 되는 것이다.

만성질환 시대,
질병 중심이 아닌 〈사람〉 중심으로

전염병과 만성질환은 모두 인류의 문명에 의해 초래된 질병이지만 기본적인 요인은 다르다. 전염병은 인류가 농경과 목축을 시작한 이후 가축 등 동물과 밀접한 생활을 하고 이동이나 교류를 통해 활동 범위가 커지면서 나타났다. 즉 새로운 환경을 접하는 기회가 많아져서 병원균에 새롭게 노출되었기 때문에 발생했다. 한마디로 병원균이라는 특정한 요인이 전염병을 일으킨 것이다. 반면 만성질환은 수렵채집 시기 혹은 과거의 환경에 적응된 유전자가 새로운 생활환경을 맞이하면서 그에 적응하지 못해 발생했다. 즉 유전자와 생활환경의 부조화 상태가 혈압을 지나치게 높이거나, 혈당을 제대로 활용하지 못하게 하거나, 동맥벽이 두꺼워져서 혈관이 막히게 하거나 하는 등의 현상을 일으키는 것이다. 그런데 변화된 생활환경은 헤아릴 수 없을 만큼 많기 때문에 어떤 특정한 생활환경 요인이 특정한 만성질환을 가져온다고 하기는 어렵다.

고혈압, 심장질환, 당뇨병, 비만, 또는 암과 같은 만성질환의 위험인자를 생각해 보면 건강하지 않은 식생활 습관, 운동 부족, 흡연, 음주, 스트레스와 같은 요인들을 들 수 있다. 위에서 언급한 질환들은 분명히 다른 진단 기준이 있고 임상 양상도 다른 질병들이지만 이처럼 위험인자들은 거의 같다고 할 수 있다. 원인이 되는 위험인자들은 같지만 서로 다른 질병들을 초래하는 것이다. 이는 특정 요인에 의해 특정 질환이 발생한다는 기계적인 인과론에 기반한 생의학적 모형으로는 잘 설명할 수 없는 현상이다. 사실 이러한 현상은 단순하게 생활환경적인 요인과 질병 발생의 관계를 살펴보는 것만으로는 이해할 수 없다. 그러한 요인에 노출되었을 때 인체 내부에서 일어나는 대사, 면역, 에너지 이용과 같은 복잡한 작용과 이러한 작용을 지휘하고 조절하는 유전자 및 후성유전 프로그램에 대한 이해를 해야 알 수 있는 현상이다. 즉 특정 생활환경 요인이 특정 만성질환을 일으키는 것이 아니라, 여러 가지 생활환경 요인에 노출되었을 때 가동되는 인체의 복잡한 시스템들이 정상적인 작용 범위를 넘어섰을 때 나타나는 것이 만성질환이다. 그런데 인체 시스템의 작동 양상은 사람마다 모두 다를 수 있기 때문에 질병으로 표현될 때는 고혈압이나 당뇨병과 같이 상당히 다양한 질병 현상으로 나타나는 것이다.

생활환경 요인에 대해서도 단순하게는 유전자가 변화된 생활환경에 적응하지 못해서 만성질환이 생긴 것이라고 할 수 있지만, 현대인의 생활환경은 매우 복잡하기 때문에 단일한 원인이 아니라 복잡한 원인들이 그물처럼 얽혀져서 질병 발생에 영향을 준다고 보는 것이 타당하다. 따라서 이제는 복잡하게 얽힌 원인들이 초래하는 영향을 규명하고 관리하는 새로운 의학적 접근을 취해야 할 시기가 되었다.

결국 만성질환을 완전히 극복하기 위해서는 만성질환을 초래한 생활환경 요인들을 가능한 유전자에 맞추는 방법과 함께 복잡하게 얽혀져 있는 인체 내 시스템들의 네트워크와 작용 양상을 각 개인별로 파악해 유전자 및 인체 내의 각 시스템들이 정상적인 작동을 하도록 도와주어야 한다. 따라서 평균적인 환자를 대상으로 개발된 예방 및 치료 방법으로는 환자를 제대로 관리할 수가 없다. 모든 환자에게 일괄적으로 적용되는 방식이 아니라 개별 환자의 유전자, 환경, 생활습관 등을 모두 고려한 맞춤형 예방법과 치료법이 개발되어야 한다.

특히 환자 관리에 있어서 중심적인 역할을 하는 병원에서의 진료 형태가 바뀌어야 한다. 현재 병원에서는 질병 중심으로 진료가 이루어지고 있고 환자는 단지 치료 대상인 질병을 갖고 있는 사람으로 다루어지고 있다. 이러한 질병 중심의 진료는 심각한 문제를 드러내고 있다. 예를 들어 현재 노인 인구의 절반 이상이 만성질환을 갖고 있는데 이들 중 상당수가 두 가지 이상의 만성질환을 동시에 갖고 있다. 이럴 경우 두 가지 질병에 대해 각각의 치료가 따로따로 이루어지기 때문에 질병 중심으로 치료하는 시스템은 비효율적일 뿐만 아니라 상당한 혼란을 초래할 수 있다. 이러한 진료 시스템은 특정한 원인이 특정한 질병을 일으키기 때문에 서로 다른 질병은 각각 독립적으로 치료해야 한다는 생의학적 모형에 기반한 것이다. 질병 중심 의료가 의료의 전문성을 높이는 데 크게 기여했다고 할 수도 있지만 만성질환 시대에는 이런 단순한 대응 개념으로는 효율적으로 환자를 치료하기가 어렵다.

노인 인구가 많아지면서 건강과 질병의 경계선 역시 모호하게 되었다. 질병을 중심으로 하는 시스템에서는 정상인과 환자를 구분해서 관리를 하지만 문제는 이러한 구분점이 명확하지 않을 때 혼란이 초래될 수 있다는 것이다. 또한 질병 발생 시점보다 훨씬 전에 건강한 상태에서 질병을 일으키는 요인에 노출되고 이로 인해 서서히 질병으로 변화되는 과정을 거치기 때문에 지금 질병을 가진 환자에 대해서 질병의 원인이 되는 요인을 현재 시점에서 제거해 치료한다는 개념에는 근본적인 한계가 있다. 따라서 태아에서부터 노화의 단계 이후까지의 성장과 변화를 겪는 생애 주기를 중심 개념으로 해서 의학적 관리가 이루어져야 한다. 이는 결국 질병 중심의 의학에서 사람 혹은 환자 중심의 의학으로 변화되어야 한다는 의미다.

06

후기만성질환 시대가 도래하고 있다

급격하게 변하고 있는 질병의 양상

노인 인구가 늘어나고 만성질환 역시 증가하는 현상은 이제 분명하다. 세계보건기구의 보고서에 따르면 2012년 인류 전체 사망자의 68퍼센트가 심장질환, 암, 당뇨병과 같은 만성질환에 의해 사망했다.[5] 최근 수십 년 동안 놀라운 증가세를 보여왔던 만성질환은 이제 성인 인구의 절반 정도가 적어도 하나 이상의 질병을 갖게 될 정도로 대유행의 시대를 맞게 되었고 어느덧 사망 원인의 3분의 2를 차지하게 된 것이다. 또한 만성질환은 대개 나이가 들면서 더 잘 발생하기 때문에 앞으로 세계 인구의 노령화가 진행될수록 그만큼 만성질환은 더 많이 발생할 것이다. 한편 20세기 후반까지만 해도 산업화된 선진국에 국한되어 유행하던 만성질환이 현재는 개발도상국에서 유행병처럼 증가하고 있으며, 2030년에 이르면 아프리카의 저개발국까지도 만성질환이 사망의 가장 중요한 요인이 될 것으로 전망되고 있다. 과거에 전염병의 대유행을 겪고 나서 이로부터 벗어나는가 싶더니 이제는 본격적으로 〈만성질환 시대〉를 맞고 있는 것이다.

아직도 에볼라, 메르스, 지카 등 새로운 전염병이 종종 위협적인 소식을 전해 주고는 있지만 전체적으로 보면 전염병이 줄어들고 있는 것은 명백하다. 최근의 질병 추세를 보면 설사를 일으키는 장질환이나 콜레라와 같은 전염병의 비중은 줄어들고 있는 반면에 심혈관질환, 당뇨병, 고혈압과 같은 만성질환으로 인한 질병의 부담은 매우 커지고 있는 것을 알 수 있다. 지역적 차이는 다소 있지만 개발도상국에서 만성질환이 크게 늘어나면서 인류 전체를 놓고 보면 만성질환은 전체적으로 증가하고 있는 추세를 나타낸다.[6] 그렇다면 이러한 변화의 추세는 앞으로도 계속 진행될 것인가? 혹은 전염병 시대가 위생 환경이 개선되면서 크게 줄다가 백신과 항생제가 개발되면서 종식을 맞이했듯이, 만성질환 시대도 생활환경이 개선되고 의학의 수준이 향상되면서 종식을 맞을 수 있을까?

현대 사회가 안고 있는 질병 문제를 제대로 바라보고 효과적으로 대처하기 위해서는 오늘날의 질병의 양상과 변화 추세를 정확하게 이해해야 한다. 이를 위해 1991년에 세계은행과 세계보건기구가 공동으로 세계 질병 부담 연구를 시작했다. 서로 다른 질병이 미치는 영향을 하나의 단위로 정량화하기 위해 장애보정생존연수(Disability-

Adjusted Life-Years, DALY)를 사용했는데 이는 사망으로 손실되는 연수와 장애로 살아가는 연수를 합해 계산한 것이다. 이것은 사망뿐 아니라 질병으로 고통받는 시간까지 고려해 통합적으로 여러 질병을 비교하고 질병 부담의 순위를 정하는 데 크게 도움이 되는 방법이다. 2013년 《뉴잉글랜드 의학 저널*New England Journal of Medicine*》에 게재된 논문에서 2010년도의 DALY로 평가한 미국의 질병 부담 순위를 보면 1위는 허혈성 심장질환, 2위는 만성 폐쇄성 폐질환, 3위는 요통, 4위는 기관지 및 폐암, 그리고 5위는 우울증이었다.[7] 다시 말하면 허혈성 심장질환, 즉 심근경색증이나 협심증 등 심장질환이 미국민을 가장 괴롭히는 질환이고 그 다음이 만성 기관지염이나 폐기종 같은 만성 폐쇄성 폐질환인 것이다.

이 연구에서는 세계 질병 부담에 대해서도 조사했는데 291개의 질환과 손상, 67개의 질병 위험인자를 다루고 있어서 전 세계에서 발생하고 있는 질병과 그 위험 요인을 거의 다루고 있다고 할 수 있다. 각 나라의 결과를 토대로 1990년과 2010년을 비교했기 때문에 질병의 변화 추세도 충분히 알 수 있는 자료라고 할 수 있다. 그런데 전 세계적으로 187개국에서 측정된 DALY를 보면 1990년에는 그 합이 24.97억 DALY였는데 2010년에는 24.82억 DALY로 줄어든 것으로 나타났다. 20년의 기간 동안에 인구 증가가 상당히 있었기 때문에 이를 감안하면 40퍼센트 정도의 DALY가 증가되었어야 하지만 실제로는 오히려 줄었기 때문에 그만큼 인류는 질병으로 인한 고통에서 벗어난 것으로 볼 수 있다. 이는 에이즈 같이 질병 부담이 증가된 경우도 있기는 하지만 대부분의 전염병과 산모와 영유아 보건, 혹은 영양 문제로 생기는 질병의 부담이 크게 줄었기 때문이다. 아마도 이러한 변화를 가져온 것은 모성보건이 강화되고 질병 예방 및 치료가 개선되고 생활수준이 향상되어 의료 이용이 늘어났기 때문이라고 볼 수 있다.

질병을 일으키는 위험 요인의 경우도 이 기간 동안에 상당히 변화했다. 1990년에는 어린이의 저체중이 가장 중요한 위험 요인이었으나 2010년에는 8위로 떨어지면서 어린이의 저체중으로 인한 질병 부담도 60퍼센트 정도 감소했다. 반면 비만, 당분과 염분의 과다 섭취, 통곡물의 섭취 부족, 납 노출 등 생활습관과 환경오염에 의한 질병 부담은 30퍼센트 이상 증가했다. 한편 사망률이 감소되면서 사망을 일으켜서 생기는 부담에 비해 장애가 많아지면서 생기는 부담의 비중이 훨씬 더 크게 되었다. 당장 죽지 않더라도 근골격계질환이나 정신질환, 신경계질환, 당뇨병, 시력 상실과 같이 장애를 초래하는 질병은 쉽게 줄어들지 않을 뿐 아니라 오히려 늘어났기 때문이다. 사망률의 감소는 또한 기대수명의 증가로 나타나는데 1970년에서 2010년까지 전 세계 187개국의 자료에 의하면 그 기간 동안 남자 아이의 기대수명은 11.1년 증가했고 여자 아이의 기대수명은 12.1년 증가했다.[8] 특히 일본을 비롯한 몇몇 국가에서는 현재 태어나는 아이들의 기대수명이 이미 남녀 모두 80세를 넘는 것으로 예측되고 있어서 인류 전체의 노령화가 급속하게 진행되고 있다는 것을 알 수 있다.

선진국에서는 감소하고,
후진국과 하층민에서는 증가하는 만성질환

만성질환의 유행도 매우 빠르게 변하고 있다. 세계보건기구의 모니카MONICA 연구는 21개국의 37개 인구집단을 1980년대 초부터 10년간 관찰해 심혈관질환의 사망률 변화 추세를 살펴보았다. 이 연구는 미국에서 1970년대부터 보고되기 시작한 심혈관질환으로 인한 사망률의 감소가 다른 인구집단에서도 일어나고 있는지를 확인할 목적으로 시작되었다. 실제 각 나라의 자료들을 분석해본 결과 일부 인구집단을 제외하고는 대부분의 나라에서 심혈관질환의 사망률뿐 아니라 발생률까지도 감소되고 있는 것으로 나타났다. 물론 모니카 연구에 참여한 나라들은 대부분 신빙성 있는 자료를 확보할 수 있는 선진국들이었기 때문에 인류 전체를 대표하는 자료라고 볼 수는 없다. 아마도 이 연구에 참여하지 않은 후진국은 과거 선진국에서 그랬던 것처럼 심혈관질환이 급속도로 증가하고 있을 가능성이 높다.[9] 그러나 적어도 이 연구를 통해 소득 수준이 높은 국가에서는 심혈관질환이 감소하고 있다는 것을 확인할 수 있었다.

최근에는 암의 경우도 미국과 같은 선진국에서는 그 발생률이 전체적으로 떨어지고 있는 것으로 보고되고 있다. 특히 흔히 발생하는 암, 즉 폐암, 대장암, 전립선암 같은 경우는 뚜렷한 감소를 보이고 있다.[10] 이러한 현상은 유럽의 여러 나라에서도 관찰되고 있다. 또한 미국에서는 최근 들어서 공기가 맑아지고 흡연과 음주가 줄어들고 신체활동을 많이 하는 양상을 보여주고 있다. 비만이 계속 증가하고 있어서 모든 건강 관련 지표가 좋아지고 있는 것은 아니지만, 심혈관질환이나 암과 같은 일부 만성질환이 감소하는 경향과 생활환경이 개선되는 경향이 일치되는 것이다. 이는 생활환경 요인을 이해하고 그에 적절히 대처한다면 만성질환을 줄일 수 있다는 것을 의미한다. 이러한 추세를 본다면 그리 멀지 않은 시기 안에 적어도 선진국에서는 만성질환이 상당한 수준으로 감소될 것이라는 전망도 가능하다.[11]

그러나 소득수준이 낮은 국가에서는 현재 만성질환이 가파르게 증가하고 있으며, 인류 전체에서 만성질환에 의한 질병 부담을 살펴보았을 때 90퍼센트 정도는 소득수준이 중간 정도 되거나 낮은 국가에서 발생한다는 점에 유의해야 한다. 사실 선진국은 산업혁명을 거치면서 현대 사회로 이행되는 기간이 길었기 때문에 전염병 시대에서 만성질환 시대로 이행되는 것이 비교적 명확하게 구분된다. 그리고 지금은 만성질환 대유행의 정점에 도달해 있거나 정점을 지나고 있는 것으로 나타난다. 반면에 개발도상국은 산업혁명의 단계를 제대로 거치지 못한 채 현대 사회로의 이행이 급속하게 이루어지고 있어서 여러 사회 발전 단계의 질환이 동시에 나타나고 있으며 질병에 대한 관리도 효과적으로 하기 어려운 상태이다. 즉 전염병의 유행도 겪으면서 동시에 만성질환도 급격히 증가하는 것을 경험하고 있는 것이다.

질환의 유행이 인구집단에 따라 다르게 나타나고 유행하는 질환이 변화하는 현상은 과거에 상류 계층과 하층민 사이에서도 나타났던 현상이다. 산업혁명 이전에는 왕족이나 귀족과 같은 지배 계급 혹은 상류 계층에서 이미 심혈관질환이나 당뇨병과 같은 만성질환이 발생했지만 대부분의 하층민에게서는 발생하지 않았다. 그 주된 이유는 지배 계급의 경우 흔히 지나친 영양 섭취를 했지만 피지배 계급을 형성하던 농민은 충분한 영양 섭취를 할 수 없었기 때문이다. 그러다 산업혁명의 과학적 성과들이 나타나기 시작하면서 사회 구성원의 다수를 차지하는 하층민이 비로소 궁핍을 벗어날 수 있게 되었고 따라서 먹거리가 풍부하게 된 현대 사회로 들어온 이후에는 만성질환이 잘 발생하는 계층이 서로 바뀌는 현상이 나타났다. 상류 계층은 건강에 나쁜 영향을 주는 요인들에 대한 관리를 시작해 만성질환 발생이 떨어지는 것에 비해 하층민들은 그렇지 못한 것이다. 하층민들은 흡연이나 음주 혹은 건강에 유해한 요인에 보다 많이 노출되고 포화지방이나 트랜스지방이 많이 들어 있는 질이 떨어지는 음식 등을 많이 먹게 되면서 만성질환이 더 많이 발생하게 되었다. 이제 우리는 역사적으로 유례가 없었던 만성질병의 대유행을 겪으면서 한편으로는 만성질환이 발생하는 양상 또한 인구집단에 따라 변하는 것을 목격하고 있다.

의학의 발전은 만성질환을 종식시킬 수 있을까

먹거리, 운동 부족, 흡연, 음주, 지나치거나 혹은 너무 부족한 햇빛 노출, 환경오염 등의 생활환경 요인을 개선하면 만성질환의 발생을 상당히 줄일 수 있을지 모른다. 그러나 전염병의 경우를 보면 위생 환경을 개선해 전염병을 크게 줄였다 하더라도 전염병 시대의 종식을 최종적으로 가져온 것은 백신과 항생제였듯이 생활환경 요인을 개선하는 것만으로는 만성질환을 해결할 수 없을 것이다. 그렇지만 최근 의료 기술의 획기적인 발전은 만성질환 관리에 상당한 희망을 주고 있다. 의학 기술이 만성질환의 예방과 치료에 크게 공헌하기 시작한 시기는 20세기 중반, 즉 제2차 세계대전 이후라고 할 수 있다. 심혈관질환, 당뇨병, 암과 같은 만성질환이 폭발적으로 증가하기 시작한 것과 시기를 같이해 20세기 중반 이후에 생화학적, 분자생물학적 지식이 발전했고 이에 따라 제약 산업도 눈부신 발전을 이루었기 때문이다. 이후에 치료 기술의 놀라운 발전을 가져왔고 만성질환의 대부분을 약물로 조절할 수 있는 단계에 이르렀다. 인체 내에서 질병이 진행되는 기전을 과학적으로 이해하면서 그 기전을 차단하는 약제들이 개발된 것이다. 또한 CT나 MRI, 초음파 검사 등 진단 도구들 역시 정교해지면서 질병을 발견하고 그 범위와 중증도를 정하는 데 상당한 기여를 했다.

심장 근육에 혈액을 공급해 주는 관상동맥이 막혀서 심근경색증이 발생한 경우를 보자. 요즘에는 심근경색증이 발생한 환자에게 심전도 검사, 심장 초음파 검사, MRI, 그리고 혈관 조영 검사 등을 통해 심장 혈관이 막혀 있는 정확한 부위와 중증도를 파악한다. 그리고 혈압강하제와 항응고제를 사용하면서 관상동맥 안으로 스텐트를 넣어서 좁아진 관상동맥을 넓히는 시술을 한다. 이러한 치료 기술 덕분에 불과 몇 십 년 전만 해도 사망하거나 회복되기 어려웠던 심근경색증 환자가 지금은 1-2주 안에 회복되어 정상적인 사회생활을 다시 할 수 있게 되었다. 수술 기법도 눈부시게 발전해 콩팥, 심장, 간 및 폐와 같은 중요 장기의 이식술도 가능하게 되었을 뿐 아니라 피부를 광범위하게 절개하던 개복 수술이나 개흉 수술에서 이제는 점차 복강경 수술이나 로봇 수술로 발전해 가고 있다. 로봇 수술은 환자의 몸에 서너 개의 구멍을 낸 후 그곳으로 로봇용 카메라와 팔을 넣은 다음 크게 확대된 3차원 영상을 보면서 로봇 팔을 조정해 가며 하는 수술이다. 수술하는 사람의 손떨림도 없고 사람 손이 들어가기 힘든 좁은 공간에서도 할 수 있기 때문에 정교한 수술이 가능하게 되었다.

심혈관질환뿐 아니라 고혈압, 당뇨병, 비만, 천식, 우울증 같은 대부분의 만성질환에 대해서도 병리적인 기전이 상당히 밝혀졌다. 따라서 이러한 기전에 근거한 치료 기술의 발전으로 질병이 완치되지는 않더라도 적어도 충분히 조절될 수 있게 되었다. 암은 상대적으로 치료가 어렵고 걸리면 생존율도 낮은 병으로 알려져 있으나 최근에는 암 치료에서도 상당한 성과를 얻고 있다. 이미 소아 백혈병이나 여성 유방암 같은 경우 조기에 발견해 적절하게 치료한다면 대부분 회복되어 건강한 삶을 살 수 있게 되었다. 물론 폐암과 췌장암처럼 아직도 생존율이 낮은 암들이 있기는 하지만 지금까지의 의학 기술 발전의 속도로 보면 머지않아 이러한 암들도 상당 수준까지 생존율을 높일 수 있을 것이다.

이처럼 과거에 비해 오늘날의 의료 수준은 상당한 발전을 이룬 것임에는 틀림없다. 그러나 만성질환은 본질적으로 유전자가 생활환경에 적응하지 못하면서 발생되는 것이기 때문에 유전자와 생활환경, 그리고 부적응 현상들을 충분히 이해하고 그 부적응 상태를 조화와 적응 상태로 바꾸어놓지 않으면 현재 유행하고 있는 만성질환을 완전히 해결할 수가 없다. 유전자의 환경에 대한 부적응 현상은 지금까지의 현대 의학이 기반하고 있는 단순한 인과성의 개념과 치료 기법으로는 해결하기 어렵다. 따라서 현대 의학의 다음 단계는 이러한 부적응 현상의 복잡한 성격을 충분히 이해하고 고도화된 치료 기법을 발전시키는 것이어야 한다.

만성질환에 이어 또 다른 질환이 등장하다

그런데 전염병의 감소에 이어 나타났던 만성질환의 증가가 다시 감소되는 방향으로 전환된다면 인류는 진정 〈질병 없는 시대〉로 들어설 것인가? 아마도 전염병이나 만성질환에 의한 사망이 줄면서 수명은 늘어나겠지만 인류는 또 다른 문제에 부딪히게 될 것이다. 사실 새로운 문제는 이미 나타나고 있을 뿐만 아니라 과거 만성질환이 문명 이후에 서서히 나타나다가 전염병이 줄어들면서 폭발적으로 늘어났듯이, 새로운 질환들도 만성질환이 줄어들면서 급속하게 늘어날 가능성이 있다. 새로 늘어날 질환들로는 알츠하이머병이나 파킨슨병과 같은 신경퇴행성질환들과 면역 기능이 교란되어 생기는 아토피나 크론병과 같은 면역교란질환, 그리고 경쟁과 스트레스와 같은 정신적인 자극이 증가되면서 생기는 정신질환 등을 들 수 있다.

이들 질환 중에 기억력 감소와 인지장애로 인해 치매를 일으키는 알츠하이머병이나 몸을 움직이거나 이동하는 데 장애가 생기는 파킨슨병은 뇌 신경세포에 있는 단백질들이 서로 엉겨 붙는 현상 때문에 초래된다. 수명이 늘어나면서 노화의 과정을 겪게 되는 노령 인구가 많아지기 때문에 뇌 신경세포의 단백질 응집 현상이 발생하는 사람들이 늘어나게 되고 이로 인해 신경세포의 기능이 떨어져서 신경퇴행성질환이 늘어나게 되는 것이다.

신체 내부와 외부에 존재하는 여러 가지 요인들 간의 균형과 조화의 관계가 깨지면서 인체의 면역 체계가 교란되어 생기는 질병들이 면역교란질환이다. 독성이나 자극성이 크지 않은 데에도 비정상적으로 과도하게 반응을 일으키는 아토피성 질환이나 자신과 타자를 구분하는 능력이 저하되면서 인체를 구성하는 자신의 세포에 대한 면역 반응을 일으켜서 나타나는 자가면역질환, 즉 크론병과 같은 염증성 장질환이 면역교란질환에 해당된다. 또 우울증과 같은 정신질환이 증가하는 근본적인 이유는 지나친 경쟁관계 혹은 스트레스가 늘어나면서 스트레스에 대응하는 세로토닌이나 도파민과 같은 신경전달물질들이 소모되어서 정상적으로 대응기전이 작동하지 않는 경우가 많아지기 때문이다.

이러한 질환들도 당뇨병, 심장질환, 고혈압, 암과 같이 만성적인 경과를 보이며 대개 단일 요인보다는 복합적인 원인망으로 구성된 요인들에 의해 초래된다. 특히 만성질환의 주요 원인이었던 환경 변화에 대한 유전자의 부적응 외에도 노령화, 장내 세균의 변화, 경쟁적인 사회 구조 등 지금까지 질병의 원인으로 생각되지 않던 새로운 요인들이 더해져서 발생된다는 특징이 있다. 이들 질환도 만성적인 질병의 경과를 거치기 때문에 만성질환에 속하기는 하지만 당뇨병, 고혈압, 심장질환 등의 만성질환과 구분하기 위해 〈후기만성질환〉으로 부를 수 있을 것이다.

만성질환이나 후기만성질환은 모든 지역, 모든 국가에서 동일한 수준으로 발생되는 것이 아니라 단면적으로 보면 각 지역과 국가의 사회경제적, 과학 기술적 발전 수준에 따라 다르게 나타난다. 현재 이미 선진국에서는 만성질환의 발생이 정점을 지나 이제 만성질환 관리의 성과가 일부 나타나기 시작했으나 세계적으로 보면 아직도 영아 사망률과 같은 기본적인 보건지표도 향상되지 않는 지역이 공존하고 있다. 그 외 대부분의 국가는 영양 결핍과 전염병의 문제를 어느 정도 갖고 있으면서 한편으로는 심혈관질환, 당뇨병, 비만, 암과 같은 만성질환을 동시에 갖고 있다. 즉 대부분의 국가는 전염병

유행 시기에서 만성질환 유행 시기로의 변천 중에 있는 것이다.

그런데 이러한 변화가 비교적 오랜 기간, 즉 적어도 150년 이상의 기간 동안 일어났던 선진국에 비해 최근에 급속도로 변화를 겪은 국가의 주민들은 출생 시에는 영양 결핍을 겪다가 성인이 되어서는 영양 과잉 문제에 부딪히는 셈이 되었다. 이 경우 영양 결핍에 대비해 에너지를 가능한 효율적으로 이용할 수 있게 설정된 후성유전 프로그램 때문에 성인 시기에 영양이 과잉으로 공급되면 만성질환이 훨씬 더 잘 발생할 수 있다. 이들 국가에서는 생활환경의 변화가 짧은 기간 안에 상당히 크게 일어났기 때문에 현재 선진국에서 겪고 있는 만성질환보다 더 큰 규모의 심각한 문제를 겪게 될 것으로 전망된다. 따라서 적어도 당분간은 개발도상국에서 증가하는 만성질환으로 인해 인류는 〈만성질환 대유행 시대〉를 벗어나지 못할 것이다.

07

질병은 시스템들의 조화와 균형이 깨질 때 발생한다

인체 프로그램은 복잡한 네트워크를 이루고 있다

만성질환이나 후기만성질환은 질병을 일으키는 요인과 그로 인한 결과가 매우 복잡하게 얽혀져서 나타나는 현상이다. 그러면 인체는 외부 요인에 반응할 때 왜 특정 요인과 그에 대응되는 결과가 1 대 1로 연결되는 단순 연관성의 관계가 아니라 매우 복잡하게 얽힌 시스템들의 네트워크를 기반으로 할까? 사실 인체는 처음부터 복잡하게 설계된 것이 아니라, 원시세포에서 인간으로 진화해 오면서 겪었을 수많은 환경 조건에 대한 대응기전들이 생물체의 구조와 기능에 누적된 결과로 복잡하게 되었다고 할 수 있다. 결국 인체는 오랜 시간에 걸쳐 환경 조건에 대응하면서 만들어진 누적적 산물인 것이다. 인체의 복잡한 시스템을 이야기할 때는 이와 같은 이유 때문에 환경적 조건과의 관계 속에서 살펴보아야 한다. 인체 내부의 시스템들과 인체 외부의 환경들이 조화와 균형을 이루고 있는 상태를 〈건강〉이라고 정의한다면, 조화와 균형이 깨져서 생기는 상태를 〈질병〉이라고 할 수 있다. 결국 질병은 복잡한 네트워크가 엉클어진 상태라고 할 수 있다.

따라서 조화와 균형을 다시 회복하면 질병 상태를 벗어날 수 있기 때문에 인간의 유전자를 비롯한 생체 시스템이 조화와 균형을 이루면서 적응할 수 있는 환경 조건을 만들면 된다. 그러나 현대인의 생체 시스템에 맞는 환경을 만들어 내는 일은 사실상 거의 불가능하다. 지금 수렵채집 시기로 돌아가서 과거 조상들의 생활환경을 현대인의 생활환경으로 만들 수는 없기 때문이다. 물론 식생활, 운동, 흡연, 음주와 같은 생활습관을 개선해 수렵채집 시기의 생활방식에 근접할 수는 있지만 현대 사회가 갖고 있는 수많은 현실적 조건을 모두 무시하고 과거의 생활환경으로 돌아갈 수는 없다. 환경 조건을 개선하는 일을 게을리해서는 안 되지만 한편으로는 복잡하게 엉클어져 있는 네트워크의 조화와 균형을 복원시키는 노력 또한 해야만 질병을 종식시킬 수 있다.

그런데 세포 내의 분자, 세포 조직, 그리고 개체에 이르기까지 생명 현상은 서로 연결되면서 복잡한 체계를 구성하는 방향으로 이루어져 있기 때문에 세포 수준에서 나타나는 특정한 분자 현상을 이해했다고 해서 그것과 관련된 질병 전체를 설명할 수 있다거나 치료 방법을 찾았다고 할 수는 없다.[12] 만약 우리 몸에 있는 단백질 혹은 분자마다 한 가지씩의 역할이 주어지고 그 역할을 조절하는 유전자도 단백질이나 분자마다 하나씩만 정해져 있다면 네트워크의 복원이 그리 어렵지 않을지도 모른다. 그러나 질병의 원인이 되는 요인과 질병 현상이라는 결과가 1 대 1로 대응되는 단순관계는 인체 내에서는 거의 볼 수 없는 현상이다. 예를 들어 P53이라는 암억제 단백질을 보자. 이 단백질은 암발생을 억제할 뿐 아니라 세포의 주기도 조절한다. 또한 세포자살을 유도하기도 하며 손상된 DNA의 복구에 관여하기도 한다. 그런데 자세히 들여다보면 P53 단백질은 한꺼번에 여러 가지 역할을 동시에 수행하는 것이 아니라 주어진 환경 조건에 따라 역할을 달리한다.[13] 즉 한 가지 단백질이 조건에 따라 다양한 역할을 하는 것이다.

어떤 유전자와 단백질, 그리고 어떤 기능이 서로 밀접한 관계에 있다고 하자. 그 유전자를 제거하면 단백질 생산이 안 되고 해당되는 기능도 제거될 것으로 생각하기 쉽지만, 실제로 종종 관찰되는 현상은 또 다른 유전자가 작용해서 제거된 유전자가 담당하던 단백질 생산과 기능을 어느 정도 유지한다는 것이다. 이는 인체의 생물학적 시스템은 네트워크 안에서 서로 밀접하게 연결되어 있고 결함이 생겼을 때 이를 보완할 수 있는 여러 가지 프로그램이 있기 때문이다. 따라서 완전하지는 않지만 다른 유전자가 대신 역할을 수행함으로써 상당한 수준으로 원래의 기능을 회복할 수 있다. 이처럼 복잡한 네트워크 때문에 우리 인체는 외부의 환경 변화가 주는 영향에 대해서 상당한 저항력과 복원력을 가진다. 그런데 일단 저항력과 복원력이 깨져서 질병 상태에 들어가게 되면 건강한 상태로 다시 돌아가기는 쉽지 않다. 왜냐하면 단순히 고장 난 인체 프로그램의 특정 부분을 고쳐서 되는 것이 아니라 복잡한 네트워크 자체를 복원해야 하기 때문이다.

지금 우리 앞에 자동차가 한 대 있다고 하자. 이 자동차에는 엔진, 트랜스미션, 전동축, 그리고 바퀴가 연결되어 있고 그 외에도 여러 가지 기계 장치 및 전자 장치가 있다. 자동차는 각종 부품이 연결되어 하나의 시스템을 이루고 있다. 이 시스템에서 어떤 부품이 고장나게 되면 자동차는 정상적인 운행을 할 수 없게 된다. 이 경우 자동차 정비소에 가서 점검을 받게 되면 어떤 부품에 이상이 있다는 것을 알게 되고 이를 새로운 부품으로 교체하면 자동차는 다시 정상운행을 할 수 있다. 만약 인체도 자동차 부품같이 특정 유전자, 단백질 혹은 분자가 정해진 역할을 하고 그것들이 연결되어 작동하는 시스템이라면 치료도 부품을 갈 듯이 해당되는 유전자, 단백질 혹은 분자를 치료하면 될 것이다. 그런데 문제는 인체는 자동차와는 다른 시스템을 이루고 있다는 데 있다. 자동차가 부품의 단순 조립 시스템이라면, 인체는 각종 요소들이 유기적인 네트워크를 이루는 복잡한 시스템이기 때문이다.

인체 안에서 벌어지는 현상을 1 대 1로 대응되는 과정들이 기계적으로 연결되어 1단계 뒤에 2단계가 있고 이러한 단계들이 이어져서 하나의 프로그램이 된다고 보기 쉬우나 실제 인체에서 일어나는 과정은 이와 같은 기계적인 반응이 연속적으로 결합해서 일어나는 현상이 아니다. 더욱이 이러한 프로그램들은 일정한 논리틀 안에 고정된 것이 아니라 프로그램 간에 유기적으로 연결되어 있기 때문에 서로 영향을 주고받으며 시간과 조건에 따라 변할 수 있다. 결국 인체 프로그램의 작동 원리를 알려면 인체 내에서 유전자, 후성유전 프로그램, 단백질, 대사산물, 미토콘드리아, 공생 미생물 등 작동에 관여하는 모든 요소의 상호작용을 잘 이해해야 한다.

질병은
단순선형 관계에서 발생하는 것이 아니다

인간이 단세포 동물보다 훨씬 복잡한 기능을 수행하는 인체 내 시스템을 가졌다는 것은 논할 필요도 없다. 최초의 단세포 동물에서 인간이 출현하기까지는 약 40억 년이 걸렸는데 그동안에 유전자, 단백질 합성, 에너지 생산과 소비, 대사 등의 시스템들이 갖추어졌고 각 시스템들은 원시적인 형태에서 시작해 보다 복잡한 형태로 바뀌어 왔다. 특히 20억 년 전 진핵세포의 출현은 이러한 복잡한 인체 내 시스템을 갖추는 데 획기적인 기점이 되었다. 왜냐하면 다세포 생물 이상이 갖고 있는 복잡한 시스템은 세포 안에서 여러 가지 기능을 수행할 수 있도록 명령하고 감독하는 핵이 있어야 하고 핵이 운영될 수 있도록 필요한 에너지를 공급해 주는 미토콘드리아의 에너지 생산 시스템이 있어야 하기 때문이다. 세포가 복잡한 기능 수행 체계와 효율적인 에너지 공급 체계를 갖추게 되자 다세포 생물을 거쳐 더욱 복잡한 시스템으로 이루어진 식물과 고등동물로 진화해갈 수 있었으며 이러한 변화가 오늘날의 인간에게까지 이어진 것이다. 즉 인간은 이와 같이 인체 내에 복잡한 시스템을 갖추고 태어났으며 인체의 모든 현상은 그 안의 복잡한 시스템의 작동에 의해 나타난다.

복잡성이란 시스템을 구성하거나 모형화할 때 구성 요소들이 단순하게 배열되어 있지 않고 쉽게 알아보기 어렵게 서로 얽혀져 있는 상태를 말한다. 그렇지만 시스템을 이루는 구성 요소들은 복잡하기는 하지만 구조적으로 또 유기적으로 기능을 잘 수행할 수 있도록 얽혀져 있다. 따라서 구성 요소들의 단순한 관계에서부터 전체와 연결되어 있는 복잡한 네트워크까지를 알아야 전체 시스템을 이해할 수 있다. 반면에 기계적인 인과론에 바탕을 둔 생의학적 모형은 단순선형 관계를 기반으로 한다. 예를 들어 병원균과 전염병의 관계는 $y=ax+b$와 같은 단순선형 관계로 이해되고 〈특정 병원균은 특정 전염병을 일으킨다〉는 하나의 명제로 규정된다. 더욱이 이는 시간이 지나도 변하지 않는 진리인 것처럼 인식되었다. 특히 19세기에서 20세기까지 생의학적 모형은 거의 아무런 의심 없이 의학계를 지배해 왔다. 변화가 있었다면 $y=ax+b$에서 $y=ax_1+bx_2+cx_3+\cdots+z$로 여러 요인들을 동시에 고려하는 다중선형적 모형이 추가되었고 최근에는 여기에 비선형적 모형이 더해졌다는 것이다. 그러나 보완이 이루어졌다고 해도 그 기반은 단순선형 관계를 벗어났다고 할 수 없다.

생물학적 현상이 시간이 흘러도 변하지 않는 단순선형 관계로 일어난다고 생각하는 것은 사실 지나친 단순화이다. 실제로 그럴 가능성은 거의 없다. 질병 현상에서도 마찬가지이다. 시스템을 구성하는 여러 요소들이 관여될 뿐 아니라 서로 다른 시스템과 시스템이 서로 영향을 주고받으며, 또한 시간에 따라 그러한 관련성이 지속적으로 변하기 때문이다. 단순선형 관계로 생물학적 현상을 바라볼 때는 질병과 관련되어 있는 복잡한 관련성을 마치 잡음과 같이 불규칙적이고 정량하기 어려울 뿐만 아니라 의미를 알 수 없는 소견으로 보기 쉽다. 그러나 인체 내의 생물학적 현상은 복잡하게 얽힌 여러 요소들이 서로 영향을 주고받는 현상에서 발생하는 것이라고 보는 것이 타당하다.

예를 들어 호르몬은 생물학적 주기의 리듬을 나타내기 때문에 하루에도 시간에 따라 계속해서 변하고 있고 호르몬의 이 같은 변화는 외부 자극에 대한 반응, 즉 유전자 발현과 단백질 생산에 영향을 준다. 우리는 먹고 움직이고 생각하고 혹은 잘 때마다 매번 호르몬의 필요량이 달라지는데 이러한 호르몬의 변화 또한 유전자 발현과 단백질 생산을 지속적으로 변화시킨다. 이때 영향을 받는 유전자나 단백질은 어느 특정한 유전자나 단백질이 아니라 수십 개 혹은 수백 개일 수 있다. 결국 인체에서 일어나는 현상은 단순하게 정해진 관계가 아니라 복잡한 시스템에서 나오며 시간에 따라 변하는 것이다.

당뇨병이란 질병을 생각해 보자. 당뇨병은 혈액 내의 포도당 농도가 높아서, 또 지나치게 많은 탄수화물을 섭취해서 생기는 질환으로 흔히 알려져 있다. 실제로 탄수화물 혹은 칼로리 섭취와 당뇨병 발생의 관련성을 보고한 연구는 셀 수 없을 만큼 많이 있다. 이 연구들의 결과에 의하면 지나친 칼로리 섭취는 당뇨병의 원인이라고 분명히 말할 수 있다. 한편 섭취한 칼로리를 충분히 사용하지 않아서 당뇨병이 발생한다는 가설하에 운동량과 당뇨병 발생의 관계를 분석한 결과에서는 운동 부족이 당뇨병의 원인이라고 밝혀졌다. 또한 칼로리 섭취와 운동 부족과 관련이 있는 비만 역시 당뇨병의 원인으로 밝혀졌다. 물론 식이 섭취, 운동, 비만은 모두 칼로리 섭취와 사용에 관한 요소들이므로 이들이 당뇨병과 관련 있다는 결과가 나온 것은 어찌 보면 당연할 수 있다.

그런데 최근에는 스트레스 수준과 당뇨병의 관계를 분석한 연구에서 스트레스가 당뇨병의 원인으로 밝혀졌고, 다이옥신이나 프탈레이트와 같은 환경호르몬에 노출된 경우에도 당뇨병의 위험이 높아지는 것으로 보고되었다. 심지어는 공기 중의 미세먼지 역시 당뇨병 발생에 기여하는 것으로 나타났다. 스트레스, 화학물질, 대기오염 등은 칼로리 섭취와는 관련이 없고 서로 간에도 크게 관련성이 없는 요인들이며 이 요인들이 속한 시스템들 역시 밀접하게 관련성이 있는 것이 아니다. 그런데도 서로 다른 시스템에 속한 요소들이 당뇨병이라는 하나의 질병을 발생시키는 요인으로 작용하는 것이다.

이처럼 서로 연관성이 없어 보이는 시스템들이 당뇨병이란 공통의 질병을 일으키는 데 역할을 하는 이유는 이들이 인체 내부의 시스템에 같이 연결되어 있기 때문이다. 인체 내부에는 먹은 음식을 당으로 대사시키고 혈액 내에서 당을 운반하는 인슐린의 생산과 작용에 관한 혈당 대사 및 운반 시스템, 세포 내에 들어온 당을 에너지로 바꾸는 미토콘드리아 시스템, 스트레스나 외부 물질 노출에 대한 반응 시스템, 그리고 이러한 시스템들을 관장하는 유전자와 후성유전 프로그램의 조절 시스템 등이 있다. 화학물질 같은 환경 노출이나 사회적 인간관계와 같이 인체 외부에서 독립적으로 존재하는 시스템들도 인체 내부에서 작동하는 이들 시스템들과 서로 연결되어 영향을 주고받는다. 따라서 화학물질이나 인간관계 같은 외부 요인들도 사실 독립적으로 작용하는 것이 아니라 간접적으로 서로 영향을 미치면서 작용하게 되는 셈이다. 결국 당뇨병은 시스템을 구성하는 몇 가지 제한된 요소에 의해 초래되는 것이 아니라 여러 가지 시스템들이 서로 영향을 주고받으면서 균형과 조화를 이루지 못한 채 작동하기 때문에 발생하는 것이다.

지나친 과장과
단순화의 오류를 벗어나야

질병은 결과적으로 미생물, 생활환경, 사회적 관계, 시간적 경과 등과 같은 여러 가지 인체 외부의 시스템들이 유전자, 후성유전 프로그램, 단백질 발현 등을 가동시키고 그로 인해 발생되는 면역, 염증, 대사와 같은 다양한 인체 내부의 반응들이 지나치거나 부족하여 정상적인 작동 범위를 넘어설 때 나타난다고 할 수 있다. 즉 여러 차원의 요인들이 질병의 발생에 복합적으로 관여하는 것이다.

하지만 이러한 다차원적 접근법에서도 질병의 〈요인〉으로 볼 수 있는 현상들과 질병의 〈결과〉로 볼 수 있는 현상들 간의 관련성, 즉 원인적 요인과 질병적 현상의 2차원적 관련성으로 접근하는 것이 질병을 이해하고 관리하는 데 보다 현실적인 접근법일 수 있다. 원인적 관련성의 관계를 이루는 네트워크가 매우 복잡하다고 해도 어떤 요인들을 제어해서 질병의 결과가 개선되는지를 평가할 수 있어야 질병에 대한 예방과 치료가 가능하기 때문이다. 다만 이때는 질병이 생의학적 질병관에서 생각하는 것처럼 한두 개의 특정한 요인이 아니라 개인의 생활습관과 여러 가지 환경 조건 등 다양한 요인에 의해 발생된다는 점을 반영해야 한다.

사실 시스템들의 네트워크에서 나오는 복잡하게 얽혀 있는 정보들이 정리되지 않은 채로 전달된다면 우리 뇌에서 쉽게 처리하기 어렵다. 정보의 양이 방대할 뿐 아니라 그 내용의 상당 부분이 쉽게 이해할 수 있는 수준이 아니기 때문이다. 결국 사람의 뇌가 처리할 수 있는 능력을 뛰어넘는 정보 처리 시스템의 도움을 받아야 복잡한 정보들이 모아지고 제대로 처리될 수 있다. 다행히 최근의 의학적, 생물학적, 통계학적 발전 등 과학 기술적 변화는 대량의 복잡한 정보를 처리할 수 있는 기반을 제공하고 있다.

한편 이러한 복잡한 시스템들이 운영되는 방식에 대응해 사람들이 취하는 행동은 사실 단순하다. 왜냐하면 인간의 정보 처리와 행동양식은 복잡한 정보들을 종합해 패턴화시키고 특징을 부여함으로써 단순한 행동을 취하는 방식으로 오랜 기간 진화해 왔기 때문이다. 따라서 각 사람이 실제로 수행하는 건강 관리 방법은 누구나 쉽게 이해하고 수행할 수 있는 수준으로 이루어져야 한다. 즉 복잡한 정보를 받아들여서 손쉽게 수행할 수 있는 행동양식과 의학적으로 필요한 경우 병원에 가서 어렵지 않게 질병 관리를 받을 수 있는 방법들이 개발되어야 한다.

그런데 복잡한 정보를 단순화시킬 때 오류가 생길 수 있다. 따라서 질병에 대한 예방과 치료가 제대로 이루어지기 위해서는 복잡한 시스템을 지나치게 단순화하는 바람에 중요한 요소들을 빼놓는 오류를 피해야 한다. 동시에 불필요하거나 부수적인 요인들은 정리해 매우 효과적인 원인적 연관성의 네트워크를 만드는 것이 중요하다. 예를 들어 임신한 여성이 어느 날 참치를 먹었는데 이 때문에 혈중 수은이 높아지면서 태반을 통해 태아에게 수은이 얼마간 전달되었다고 하자. 수은은 태아의 발달, 특히 신경계의 발달에 나쁜 영향을 주기 때문에 수은 노출량이 많을 경우 태어나서 자랄 때 다른 아이보다 성장이 늦어지고 집중력 장애가 생길 수 있다. 그런데 이 아이가 학교생활에 적응을 잘 못하고 결국 고등학교를 졸업한 후 낮은 임금을 받으며 겨우 취업을 하게 되었다고 하자. 이 사람은 생활습관도 좋은 편이 아니어서 음주와 흡연을 많이 하게 되고 결혼은 했으나 원만한 가정을 꾸리지 못했을 수 있다. 그리고 중년이 되어 점점 비만해지다가 고혈압, 당뇨병이 생기고 결국은 심근경색증으로 사망할 수 있다.

이러한 시나리오가 가능하다고 했을 때 임신한 여성이 어느 날 먹은 참치가 자식이 성인이 되었을 때 발생한 심근경색증의 원인이었다고 할 수 있을까?

태아를 임신한 여성이 먹은 참치와 태어난 아이가 성인이 되었을 때 발생한 심근경색증 사이에 연관성이 없다고 단정 지을 수는 없지만 통계적인 연관성을 지나치게 강조하게 되면 나비효과를 갖고 원인적 연관성을 주장하는 일이 될 수 있다. 마치 브라질에서 나비가 날갯짓을 했더니 텍사스에서 토네이도가 발생했다고 주장하는 것처럼 두 가지 사실의 연관성을 지나치게 확대하거나 과장할 수 있는 것이다. 사실 나비의 날갯짓이 직접적으로 토네이도를 발생시킬 수는 없다. 나비의 날갯짓은 토네이도 발생의 초기 조건과 연관되어 있을 수는 있지만 토네이도를 일으키는 대부분의 다른 조건들과는 직접 연결되지 않는다. 어떤 사건이 발생한 직후에 서로 관련이 없는 다른 사건들이 동시에 일어나고 이 사건들이 더 큰 규모의 변화를 이끌어 결국은 토네이도를 일으켰다면 처음의 사건이 토네이도를 일으켰다고 주장하는 것은 지나치다.

14세기 영국의 프란체스코회 수사였던 윌리엄 오컴은 중세의 철학자들과 신학자들의 논쟁이 복잡할 뿐만 아니라 무의미한 내용이 많은 것을 보고 지나친 논리 비약이나 불필요한 전제를 진술에서 잘라내는 면도날을 토론에 도입하자고 제안했다. 오컴은 무엇을 설명할 때 다양한 방법으로 설명할 수 있다면 그 중에서 가장 적은 수의 가정을 사용해 설명해야 한다고 주장했다. 여러 가지의 가설을 갖고 연관성의 고리들을 설명할 때 가장 단순하게 설명하는 것이 효율성도 높을 뿐 아니라 과장도 없고 진실에 가깝다는 것이다. 그런데 오컴의 면도날과 같은 방법은 불필요한 내용들을 잘라내고 연관성을 단순화시켜서 논리를 명확하게 할 수 있는 장점은 있으나 잘라 내어진 부분들이 실제로 불필요한 부분인지를 알기가 어렵기 때문에 때로는 오류에 빠질 수 있다. 사실 나비효과나 오컴의 면도날은 실제로 일어나는 현상을 정확하게 관찰하지 않고 연관성의 고리들을 지나치게 확대 혹은 축소할 가능성이 있음을 뜻한다. 연관성을 정확하게 평가하기 위해서는 질병 현상에 대한 깊은 이해를 바탕으로 요인과 질병의 고리들을 제대로 만들어야 하지만 한편으로는 양극단의 현상이 생기지 않도록 주의할 필요가 있다.

원인 규명을 위한 블랙박스 해독

전염병 시대가 막을 내리고 만성질환의 발생이 빠른 속도로 증가하자 20세기 후반에는 만성질환의 원인을 규명하고자 하는 노력이 본격화되었다. 그런데 대부분이 노출 요인과 질병 발생 사이에 단순관계 모형의 가설을 갖고 관련성을 규명함으로써 질병 위험인자를 찾고자 하는 노력이었다. 물론 이를 통해서 만성질환마다 질병 위험인자를 찾는 데 어느 정도는 성공을 거두었다. 예를 들어 당뇨병과 관련된 위험인자가 과도한 칼로리 섭취, 운동 부족, 비만, 스트레스 등이라는 것을 밝혀낸 것이다. 그런데 위험인자를 밝혀내기는 했지만 그 위험인자들이 왜, 어떻게 특정한 사람에게서 질병을 일으키는지에 대해서는 만족할 만한 근거를 찾을 수 없었다. 왜냐하면 이러한 질병 위험인자들이 인체 내에서 어떠한 작용기전들을 거쳐서 당뇨병이라는 공통의 질병 현상에 이르게 되었는지에 대해서는 밝혀진 바가 많지 않기 때문이다.

결국 질병이 발생하는 자세한 과정은 모른 채 원인이라고 생각되는 요인과 질병 발생과의 단순한 관련성을 찾으려는 노력을 주로 해온 것이다. 원인적 요인에서 시작하여 질병의 발생에 이르는 병리적 과정을 모르는 상태에서는 어떤 요인과 질병 발생과 관련성이 있다는 통계적 결과가 나왔다 하더라도 우리는 그 요인이 실제로 질병을 일으켰는지 확신할 수 없다. 왜냐하면 그 요인과 질병에 동시에 관련이 있는 제3의 인자에 의해서 마치 어떤 요인과 질병이 관련이 있는 것처럼 나타났을 가능성이 있기 때문이다. 따라서 어떤 요인에 노출된 후에 나타나는 여러 가지 인체 내의 현상들, 즉 대사, 방어, 면역 등과 같은 대응 체계의 변화를 유전체, 후성유전체, 단백체 및 대사체 등과 함께 살펴보고 인체 내에서 질병에 이르는 병리적 변화들이 어떻게 일어나는지를 확인할 수 있어야 그 요인이 질병 발생의 원인이라고 할 수 있을 것이다.

이러한 병인론적 기전에 근거한 원인적 연관성을 이해해야 원인을 제거해 질병을 예방하거나 질병이 악화되는 것을 차단하는 정확한 치료가 가능하다. 어떤 요인에 대한 노출에서부터 질병 발생까지 인체 내부에서 일어나는 변화 과정은 확인하지 못한 채 단순한 관련성만을 파악하고자 한다면 이는 마치 비행기 사고가 났을 때 블랙박스 속에 담겨 있는 정보는 모른 채 사고의 원인을 규명하려는 것과 같다.

한편 어떻게 질병이 발생하는지에 대한 충분한 이해 없이 인체 내에서 일어나는 변화들을 보게 되면 매우 복잡하게 얽힌 시스템이라는 것 이상으로 알기가 어렵다. 즉 변화의 시작은 어디이고 중간에 어떤 관계들을 거쳐서 질병에 이르는지를 알기가 어려운 것이다. 따라서 병인론적 기전에 근거한 인과론적 가설이 있어야 훨씬 용이하게 질병이 발생하는 현상을 이해할 수 있다.

그런데 병인론적 기전에 근거한 가설을 기반으로 해도 처음부터 완전한 가설을 세우고 시작한다는 것은 불가능에 가깝다. 처음에 만들어지는 가설들은 단지 인체 내에서 변화가 어떻게 이루어지고 작동하는지에 대한 실마리를 제공하는 것일 경우가 많다. 이러한 초기 가설로부터 원인적 연관성을 이해하려는 분석을 시작할 수 있지만, 인체 시스템들의 작동 상태를 나타내는 데이터에서 얻어지는 정보들이 계속해서 가설을 보다 정교하게 피드백하면서 블랙박스를 해독할 때 질병의 원인에 대한 완전한 이해에 도달할 수 있는 것이다.

08

질병의 종식에 한 걸음 다가서다

질병에 영향을 주는 복잡한 시스템들을 파악해야

인체는 다차원적 시스템들의 영향을 받지만 사실 각각의 독립된 차원의 시스템도 하나하나 들여다보면 매우 복잡하다는 것을 알 수 있다. 환경 노출, 생활습관, 미생물 등은 인체에 영향을 주는 인체 외부의 시스템들이라고 할 수 있다. 이 중에서 환경 노출에 대해서 한번 생각해 보자. 미세먼지, 오존, 휘발성 화합물질, 다환방향성탄화수소, 중금속 등 공기를 통해 노출되는 화학물질이 수백 종이나 되고, 흡연이나 간접흡연을 통해 노출되는 수많은 화학물질과, 음식이나 음용수로부터 노출되거나 손이나 피부를 통해 노출되는 화학물질 등 일상생활에서 한 개인이 노출되는 화학물질의 종류만도 수백 종

이상이 된다. 개인의 생활습관도 흡연, 음주, 식생활, 운동뿐 아니라 노동 시간, 좌식 생활 패턴, 수면 양상 등 매우 복잡하게 구성되어 있어서 이 가운데 어느 한 요인을 질병의 요인으로 특정 지운다는 것은 논리적으로 타당하지 않다.

미생물의 경우를 보아도 현재의 지식으로는 겨우 일부만을 가늠할 수 있을 뿐이다. 인체 내에는 인체를 구성하는 세포보다 10배나 많은 수의 세균이 살고 있고 미생물과 그 숙주인 인간은 서로 공생의 관계를 이루고 있다. 여기서 말하는 공생의 관계는 상호 간에 이득을 주기 위한 〈균형의 관계〉인데 이 균형이 깨지면 공생의 관계도 깨지면서 서로에게 나쁜 영향을 줄 수 있다. 또 공생의 관계는 일종의 〈적응의 관계〉라고 할 수 있는데 세균은 현재의 생활양식에 적응되어 있는 상태라고 할 수 있다. 세균은 사람의 면역 반응 등 방어 체계 형성에 상당한 영향을 미치고 있기 때문에 세균이 계속해서 새롭게 변화되는 사람의 생활양식에 적응을 못하게 되면 사람의 방어 체계 형성 자체도 영향을 받아서 질병을 일으키는 요인에 노출되었을 때 적절하게 방어하지 못할 수 있다.

따라서 만성질환의 질병 현상을 제대로 이해하기 위해서는 이렇게 복잡하게 얽혀 있는 시스템들을 이해하고 각 개인이 다양한 외부의 시스템들에 노출되는 양상을 알아야 한다. 아마도 그 시스템들이 인체의 복잡한 반응을 일으키는 경로들을 알 수 있으면 만성질환의 예방과 치료가 충분히 가능할 것이다. 인체 외부 시스템에 대해서 인체가 반응하는 방어기전을 이해하고 적절한 치료 기술을 활용한다면 각 개인에 대한 맞춤형 정밀 의료가 가능해질 수 있다.

앞 장에서 설명한 바와 같이, 질병을 일으키는 요인들을 결정할 때 주어진 틀에 맞추어 이미 정해진 요인이 특정한 질병을 일으키는 원인이라는 가설을 세워서 접근하는 것보다 복잡하게 연결되어 있는 요인들이 변하면서 산출되는 다양한 수준의 결과들을 갖고 요인과 질병의 관계에 대한 가설을 지속적으로 개선해 나가는 것이 바람직하다. 즉 요인과 질병의 관계에 대한 하나의 가설이 정해져서 그것이 변하지 않는 것이 아니라, 다양한 관계의 가설이 만들어지고 그 중에서 가장 결과를 잘 설명할 수 있는 요인과 질병의 관계가 가설로 선택되는 과정을 거친다. 또한 학습과 피드백의 과정을 거치면서 보다 나은 관계의 가설이 만들어지고 이를 기반으로 예방 및 치료가 이루어진다.

이러한 접근법은 어떤 고정된 질병 관리 방법을 사전에 정해서 수행하는 것이 아니라, 대상자의 건강 상태를 가장 좋게 해주는 방향으로 지속적으로 정보들을 정리하고 판단해 질병 관리를 해나가는 체계라고 할 수 있다. 이러한 질병 관리 방법에는 대상자인 사람에 대한 예방이나 치료만이 아니라 다양한 차원의 인체 외부 요인에 대한 관리도 포함한다. 왜냐하면 질병이란 특정한 요인이 인체에 영향을 미쳐서 인체의 구조를 변화시키고 기능을 떨어뜨리는 것이 아니라 다양하게 존재하는 인체 내외부적 요인들의 균형과 조화의 관계가 깨지면서 인체의 구조와 기능이 정상 범위를 벗어나는 것으로 보아야 하기 때문이다.

그런데 건강에 영향을 주는 것은 단일 요인이 아닐 뿐 아니라 각 요인들은 서로 간에 상호 영향을 주고받는다. 따라서 여러 요인들을 개별적으로 평가하고 이를 단순하게 더한다고 해서 전체를 정확하게 평가할 수 있는 것은 아니다. 여러 요인들의 상호작용이 건강에 미치는 영향을 평가해야 하고 또 각 요인과 반응의 시스템들이 연결되어 있는 전체를 평가해야 건강에 대한 영향을 정확하게 알 수 있다. 이러한 평가는 기술적인 한계 때문에 과거에는 가능하지 않았다. 이를 위해서는 생리학적, 독성학적, 면역학적 기전과 다양한 인체 외부 요인에 대한 정보 그리고 이러한 복잡한 정보들을 처리할 수 있는 정보처리 능력이 갖추어져야 한다. 한마디로 말해서 서로 다른 수준의 다차원 정보들을 모아서 쉽게 이해할 수 있는 정보로 전환시킬 수 있는 기술과 컴퓨팅 능력이 필요한 것이다. 또한 복잡한 인체 외부 요인에 대한 노출을 제대로 평가하기 위해서는 지금까지 사용해 왔던 측정 기술이 더 정확하고 사용하기 쉽게 개선되어야 하며 신기술도 개발되어서 여러 가지 다양한 노출을 쉽게 측정할 수 있어야 한다.

사실 이러한 기술 혁신은 지속적으로 이루어져 왔고 현재에도 상당한 속도로 발전하고 있다. 예를 들어 공기 중의 화학물질 농도를 측정하는 대신에 혈액이나 소변에 있는 물질의 농도를 측정하거나 머리카락 내의 농도를 측정해서 중금속과 같은 유해 화학물질에 대한 노출을 평가할 수 있다. 대기오염에 노출된 정도를 평가하기 위해서는 지리 정보 시스템과 인공위성 정보가 이용되기도 한다.[14] 신체 부착 도구를 활용해 개인의 신체활동을 모니터링하며 혈압이나 맥박 같은 생리학적 정보를 모니터링하는 기술도 이미 활용되고 있다.

미래에는 이와 같은 환경 노출 및 생리학적 평가의 기술이 더욱 개발되어 개별 요인에 대한 평가에서 사람을 중심으로 포괄적으로 모니터링을 할 수 있는 기술들이 보다 쉽게 활용될 것이다. 마치 스마트폰이 휴대 전화기에서 시작해 노트북, 게임기, 음악 감상, 카메라 등 여러 가지 기능이 합쳐지면서 발전해 가듯이 이러한 기술들은 더욱 발전해서 신체 부착형 혹은 생활 밀착형 기기를 통해 신체활동, 생리적 반응, 식이 섭취, 오염물질 노출 등에 대한 정보를 지속적으로 모니터링할 수 있을 것이다. 그리고 이 정보들은 개별적인 정보들이 추가되면서 모이는 수준이 아니라 인간과 환경의 조화와 균형이라는 측면에서 통합되고 재해석됨으로써 건강에 유용한 정보들이 될 수 있다. 또한 모니터링된 정보가 병원의 보건 관리 시스템과 연결됨으로써 훨씬 효과적인 예방과 치료가 가능해질 것이다.

시간의 흐름도
질병의 발생에 영향을 준다

우리는 수태되었을 때부터 시작해 영유아, 어린이, 청소년, 청장년, 중년, 그리고 노년이 되면서 생애 주기별로 여러 가지 다른 질병 위험 요인에 노출되고 있다. 그런데 위험 요인에 노출되었던 시점뿐만 아니라 시간이 상당히 경과한 후에 나타나는 건강 영향과의 관련성을 평가하는 것도 매우 중요하다. 사실 질병 위험 요인과 건강 영향 간의 관련성 평가를 하는 이유는 매우 복잡하게 얽혀 있는 시스템들의 네트워크를 분석해 질병을 예방하고 치료하기 위해서다. 그런데 문제는 현재 갖고 있는 질병 위험 요인이 지금 질병으로 나타나는 것이 아니라 미래에 나타날 건강 영향과 관련이 있는 경우가 흔히 있다는 것이다. 예를 들어 임산부의 태내에서의 노출과 어린이 시기의 노출이 중년 이후에 건강 영향으로 나타날 수 있다. 〈네덜란드 기근 연구〉에서 나타났듯이 태내에서 제대로 영양 공급을 받지 못했던 태아의 경우 중년이 되었을 때 비만, 고혈압, 당뇨, 암과 같은 질환이 많이 발생했던 것을 알 수 있다.[15] 따라서 현재의 질병을 치료하는 것 못지않게 질병 발생 훨씬 이전에 노출되었던 여러 가지 질병 위험 요인에 대한 분석을 통해서 앞으로 발생할 가능성이 높은 질환을 예방하는 조치를 취하는 것이 중요하다.

그런데 어떤 요인에 대한 노출과 질병 발생 사이에 상당한 시간적 간격이 있을 때 어린 시기의 노출이 중년 이후에 갑자기 질병으로 나타난다기보다는 어린 시기부터 인체 내에서 서서히 변화들이 생기면서 누적되다가 인체의 구조와 기능을 정상으로 회복시킬 수 있는 능력이 떨어지는 중년 이후에 질병으로 나타난다고 보는 것이 더 타당할 것이다. 따라서 질병 위험 요인에 매우 민감한 시기인 태아 및 영유아 시기의 노출에 대한 전반적인 평가와 함께 인체의 구조와 기능 변화에 대한 지속적인 모니터링이 필요하다. 이를 통해서 조기에 인체 내부에서 나타나는 문제를 찾아내고 교정해 줌으로써 나중에 질병이 발생되는 것을 막을 수 있다.

사회적 관계도 임신부와 태아의 관계에서 시작해 가족 사이의 관계, 유아원부터 시작해 대학교 혹은 대학원에 이르는 교사와 학생 그리고 학생 간의 관계, 또 사회에 발을 들여놓는 순간부터 시작되는 사회적 질서와 계급 혹은 계층의 신분적 관계 등 복잡하게 얽혀 있는 네트워크 속에 놓여 있다. 종교, 인종, 민족과 같은 구분도 매우 중요한 사회적 관계를 형성한다. 이러한 네트워크는 사실 어느 하나의 관계를 독립적으로 파악한다는 것이 매우 어려울 만큼 서로 밀접하게 연결되면서 하나의 복잡한 시스템을 이루고 있다고 보아야 한다.

더욱이 이 네트워크는 어느 순간에 고정되어 있는 것이 아니라 생애의 시기에 따라 달라지는 시간적 변화를 거친다. 생애 자체는 태어나서 죽기까지 성장과 발달, 그리고 퇴화의 과정을 거쳐 죽음에 이르는 변화를 거친다. 앞서 이야기한 것처럼 생애 초기의 노출이 생애 후기에 질병으로 나타날 수 있어 시간적 변화는 단순한 변화가 아니라 시간에 따른 인과성을 내포한 변화이기도 하다. 여러 개의 복잡한 시스템이 다차원적으로 인체에 영향을 미치고 인체는 시간적 흐름이라는 변화 속에서 유전자, 후성유전 프로그램, 단백질 발현, 면역이나 염증세포의 동원 등을 통해 복잡한 시스템들과 반응하는데 그러한 반응이 정상적인 생리학적 변화를 벗어나게 되면 질병으로 나타나는 것이다.

한편으로는 사회의 변화 속도가 매우 빠르기 때문에 질병 위험 요인에 대한 노출 자체도 시대적 변화를 거치는 것을 관찰할 수 있다.

10년 전과 비교해 식생활 습관이 변했고 중금속과 같은 환경유해물질의 농도가 변했다. 주거, 교통, 환경 위생 등도 변했고 아마도 장내 및 생활 주변의 미생물군도 양상이 변했을 것이다. 이렇게 시대적으로 변화하는 노출 양상은 각 개인의 생애 주기적인 생리적 변화와 맞물려서 질병 위험 요인에 대한 노출과 질병 발생의 관계를 더욱 복잡하게 만든다. 이와 같이 시간적 변화는 하나의 복잡한 시스템이다. 따라서 시간에 따라 변화하는 시스템 간의 네트워크를 제대로 평가해야만 정확한 질병 예방과 치료가 가능해진다.

시스템 의학적 접근이 필요하다

이와 같이 시스템 간의 네트워크를 기반으로 질병을 진단하고 치료하는 새로운 의학 모형을 〈시스템 의학〉 모형이라고 할 수 있다. 시스템 의학 모형은 기본적으로 전체 시스템의 조화와 균형이라는 개념으로 시작한다. 따라서 기계적이고 분석적인 합리론을 넘어선 유기적이며 통합적인 접근이라고 할 수 있다. 또 질병이란 원인과 결과의 단순한 관련성이 아니라 인체 내부와 외부의 다차원적 시스템의 균형이 깨져서 생긴다는 생각을 기반으로 한다. 즉 시스템 의학 모형은 인간과 인체 외부의 질병 위험 요인 간의 균형뿐 아니라 인체 내에 존재하는 박테리아와 같은 미생물과의 균형, 인체의 다양한 기관에서 조직을 구성하는 세포 간의 균형, 그리고 세포 내의 미토콘드리아와 다른 미세 구조물과의 균형 등 세포 수준에 이르기까지, 여러 수준에서의 균형이 깨지면서 인체의 기능과 구조가 더 이상 정상적으로 유지되지 못해 질병이 생기는 것으로 이해한다. 또한 인간이 스스로 만들어낸 사회적 환경도 빠르게 변하고 있기 때문에 변화하는 환경에 적응을 잘 못하는 경우에는 사회적 관계의 균형이 깨져서 우울증과 같은 정신질환이 생긴다고 이해한다.

시스템 의학적 질병관은 질병의 예방과 치료에 대한 접근에 있어서 생의학적 질병관에 기초한 방법들과 차이가 있을 수밖에 없다. 생의학적 질병관에서는 질병의 원인이 되는 특정한 요인을 찾아서 예방하거나 치료해 건강을 유지하고 회복하는 것이 중심적인 개념이었다면, 시스템 의학적 질병관에서는 세포 내의 균형, 세포 간의 균형, 인간과 미생물 간의 균형, 인간과 환경 간의 균형, 그리고 인간의 사회적 관계 속에서의 균형 등을 유지하고 회복하는 것이 질병의 예방과 치료인 것이다. 그러나 이 두 개의 질병관은 전혀 화해할 수 없는 개념이 아니다. 질병의 특정한 원인을 찾아서 제거하는 것이 균형을 유지하거나 회복하는 데 매우 중요한 경우들이 많기 때문이다.

예를 들어 당뇨병에 걸렸을 때 혈당 검사를 하고 인슐린과 같은 혈당강하제로 치료하는 경우를 보자. 생의학적 질병관으로는 높은 수치의 혈당이 있으므로 혈당강하제로 치료하는 것이 적절한 의학적 조치라고 할 수 있다. 그러나 시스템 의학적 질병관으로 보면 당뇨병은 식이관리의 문제, 신체활동 부족, 스트레스, 흡연, 그리고 화학물질에 대한 노출들로 인해 정상적인 에너지 생산과 소비의 균형이 깨져서 발생한 것이다. 더 나아가서 식량 소비의 증가, 자동차와 엘리베이터 등 생활기반 시설, 그리고 대기오염과 같은 생활환경과 밀접한 관련성이 있다. 따라서 시스템 의학에서는 개인의 생활습관 개선과 함께 지역사회의 환경 개선, 혈당을 낮추기 위한 치료 등을 종합적으로 수행해서 에너지 생산과 소비의 균형을 회복시키는 것이 의학적 조치인 것이다. 이러한 조치에는 혈당강하제와 같은 약물 치료도 당연히 포함된다. 다만 혈당강하제는 당뇨병 치료에 있어서 에너지 생산과 소비의 균형을 회복시키기 위한 하나의 방법에 지나지 않는 것이다.

시스템 의학적 접근에서 보면 건강을 증진시키기 위한 지역사회의 정책도 모든 상황이나 모든 사람에게 동일하게 적용되는 것이 아니라 각 상황에 맞거나 각 사람의 내부 시스템들과의 관계를 고려해서 적용되어야 한다. 예를 들어 어린이들의 신체활동을 증가시키고 비만 문제를 줄이기 위해 학교에 갈 때 걸어가거나 자전거를 타게 하는 정책을 취한다고 하자. 그러나 이러한 신체활동 증가가 항상 건강에 좋은 것은 아니다. 대기오염이 심한 날은 오히려 건강에 나쁜 영향을 줄 수 있기 때문이다. 따라서 건강에 이익이 되는 방향으로 안내를 하기 위해서는 대기오염을 지속적으로 모니터링하면서 각 개인에게 올바른 정보를 주어야 한다. 한편 신체활동이나 오염물질에 대한 노출이 주는 영향에서도 각 개인별로 차이가 나타날 수 있다. 따라서 각 개인별로 미세먼지에 의한 자극, 염증, 면역, 대사 등의 반응 현상과 그 반응을 일으키는 유전체, 후성유전체, 단백체, 대사체 등의 역할들을 고려해서 건강에 미치는 나쁜 영향을 차단할 수 있는 여러 가지 조치들을 취해야 한다. 음식이나 영양제 혹은 정도가 심한 경우에는 면역 조절제와 같은 약제들을 사용할 수도 있을 것이다. 그리고 이러한 음식이나 약제의 사용은 특정한 건강 영향만을 대상으로 하는 것이 아니라 전체 시스템의 조화와 균형을 위해 복잡한 인체 내부 시스템의 여러 가지 작용 기전을 동시에 대상으로 하게 된다.

어떤 건강 문제에 부딪혔을 때 인체와 공생하고 있는 미생물을 대상으로 하거나 혹은 미생물과 협력해 문제를 해결해 나갈 수도 있다. 미생물은 독립된 개체이기도 하지만 인체와 공생관계를 이루고 있기 때문에 인체의 여러 시스템들과 함께 하나의 커다란 시스템을 이루면서 서로 연결되어 있다고 볼 수 있다. 대부분의 미생물은 소장과 대장 안에 있으며 섭취한 음식물을 분해해 에너지를 얻는 데 기여한다. 그런데 에너지를 얻는 데에만 관여하는 것이 아니라 면역 시스템 및 에너지 대사에도 직접적으로 관여를 한다. 최근에는 비만, 당뇨병, 크론병과 같은 만성질환 및 면역교란질환과도 관련이 있다고 밝혀졌다. 사실 장내에 항상 살고 있는 세균만 해도 수백 종이 넘고 이들의 분포와 인체 시스템의 상호작용은 또 하나의 복잡한 네트워크를 이룬다. 따라서 미생물 역시 시스템 의학적 접근에 있어서 매우 중요한 대상이다.

표준화된 치료에서 맞춤형 치료로

시스템 의학은 인체를 구성하는 분자, 세포, 기관, 개체로서의 인간, 더 나아가 미생물, 그리고 인간이 더불어 살고 있는 생태계와 사회가 갖고 있는 관계의 복잡성을 이해하고 이를 종합적으로 다루고자 하는 의학적 접근이다. 관계를 이루는 각 요소들은 독립적인 역할도 하지만 각 시스템들에 속해서 시스템과 시스템들을 연결하는 관련성의 고리로서의 역할을 하기도 한다.[16]

ApoE 유전자는 콜레스테롤 대사에 관여한다. 음식에서 얻은 콜레스테롤을 신체가 이용할 수 있도록 혈액을 통해 공급하는 역할을 한다. 그런데 ApoE 유전자에 어떤 변이가 있는 경우에는 변이가 없는 경우에 비해 혈액 내의 콜레스테롤을 더욱 높이는 방향으로 작동해 동맥경화가 잘 생길 수 있다. 동맥경화가 있으면 흡연이나 대기오염과 같이 혈액 내에서 염증을 일으키는 요인과 함께 작용해 혈전이 만들어지기 쉽고 혈전이 생기면 심장에 혈액을 공급하는 혈관을 막아서 심근경색증과 같은 심장질환을 일으킬 수 있다. 이 사례에서 보면 ApoE 유전자 혹은 유전자의 변이는 음식, 흡연, 대기오염과 같은 요인들과 서로 상호작용을 한다. 여기서 음식은 지역적, 문화적 요인과 관련이 있고, 흡연은 생활습관과, 대기오염은 산업화 정도와 관련이 있다. 결국 심장질환은 유전자, 음식, 흡연, 대기오염이라는 요인들과 그 관련성의 고리들이 인체를 이루는 시스템들과 조화와 균형의 관계를 이루지 못해서 발생하는 것이다.

그런데 이 정도의 관련성을 갖고 ApoE 유전자와 심장질환의 인과적 관계를 설명했다면 이 역시 원래의 복잡한 관계를 지나치게 단순화해 설명한 것이다. 실제로는 음식 섭취는 후성유전학적 조절 메커니즘에 의해 ApoE 유전자의 작동에 영향을 미치고 이는 RNA를 거쳐서 단백질이 만들어지는 데 영향을 준다. 이때 단백질들은 수십 혹은 수백 개가 동원되어 여러 가지 효소나 염증 반응 매개 물질들로서 다양한 인체의 반응에 관여한다. 한편으로는 음식이 소화되고 대사되면서 역시 많은 수의 다양한 대사물들이 형성되고 이들 중 어떤 것들은 독성 작용이나 염증 유발 작용을 하고 또 어떤 것들은 이들에 대한 방어 작용을 한다. 흡연이나 대기오염도 각각 수백 종 이상의 화학물질을 갖고 있으며 인체 내에서 다양한 반응을 일으킨다. 결국 ApoE 유전자와 심장질환의 관계는 매우 복잡한 관계성 속에서 나타나는 현상이라고 할 수 있다.

따라서 이러한 복잡한 관계를 이해하기 위해서는 유전체, 후성유전체, 단백체와 대사체 등의 시스템들을 분석해야 한다. 네트워크는 각 시스템 안에서 그리고 시스템 상호 간에 만들어지는 기능적이고 위계질서적 관계라고 할 수 있다. 앞에서 설명한 것과 같이 이러한 네트워크는 복잡할 뿐만 아니라 역동적이며 시간에 따라 변하기 때문에 선험적인 가설만 갖고 접근하는 데에는 한계가 있다. 어떤 가설이 잘 만들어졌다고 해도 데이터로부터 나오는 새로운 관계들이 가설에 계속해서 추가되면서 그 가설이 개선되고 이를 바탕으로 네트워크가 분석되고 평가되는 것이 바람직하다. 즉 가설 기반의 접근과 데이터 기반의 접근이 합쳐져야 복잡한 시스템의 네트워크를 정확하게 분석해 질병 발생 및 진행에 영향을 미치는 요인들의 인과성을 명확하게 알 수 있는 것이다.

지금까지 현대 의학의 발전 방향은 기관에서 조직과 세포로, 다시 세포 내의 소기관들로, 그리고 핵 내의 DNA나 RNA와 같은 분자로까지 탐구의 영역이 미세화되면서 각 시스템의 구성 요소에 대한 미세 분석적인 방향으로 진행되어 왔다. 그런데 시스템 의학에서는 이러한 미세한 요소들이 독립된 것이 아니라 서로 위계질서적 혹은 상호관계적인 조절 속에서 각 개인 혹은 환자마다 다양한 양상으로 존재한다고 생각한다.

따라서 시스템 의학적 치료를 수행하기 위해서는 현재와 같이 증상이나 병리적 소견 같은 임상적 현상만으로 질병을 구분하는 전통적인 진단 방법도 바뀌어야 한다. 질병과 관련된 유전자나 단백질의 변화, 즉 분자생물학적 지표를 이용한 미세한 프로파일이 추가됨으로써 질병에 대해 훨씬 더 세분화되고 정밀한 진단이 행해져야 한다. 그렇게 되면 같은 질환군에 속한 경우 같은 치료를 받는 현재의 표준화된 치료 방법에서 환자 개개인에 대한 맞춤형 치료로 발전해 가는 중요한 기반이 될 것이다.

약물 역시 증상을 개선하는 것만을 목표로 하는 한두 개의 약제가 아니라 여러 개의 네트워크 구성 요소 및 연결고리를 대상으로 기능을 회복하기 위한 다수의 약제를 사용하는 것이 더 보편적인 치료 방법이 될 수 있다. 그런데 다수의 약제 투여를 하는 경우에는 약제 상호 간의 작용과 함께 부작용의 가능성도 커지기 때문에 인체의 내부 시스템들과 외부 시스템으로부터 얻어지는 정보들을 지속적으로 모니터링하면서 약물 투여량을 미세하게 조절하는 것이 바람직하다. 사실 이와 같은 시스템 의학이 성공적으로 작동하기 위해서는 여러 가지 넘어야 할 도전적인 문제들이 있다. 복잡한 문제들을 풀어서 쉽게 접근할 수 있게 만드는 것이 미래 의학의 과제이다.

질병의 종식에 한 걸음 다가서다

유전자 전체의 DNA 코드를 쉽게 분석할 수 있고 후성유전체, 단백체 및 대사체 등을 분석할 수 있는 기술이 충분히 발달했기 때문에 이제는 유전자의 단순한 구조와 변이뿐 아니라 그 기능을 평가하고 이를 질병 발생 혹은 질병의 진행과 연결해 평가할 수 있게 되었다. 또한 인체 내의 생물학적 변화들을 모니터링할 수 있는 기술뿐 아니라 복잡하게 얽혀 있는 변화들이 서로 간에 어떻게 통제되고 기능하는지에 대한 수학적, 통계학적 모형들이 컴퓨터 및 전산 프로그램의 발달로 가능하게 되었다. 물론 아직은 수태된 후에 태어나서 자라고 늙어가는, 즉 시간에 따라 변하는 생리학적 작동 원리를 충분히 이해하고 있다고 할 수는 없지만 앞으로 시스템 의학적 접근을 통해 사람의 성장, 발달, 노화, 그리고 질병을 훨씬 깊게 이해하게 될 것이다.

인체 외부의 시스템은 한 개인이 수태되었을 때부터 죽을 때까지의 건강에 영향을 미칠 수 있는 모든 노출을 의미한다. 따라서 개별적 요인에 대한 노출 정도뿐 아니라 그 노출이 시간에 따라 변화하는 것까지를 고려한다. 개별적 요인은 생활습관, 환경오염, 미생물, 직업, 사회관계 등을 말하는데 이들 요인 하나하나도 사실 매우 복잡한 시스템을 이루고 있다. 또 이러한 노출 요인들은 독립적으로 혹은 서로 연결되어 인체가 갖고 있는 면역, 해독, 염증 등과 같은 반응 체계를 작동시킨다. 이러한 반응 체계에 대해서는 3부에서 보다 구체적으로 설명하겠지만 이들 역시 단순하지 않으며 자연선택의 과정을 통해서 오랜 시간에 걸쳐 조금씩 갖추어 왔기 때문에 매우 복잡하고 중층적이다.

그런데 인류의 역사를 뒤돌아보면 수렵채집 시기에 이미 사람들은 복잡하게 얽혀 있는 환경을 패턴화시키면서 보다 쉽게 판단하고 행동하는 생활을 해왔다. 예를 들면 동물을 사냥하는 일은 동물의 위치, 특성, 상태를 파악해야 할 뿐만 아니라 주변의 위협 요소들을 알고 있어야 하고 자신의 체력, 음식과 물, 사용할 무기 등을 고려해야 한다. 이처럼 복잡한 것들을 이해하고 해결하기 위해서 인류의 뇌가 커지고 현재의 신체 구조를 갖게 되었다. 따라서 복잡성이란 한편으로는 새롭고 낯선 문제가 아니라 인간에게 매우 친숙한 주제이다. 충분한 정보가 있고 이를 처리할 수 있는 정보 처리 능력이 있으면 시스템 의학적 접근법은 우리의 뇌가 수행하는 접근법과 유사해진다. 머지않은 미래에 발전된 정보 처리 능력을 갖게 되고 인공지능의 도움을 받게 된다면 이를 기반으로 시스템 의학적 기법을 활용함으로써 보다 정확한 진단과 관리가 가능해질 것이다. 다양한 정보가 실시간으로 들어오면 마치 뇌가 판단하듯이 컴퓨터 프로그램이 실시간으로 건강에 영향을 주는 요인들을 판단해 정보를 제공해 주고 이를 바탕으로 건강 관리를 수행할 수 있을 것이다. 이는 각 개인의 상태와 능력, 그리고 필요에 따라 실시간으로 건강 관리를 해줄 수 있는 기술적 체계를 갖게 된다는 것을 의미하며 이를 통해 우리는 질병의 종식에 한 걸음 더 다가서게 될 것이다.

제3부

질병을 종식시키기 위한 우리 몸의 5가지 전략

09

미생물과 협력하며 함께 살아가야 한다

(공생 시스템)

다른 종과의 공생, 생명체의 도약을 가져오다

곰팡이, 식물, 동물과 같은 다세포 생물체는 모두 박테리아 혹은 고세균과 같은 단세포 생물체에서 진화했다. 이들의 변화 과정을 살펴보면 독립된 세포들이 어떻게 서로 정보를 교환하고 더 나아가 서로 결합해서 다세포로 되었는지를 알 수 있다. 물론 박테리아 등의 단세포 생물체도 처음에는 최초의 어떤 생물체로부터 진화되어 탄생했을 것이다. 그리고 그 최초의 생명체는 암호와 같은 A, T, G, C의 염기가 서로 연결되어 구성된 DNA라는 핵산을 갖추어서 다음 세대를 만들어낼 수 있는 능력을 가졌을 것으로 추정할 수 있다. 그런데 문제는 어떻게 최초의 생명체에서 매우 복잡한 체계의 포유류, 더 나아가 인간에까지 이르게 되었는지를 알기가 어렵다는 것이다. 분명한 것은 유전자 단독으로 이 같은 변화를 추진한 것은 아니라는 것이다. 아마도 주어진 환경에 생물체가 어떻게든 적응해 생존하려는 자연선택의 힘이 강력하게 작용하면서 유전자의 변화가 이루어졌을 가능성이 가장 클 것이다. 즉 환경이 생물체 변화의 방향을 이끌었다고 볼 수 있다.

이와 같이 유전자와 환경이 상호작용하면서 자연선택을 통해 진화라고 하는 변화가 초래되었다고 할 수 있지만 이러한 설명만으로는 진화의 현상을 모두 다 이해하기가 어렵다. 사실 자연선택에 의해 환경에 보다 적합한 유전자가 선택되는 과정은 개체 수준에서는 삶과 죽음이 선택되는 심각한 문제일 수 있지만, 집단 수준에서 보면 양자 선택의 급격한 변화라기보다는 서서히 변화되는 과정이라고 할 수 있다. 각 개체에서 일어나는 변화도 대개 한 번에 종의 특성을 크게 바꾸는 사건이라기보다는 그 종이 좀 더 주어진 환경에 적합하게 조금씩 변해가는, 다시 말하면 시간이 걸리는 변화라고 할 수 있다. 그런데 새로운 종의 탄생이란 이전의 종과는 질적으로 다른 종이 발생하는 것이기 때문에 자연선택과 같이 서서히 변화되는 과정만으로는 이를 충분히 설명하기 어려워 보이는 것이다.

진화의 과정을 살펴보면 주어진 종이 적응력을 더욱 높이는 변화뿐 아니라 원핵세포에서 진핵세포로의 변화와 같이 새로운 종으로 질적 도약을 하는 변화들도 있었다. 따라서 이를 설명하기 위해서는 또 하나의 강력한 추진 체계가 필요한데 이는 서로 다른 종의 〈공생〉 혹은 유전자가 서로 섞이는 〈혼합〉이라고 할 수 있다. 이러한 결합은 대개 가까운 종 사이에 이루어지곤 했지만 때로는 진핵세포의 미토콘드리아와 엽록체가 생겨난 과정에서 보듯 서로 아주 먼 종 간에도 먹고 먹히는 과정을 통해서 발생하기도 했다. 이처럼 새로운 종의 탄생은 한 종의 자연선택이 누적되면서 나타난 결과일 수도 있지만 이종 간의 협력과 결합에 의한 공생이 상당한 역할을 하면서 나타난 결과라고도 볼 수 있다. 따라서 진화를 개체 경쟁에 의한 자연선택 과정으로만 본다면 다양한 생물 현상을 이해하는 데 한계가 있다. 개체 경쟁뿐 아니라 개체 협력, 즉 공생에 의해 더 우수한 종들이 만들어진 경우들이 있기 때문이다.

유전자의 혼합도 진화에 매우 중요한 역할을 했다. 인간도 본질적으로 정자와 난자라는 각각의 세포가 하나로 합쳐지는 과정을 통해서 태어난다. 처음부터 유전자의 혼합이라는 과정을 거쳐서 태어나는 것이다. 사람은 가장 고등한 다세포 생명체이지만 맨 처음에는 난자와 정자가 결합해서 생긴 단세포에서 시작한다. 이어서 단세포가 분열되고 분화되어 다세포 생명체로 변화되는 과정을 거쳐서 사람으로 완성되는데 이 과정은 지구상의 단세포 생명체가 다세포 생명체로 변화할 때 겪었던 세포 연합의 프로그램들이 그대로 활용되는 과정이라고 할 수 있다.

실제로 단세포에서 각 개체로 이르는 과정을 살펴보면 종이 다른 경우에도 대개 비슷한 과정을 거치는 것을 알 수 있다. 그런데 단세포에서 다세포 생명체로 변화되는 과정이 비슷하다면 단세포 생명체만이 살던 세계에서 다세포 생명체가 생겨나게 된 공통의 이유가 있었을 것이다. 아마도 처음에는 단세포가 분열할 때 세포가 나누어지지 않고 두 개의 단세포가 서로 합쳐진 상태의 세포가 나타났을지 모른다. 덕분에 크기가 커진 세포는 단세포와 경쟁하는 데 있어서 유리한 점이 있었을 것이다. 아마도 크기가 큰 경우에는 다른 포식자에게 먹힐 가능성이 적어질 수 있다. 따라서 이것이 크기 경쟁을 유발해 다세포 생물체로 나아가는 변화를 가져왔을 것이다.

그러나 다세포가 되면 크기 대비 무게가 더 늘어나서 움직임의 효율성은 떨어지게 된다. 또한 세포의 무게에 비해 표면적이 적어지기 때문에 세포 표면을 이용해 영양분을 섭취하고 남은 쓰레기를 버리는 데 한계에 부딪히게 된다. 결국 이를 극복하기 위한 여러 가지 변화를 통해 세포의 기능 분화가 생겼을 것이다. 특히 세포의 발이라고 할 수 있는 편모와 같은 이동 수단을 갖춘 경우 쉽게 이동할 수 있는 능력이 생기기 때문에 자연선택되는 데 있어서 유리한 조건이 되었을 것이다. 영양분을 섭취하고 배설하는 소화기관의 발생도 에너지를 이용하는 데 있어서 매우 중요한 변화가 되었다. 한편 다세포 기관이 된다는 것은 세포 간에 소통과 조절 시스템과 같은 복잡한 시스템들이 갖추어지기 시작했다는 것을 의미한다. 이후 정보를 효율적으로 전달할 수 있는 신경망 등을 갖추면서 복잡한 기능의 다세포 생명체로 나아갔다. 그리고 시간이 지나면서 대사 및 신경반사와 같은 기능을 추가하면서 더욱 복잡한 시스템들을 갖추게 된 것이다.

미토콘드리아,
서로 다른 세균과의 공생 덕분에 탄생되다

이와 같이 공생, 유전자 혼합, 혹은 세포 연합이라는 서로 다른 개체가 섞이는 과정은 진화적 도약의 발판이 되었다. 사실 세균은 세균끼리 유전자를 자주 교환하는데 이를 통해 유전자들이 세균 사이에서 이동을 하게 된다. 이 경우 세균은 모세균으로부터 분열되면서 받은 유전자뿐 아니라 유전자가 교환되면서 모세균이 아닌 다른 세균에게서 받은 또 다른 유전자도 갖게 될 수 있다. 따라서 시간이 지나면 어떤 세균의 유전자는 그 세균의 직접적인 조상이 갖고 있는 유전자와 다르게 될 수도 있다. 유전자 혼합에 의해 조상 세균이 갖고 있는 유전자와 아주 다른 유전자를 갖고 있는 세균, 즉 키메라 세균이 탄생하는 것이다.

원핵세포인 세균의 키메라적인 혼합은 진핵세포의 탄생에서 결정적인 순간을 맞는다. 미토콘드리아가 세포의 에너지 발전소가 되었던 사건은 이러한 혼합의 과정을 잘 나타낸다. 미토콘드리아는 세균과 세균의 결합 과정에서 탄생되었는데 이때 벌어진 놀라운 일은 같은 종류의 세균 간의 유전자 혼합이나 공생이 아니라, 고세균과 박테리아, 즉 이종 세균이 서로 합쳐진 결합이었다. 고등 생물체로 가는 진화의 역사에서 가장 중요한 사건이라고 볼 수 있는 진핵세포의 탄생은 이처럼 박테리아와 고세균이 하나의 세포로 합쳐지면서 생긴 것이다. 진핵세포는 핵을 갖고 있을 뿐 아니라 미토콘드리아를 가진 고등세포이다. 즉 진핵세포는 세포의 기능을 조절하는 지휘본부인 핵과 함께 마치 독립된 생명체처럼 활동하면서 에너지를 처리하는 미토콘드리아를 세포질 속에 갖게 되었고 이를 기반으로 생물체의 진화를 본격적으로 이루게 된 것이다.

미토콘드리아는 독립된 세균의 형태를 갖고는 있으나 미토콘드리아 유전자는 진핵세포의 핵 안에 들어 있는 핵유전자로 상당 부분 전이되어 미토콘드리아에는 유전자가 아주 일부만 남아 있다. 이는 핵유전자 입장에서 보면 유전자의 혼합이 생긴 것이고 미토콘드리아 유전자의 입장에서는 유전자 손실이 생긴 것이다. 그런데 미토콘드리아 유전자의 대부분이 핵유전자로 이동했다면 왜 모두 이동을 하지 않고 일부 유전자는 미토콘드리아에 그대로 남아 있는 것일까? 핵유전자는 핵이라는 테두리 안에, 그리고 히스톤이라는 단백질에 싸여서 안전하게 있을 수 있다. 반면에 미토콘드리아 유전자의 일부가 에너지를 항상 만들어 내는 발전소와 같은 위험한 장소에 남아 있다면 그곳에 그대로 남아 있는 이유가 있을 것이다.

세포에는 수백 개의 미토콘드리아가 있으며 미토콘드리아는 세포 내로 들어오는 당과 같은 영양소를 에너지로 바꾸는 매우 중요한 기능을 한다. 그런데 에너지의 수요, 공급, 그리고 외부 스트레스 등에 따라 에너지 수급량을 조절해야 하는 경우, 각 미토콘드리아가 독립적으로 미세 조절하는 것이 핵유전자에 의해 미토콘드리아 기능이 일괄적으로 조정되는 것보다 훨씬 주어진 상황에 대처를 잘하기 때문에 미토콘드리아 유전자의 일부는 그대로 미토콘드리아에 남아 있는 것이다. 이는 마치 중앙난방보다 개별난방 시스템이 보다 더 효율적인 것과 같다. 이처럼 이종 간의 결합과 유전자의 혼합이라는 사건들을 거쳐 세포 내에는 핵과 미토콘드리아의 적절한 기능 분화가 이루어진 시스템이 갖추어지게 되었고 이는 인간과 같은 고등 생물체가 갖추게 된 복잡한 시스템의 기초를 이루었다.

인간과 미생물,
서로의 삶에 없어서는 안 될 존재들

기존의 환경에 적합하게 구성된 유전자는 환경 변화가 빠른 시기 안에 일어나게 되는 경우 변화된 환경에 대한 적응력이 떨어지게 되고 이러한 유전자의 부적응은 바로 질병으로 이어질 수 있다. 하지만 질병을 인간이 갖고 있는 유전자의 환경 부적응으로만 막연하게 설명하는 것으로는 한계가 있다. 환경의 변화가 질병을 초래하는 가장 중요한 요인임에는 틀림없지만, 인간이 갖고 있는 핵유전자나 미토콘드리아 유전자의 부적응뿐 아니라 공생관계에 있는 다른 생물체도 변화된 환경에 적응을 못하는 상황이 초래되기 때문이다.

따라서 유전자의 부적응을 생각할 때 공생의 관계를 포함하여 생물체 전체의 유전자를 고려할 필요가 있다. 즉 공생 체계를 이루고 있는 세포핵 내의 유전자, 세포질에 있는 미토콘드리아의 유전자, 혹은 장내에 살고 있는 박테리아의 유전자에 따라서 각각의 유전자가 어떻게 환경에 부적응되어 있는지를 평가해야 한다. 어쩌면 인간을 하나의 독립된 생명체로 보기보다는 공생 복합체로 바라보고 이들 유전자 전체를 포괄적으로 평가하는 것이 타당할지도 모른다.

유전자가 아니라 개체적 인간을 들여다보면 이러한 공생관계를 더 잘 관찰할 수 있다. 우리 몸에는 인간이 가진 세포수보다 10배나 많은 미생물이 살고 있기 때문에 우리 몸에 있는 세포의 90퍼센트는 박테리아와 같은 미생물이라 할 수 있다. 이들 미생물은 음식을 소화시키거나 병원균을 막거나 하는 등의 매우 중요한 일을 하면서 인간이 생존하는 데 없어서는 안 될 존재가 되었다. 미생물 역시 살아가기 위한 기본적인 조건을 인간에게서 얻기 때문에 서로 없어서는 안 되는 실질적인 공생이 일어나고 있는 것이다. 사실 인간뿐 아니라 생물계는 대부분 이와 같은 공생관계에 의존해 살아가고 있다.

그렇다면 인간의 개체성 혹은 개별적 인간은 어떻게 규정할 수 있을까? 유전자 분석을 해보면 적어도 1천 종류 이상의 박테리아가 인간의 대장에 살고 있는 것을 확인할 수 있다. 그 외에도 피부, 입, 식도, 생식기 등에 많은 종류와 수의 박테리아가 살고 있다.[1] 이렇게 본다면 인간이라는 개체는 인간의 유전자를 가지고 발생되어 인간의 몸을 이룬 부분과 많은 종류의 미생물이 공생 체계를 이루면서 함께 살아가는 생명체라고 할 수 있다. 만약 이러한 공생 체계가 없다면 어떻게 될까? 세균을 모두 없앤 상태에서 태어나고 자란 쥐는 면역체계와 위장관 발달이 제대로 이루어지지 않는다는 것이 밝혀졌다.[2] 한마디로, 공생 체계가 없으면 생명을 유지하기 어려운 것이다.

사실 공생은 예외적인 현상이 아니라 진화를 이루는 데 필요한 또 하나의 기본적인 요건이라고 할 수 있는데 그렇다면 개체라는 개념 자체가 도전을 받는다고도 볼 수 있다. 지금까지 개체는 하나의 독립적인 생물체로 인식되어 왔고 또한 생물학에서 철학에 이르기까지 하나의 단위로 보는 데에 문제가 없었다. 지금까지의 많은 과학적, 철학적 주제는 개체를 대상으로 한 것이었고 오늘날까지도 우리는 사물을 볼 때 개체를 중심으로 본다. 그러나 이제는 인간을 볼 때 전통적인 개체라는 개념에서 벗어나 〈공생 복합체〉 혹은 〈확장된 개체〉로서의 생명체로 보는 것이 타당하다고 할 수 있다. 따라서 질병에 영향을 주는 요인을 평가할 때도 공생 미생물에 대한 평가가 같이 이루어져야 한다.

미생물과의 협력관계가 깨지면 우리는 질병에 걸린다

질병이란 궁극적으로 기나긴 시간에 걸쳐 진행되고 있는 진화의 과정에서 파생된 현상이라고 할 수 있다. 따라서 질병을 병리적 현상으로 이해한다 하더라도 역사적 관점에서도 보아야 할 필요가 있다. 그래야만 오늘날 문명이 질병의 발생에 미친 영향을 제대로 이해해 이를 완화시키거나 좋은 방향으로 바꿀 수 있다. 문명과 더불어 시작된 동물의 가축화는 야생동물과 인간이 함께 생활하는 환경을 만들었고 동물과 인간이 서로에게 의존하는 환경을 제공했다. 예를 들어 닭은 지금처럼 개체수가 많았던 적이 없었다. 닭은 인간에게 사육되면서 개체수가 크게 늘었고 생존을 절대적으로 인간에게 의지하게 되었다. 또 인간은 닭고기와 계란을 먹으면서 단백질, 지방 등의 영양분을 섭취하는데 이제는 닭고기와 계란이 없는 식생활은 생각하기 어렵게 되었다. 애초에는 먹거리의 안정적인 확보를 위해 시작된 가축화였지만 닭의 가축화는 크게 보면 인간과 닭의 공생의 한 형태라고 할 수 있다. 그런데 이러한 공생은 사람과 닭이 갖고 있는 미생물의 교류도 초래한다.

조류 바이러스에 의한 감염병은 공생의 한 측면에서 나타난 현상이라고 볼 수 있다. 닭이나 오리 같은 조류의 집단 사육은 마치 산업혁명 이후에 도시화가 감염병을 유행시킨 원인이 되었듯이 조류 감염병이 발생되기 쉬운 여건을 만들었다. 흑사병이 야생들쥐에서 집쥐로 균의 서식지를 옮긴 후 인간에게서 대유행을 했듯이, 병원균이 야생조류에서 집단 사육을 하는 닭이나 오리와 같은 조류로 서식지를 바꾸게 되면 조류 감염병의 유행을 일으킬 수 있게 되는 것이다. 그리고 병원균이 숙주를 조류에서 인간으로 일시적으로 옮기는 게 아니라 인간을 완전한 숙주로 하는 병원균의 변이가 생긴다면 조류 바이러스는 인간에게도 유행을 일으킬 수 있게 될 것이다.

따라서 동물의 가축화는 인간과 동물과의 공생 체계가 이루어지는 과정이라고 볼 수 있으며, 좀 더 넓게 보면 동물이 갖고 있는 미생물과 인간의 공생 가능성에 대한 탐색 과정이라고도 할 수 있다. 물론 탐색 시기에는 예측할 수 없는 결과들이 생길 수 있다. 새로운 바이러스 질환이나 세균에 의한 질환이 나타나 걷잡을 수 없는 결과를 초래할 수도 있는 것이다. 실은 공생 가능성에 대한 탐색은 지구 역사의 긴 여정에서 본다면 특별한 일은 아니다. 조류 바이러스가 조류에게 질병을 일으키는 것도 조류 바이러스와 조류 사이에 완전한 공생관계가 정립되지 못해서이다. 공생관계가 정립되었다면 조류 바이러스가 조류를 죽게 할 이유가 없다. 따라서 조류 바이러스가 사람에게도 감염을 일으키고 사람 간에 전파될 수 있는 형태로 변이가 이루어질 수도 있지만 이 역시 공생적 관계의 탐색이라 할 수 있다.

사실 사람의 몸 속에 들어 있는 수많은 미생물들은 사람과 공생관계를 이루어왔다. 처음 감염이 되었을 때는 독력이 상당히 커서 질병을 일으키고 사망을 일으키곤 하지만 점차 독력이 적은 개체가 번성하게 되어 질병을 일으키지 않다가 차츰 사람의 세포와 정보 교환을 하면서 서로 이익을 얻는 단계에까지 이르렀을 것이다. 감염을 일으킨 세균 중에서 다양한 유전자 변이가 생기게 되고 그 중 병원성이 약한 세균이 병원성이 큰 세균보다 생존력이 크다면 병원성이 약한 세균이 선택되는 것이다. 세균의 병원성이 클수록 숙주의 생명을 위협해 사망에 이르게 하기 쉬운데 숙주가 죽으면 세균도 살아갈 수 없기 때문에 이는 세균의 입장에서도 스스로의 생존을 위협하는 것이 된다. 세균은 자신이 갖고 있는 유전자의 변이에 의해 병원성을 변화시켜 가기도 하지만 세균 간의 유전자 교환, 즉 서로 정보를 교환하는 것을 통해서도 이 같은 과정을 거칠 수 있다.

인간과 공생관계를 형성하는 것은 박테리아의 경우 보다 분명하게 나타나지만 바이러스의 경우도 그럴 가능성이 많다. 에이즈, 에볼라, 조류 바이러스 등 현재에는 인류에게 위협을 가하는 바이러스가 언젠가는 인류에게 병을 일으키지 않고 공생하는 바이러스가 될 수도 있다. 물론 공생관계가 모든 경우에 다 만들어지는 것은 아니다. 사람이 바이러스나 박테리아 병원체에 대한 백신을 만들어 내거나 자연스럽게 면역이 형성된다면 공생관계 없이도 더 이상 사람의 몸에 들어와 질병을 일으키는 일은 생기지 않기 때문이다.

한편 바이러스가 감염을 일으키게 되면 생물체의 세포 내에 있는 유전자의 일부를 획득할 수 있는 기회를 얻게 되는데 이는 결국 바이러스가 생물체 간 유전자 교환의 매개체가 될 수 있다는 것을 의미한다. 예를 들어 어떤 동물을 감염시켰던 바이러스가 그 동물의 유전자 일부를 자신의 유전자 정보에 넣어서 갖고 있다가 이 바이러스가 다시 사람을 감염시키고 자신의 유전자 조각을 그 사람의 유전자에 붙인다면 유전자가 동물에서 사람으로 생물체 간에 전달되는 것이다. 이처럼 서로 계통적으로 동떨어진 생물체 간에도 바이러스를 통한 유전자 교류가 이루어질 수 있다. 사실 다른 생물종과 별개로 전혀 다른 유전자만으로 구성된 종이나 개체는 없다. 모든 생물체는 기본적으로 유전자 혼합에 의해 생겼다고 할 수도 있다. 공생 혹은 유전자 혼합은 생물체 생성과 진화의 예외적인 현상이 아니라 기본적인 원칙으로 보는 것이 더 타당할지 모른다. 따라서 건강이나 질병과 같은 생물체의 상태나 현상을 이해하고자 할 때에도 공생이나 유전자 혼합을 고려하지 않으면 안 되는 것이다.

미생물과의 공생,
질병을 막기 위한 인체의 중요한 방어 전략

병원체와 숙주인 사람의 관계는 〈균형〉을 이루려는 관계라고 할 수 있다. 즉 병원체가 사람의 몸에서 매우 빠르게 번식하면서 심한 질병을 일으켜 치명률을 높이는 경우 처음에는 병원체의 확산이 빠르게 일어날 수 있지만 감염된 사람이 죽거나 움직일 수 없게 되면 그 병원체가 사람 간에 전파될 수 있는 기회를 잃을 수 있다. 반면에 사람의 몸에서 느리게 번식하고 따라서 독력이 약해서 질병이 심하게 생기지 않는 경우 처음에는 병원체의 확산이 느리게 일어나지만 전체적으로 보면 사람 간에 전파할 수 있는 기회는 더 많이 생길 수 있다. 병원체는 이 두 가지 경우 중 하나를 전략으로 취하지만 대개는 같은 병원체라 하더라도 첫 번째 전략에서 두 번째 전략으로 바뀌갈 뿐 아니라 궁극적으로는 또 다른 전략을 택하게 된다. 즉 병원체와 숙주 상호 간에 이익을 얻음으로써 공생적 관계를 취하는 단계로까지 나아가게 된다. 포식자와 먹잇감의 관계도 사실 일방적으로 한쪽이 희생을 당하는 관계 같지만 먹잇감이 없어지면 포식자도 생존할 수 없기 때문에 서로 간에 공존할 수 있는 관계를 형성하게 된다. 각 개체가 이러한 원칙을 이해하고 실천한다고 볼 수는 없지만 생태계에는 어느 한쪽으로 쏠리지 않도록 조화를 이루려는 공생의 원칙이 관철되고 있다.

모든 생명체는 유전자를 후손에게 전달하려는 목적을 갖고 있고,

개체란 유전자를 후손에게 전달하는 하나의 단위를 말한다. 그런데 개체가 미생물과 공생관계에 있는 생물체를 말한다면 개체의 유전자는 사실 단순하지가 않다. 개체 역할을 하는 생물체에게는 숙주의 유전자만이 아니라 미생물 유전자의 역할도 필요하기 때문이다. 따라서 자연선택의 힘이 작용해 선택되는 개체는 숙주의 유전자가 우수해서 선택되는 것이라기보다는 숙주와 미생물을 하나의 공생 복합체로 보고 이를 이루는 전체 유전자의 우수성이 선택되는 것으로 볼 수도 있다. 이것은 숙주의 유전체가 다음 세대의 개체로 전달되며 이 과정에 자연선택의 압력이 작용하여 환경에 대한 적응이 이루어진다는 지금까지의 개념과는 다른 새로운 개념이다. 이러한 새로운 개념은 질병에 대한 이해뿐 아니라 치료 전략에도 상당한 영향을 미칠 수 있다.

최근에는 사람의 소화기, 호흡기, 피부, 생식기 등 인체 상피세포에 주로 존재하는 세균, 바이러스, 곰팡이 등의 미생물이 질병의 발생과 밀접한 연관이 있는 것으로 보고되고 있다. 미생물의 구성은 사람마다 각각 다르다고 알려져 있으며, 미생물 구성의 변이가 자폐증, 강직성 척추염, 장염, 비만 등에 이르는 다양한 질병들과 관계가 있는 것으로 보고되고 있다. 예를 들어 라르센 등은 당뇨병이 장내 세균의 다양성이 감소되는 것과 관련이 있다는 것을 확인했다. 또한 약 70만 개 정도 되는 장내 세균의 염기서열을 분석한 결과, 당뇨병과 비만이 피르미쿠테스와 박테로이데테스 계열 세균의 비율과 밀접한 관계가 있다는 것을 보고했다.[3]

이렇게 세균 분포의 변화가 질병의 위험도를 높일 수 있는 이유는 세균의 분포가 바뀌게 되면 사람의 면역이나 대사 기능에 영향을 줄 수 있기 때문이다. 공생은 다른 생물체와 협력해서 만들어 나가는 하나의 중요한 방어기전이다. 따라서 협력관계가 깨지거나 원활하지 않게 되면 방어 능력이 떨어져서 외부 노출 요인들에 대한 방어가 충분치 못하게 된다. 인간의 몸 안에서 일어나는 상당수의 질환은 이러한 공생의 관계가 깨지면서 생기는 것으로 볼 수 있다.

미생물은 인체의 에너지 및 영양소 생산에 관여할 뿐 아니라 면역과 같은 방어 체계를 이루는 중요한 하나의 시스템이다. 따라서 이러한 미생물 시스템이 식이습관, 화학물질 등과 같은 외부 노출 시스템과 인체 내부의 면역 및 대사와 같은 방어 시스템들과 어떻게 유기적으로 연결되어 있고 작용하는지를 이해하는 것이 중요하다. 또한 공생의 관계가 조화와 균형을 이루지 못할 때 유발되거나 증가되는 질병을 파악하고 공생의 관계를 유지하는 방향으로 질병의 치료가 이루어져야 한다. 즉 장내에 정상적으로 있는 미생물을 강화시키거나 최적의 상태로 유지할 수 있도록 음식 섭취를 개선하거나 필요한 경우 직접 미생물 약제를 투여하고 이를 모니터링해 미생물과의 공생이 질병을 예방하거나 치료하는 역할을 충분히 할 수 있게 해야 한다. 질병을 종식시키기 위해서는 이와 같이 미생물과의 공생이 건강과 질병에 미치는 영향을 잘 이해하고 이를 적극적으로 활용하는 것이 중요하다.

10

독성물질에 대한 방어를 강화해야 한다

(독물대사 시스템)

우리 몸의 가장 중심적인 방어 전략

생물체들은 서로서로 협력하고 의지하면서 삶을 영위하기도 하지만 자신의 생존을 위해 서로를 적대시하고 경쟁하는 생존 경쟁 또한 치열하게 한다. 약 5억 년 전 즈음에 생물체가 바다에서 육지로 이동해 거주하기 시작했을 때 식물은 육지의 한곳에 정착해 사는 방법을 택했다. 식물의 세포 속으로 들어가 식물과 공생관계를 이룬 엽록소 덕분에 태양에너지를 받아서 이용하면 에너지를 얻을 수 있기 때문에 굳이 이동을 하면서 먹이를 구할 필요가 없었기 때문이다. 하지만 대신에 식물은 이동성이 없기 때문에 움직이는 동물의 공격을 막아내는 방법이 필요했다. 즉 식물은 동물에게 먹혀서 멸종되는 것을 막기 위해 방어기전을 개발하게 되었는데 이렇게 만들어진 방법 중의 하나가 독이 있거나 자극을 주는 화학물질을 만들어 내는 것이다. 먹으면 사망할 수 있는 독을 가진 버섯이나 인체에 접촉되면 두드러기와 같은 알레르기 반응을 일으키는 식물들이 그 예라고 할 수 있다. 반면에 동물은 식물을 먹지 않고는 살아갈 수 없기 때문에 식물이 만들어낸 화학물질에 대한 동물의 독물대사 작용 역시 자연선택의 오랜 과정을 거쳐서 만들어졌다.

최근에 해독이란 말은 해로운 영향을 제거한다는 의미로 광범위하게 사용되고 있다. 해독주스나 장청소와 같이 우리 몸 안에 있는 나쁜 영향을 없애기 위한 행위를 나타낼 때 많이 사용된다. 그런데 원래 해독이라는 말은 해로운 물질이 들어왔을 때 이를 대사시켜서 해롭지 않은 물질로 변화시켜 가는 독물대사 작용을 나타내는 말이다. 대개는 간에 있는 여러 가지 효소가 관여해서 독소를 무력화시킨 후에 혈액에 녹여서 신장을 통해 바깥으로 배출시키는 과정을 의미한다. 이 같은 해독 과정은 익숙지 않은 새로운 화학물질이 외부에서 들어왔을 때 이를 제거하는 가장 중요한 기전이라고 할 수 있다.

우리는 일상생활 중에 음식이나 약물 혹은 주변 환경을 통해 여러 가지 화학물질에 노출된다. 그런데 이 중 상당수는 과거 수렵채집 시기에 노출되었던 것들과는 다르다. 특히 산업혁명 이후에 사람들이 만들어낸 독성물질은 수렵채집 시기의 화학물질과는 확연히 다를 뿐 아니라 노출되는 양도 훨씬 많다. 그런데 사람이 갖추고 있는 독물대사 시스템은 거의 대부분 산업혁명 이전에 만들어진 것이다. 그 중에는 우유 섭취와 관련이 있는 젖당 대사 능력의 차이와 같이 문명이 시작된 이후 유전자 변이에 의해 새롭게 형성된 부분도 있지만 대부분의 독물대사 시스템은 수렵채집 시기에 만들어졌다. 따라서 새롭게 사람에게 노출되는 화학물질들도 수렵채집 시기에 만들어진 독물대사 시스템을 통해 해독되게 된다.

그런데 놀라운 점은 사람의 독물대사 시스템은 새로운 화학물질이 인체에 들어오는 경우에도 해독시킬 수 있는 능력을 어느 정도는 갖추었다는 점이다. 왜냐하면 독물대사 시스템은 여러 종류의 단백질이 여러 단계에 걸쳐서 작용하는 복합적인 프로그램으로 이루어져 있어서 상당히 융통성이 있기 때문이다. 그러나 이 복잡하고 훌륭한 독물대사 시스템도 독성물질의 과다한 공격을 모두 다 막아낼 수는 없다. 어떤 독성물질은 독물대사 과정을 거치지 않고 바로 독성을 나타낼 수도 있고 또 일부 물질은 독물대사 과정을 거치면서 오히려 독성이 더 증가되기도 한다.

독물대사 시스템은 한편으로는 우리 몸에서 다양하게 활용하다가 남은 호르몬이나 신경전달물질, 비타민, 그리고 염증 반응 물질 등을 바깥으로 배출시키는 데도 중요한 역할을 한다. 이러한 물질이 사용되고 난 후에도 계속 몸 안에 남아 있으면 우리 몸은 조절 기능을 잃게 된다. 따라서 독물대사 과정은 단순하게 독성물질만을 제거하는 작용이라기보다는 우리 몸 안에 필요한 물질의 균형을 확보하기 위한 작용이라고도 볼 수 있다. 또한 외부에서 유입되거나 내부에서 생성되는 물질의 독성을 줄여서 건강을 확보하는 가장 중심적인 방어 전략이라고도 할 수 있다. 독물대사 시스템이 정상적인 역할을 하지 못하면 간질환, 신경퇴행성질환, 당뇨병 등 만성적인 질환이 초래되거나 악화될 수 있다. 따라서 이러한 방어 전략을 충분히 활용하고 필요한 지원을 하는 것이 질병을 예방하고 치료하는 데 있어서 매우 중요하다.

독물대사 능력 자체는 개인의 생활습관, 환경 노출 정도, 유전적 특성에 따라 달라지기 때문에 이러한 요인들이 변할 때 독물대사 시스템이 작동하는 정도도 달라진다. 예를 들어 술을 많이 마셔서 간 기능이 떨어져 있는 경우 독성 화학물질에 대한 대사 능력이 떨어지기 때문에 이때는 정상적인 간 기능을 가진 사람에 비해 화학물질에 의한 독성 효과가 더 크게 나타날 수 있다. 더욱이 알코올이나 독성 화학물질을 대사하는 능력과 관련된 유전자의 변이는 비교적 흔하기 때문에 이 경우에는 유전적 특성도 중요한 역할을 한다. 결국 독성에 대한 평가는 생활습관이나 생활환경에서 노출되는 모든 물질에 대한 평가와 함께 유전적 특성, 대사 기능, 그리고 임상적인 상태가 함께 고려될 때 제대로 이루어질 수 있다.

몸 속 단백질들이 서로 협력해서 독성물질을 제거한다

식물은 자신을 먹으려고 하는 동물에게 독을 주거나 신경에 영향을 미쳐서 혼란에 빠지게 하는 등의 방어기전을 발달시켰다. 반면 식물의 그 같은 독성을 극복해야 할 뿐만 아니라 식물을 먹어서 에너지원이나 영양소로 사용하려는 동물은 그만큼 화학물질의 독성을 제거하는 효소를 발달시켰다. 특히 화학물질 대사의 근간을 이루는 시토크롬cytochrome P450 효소 시스템은 매우 복잡하고 정교한 독물대사 체계를 이루고 있는데 이는 수없이 많은 식물 독을 해독하기 위해 오랜 시간에 걸쳐 만들어진 결과이다.[4] 사실 시토크롬 효소 시스템은 단백질군 중에서 가장 다양한 종류를 가진 단백질군이라고도 할 수 있다. 따라서 이 효소 시스템은 산업혁명 이후에 새롭게 등장한 화학물질들도 어느 정도 처리할 수 있는 기반을 갖추었다. 문제는 이 역시 모든 화학물질을 완벽하게 처리할 수 있는 시스템은 아니라는 점이다.

시토크롬 효소 시스템의 대사 과정은 외부에서 들어온 화학물질에 산소를 붙이는 것으로 시작한다. 이는 화학물질을 물에 잘 녹게 해 우리 몸에서 배출하기 쉽게 하려는 것이다. 벤젠이라는 독성 화학물질을 보자. 벤젠이 우리 몸에 들어오면 시토크롬 효소 시스템이 산소를 붙여서 벤젠옥사이드로 만들고 이는 다시 여러 효소 작용을 거쳐서 페놀이 되었다가 벤조퀴논 같은 물질이 되어 소변으로 배출된다. 그런데 벤젠이 시토크롬 효소 시스템에 의해 대사되는 과정 중에 만들어지는 페놀이나 벤조퀴논 같은 물질은 벤젠보다도 독성이 더 커서 DNA나 세포 내 단백질들을 손상시킬 수 있다. 결국 벤젠에 노출되면 여러 가지 중간독성물질들이 만들어지고 이는 유전자 혹은 효소와 같은 세포 내의 중요한 구조나 기능에 나쁜 영향을 미친다. 변화된 유전자나 효소가 자기의 역할을 제대로 못하게 되면 여러 가지 건강 영향이 나타날 수 있다.

오늘날 우리 인체가 갖고 있는 대사를 이용한 해독기전은 기본적으로 우리 몸 안에 들어온 독성물질을 간에서 분해해 물에 녹을 수 있게 처리한 다음 소변을 통해 배출하도록 설계되었다. 원래 대사기전이 갖추어진 이유는 음식을 통해 얻은 다양한 영양물질을 분해해 물에 녹을 수 있게 처리한 다음 혈액을 이용해 영양소를 필요로 하는 조직의 세포에 도달하게 하기 위해서이다. 이때 영양소는 세포에 도달한 다음에 세포 안으로 들어가야 하는데 세포막은 지질로 구성되어 있어서 물에 녹을 수 있게 수용성으로 만들어진 영양소는 직접 들어갈 수가 없다. 따라서 세포막에는 필요한 영양소를 골라서 세포 안으로 들어가게 할 수 있는 특별한 전달단백질이 들어 있다.

다소 복잡해 보이지만 간단히 요약하자면, 들어온 음식을 수용성 영양소로 대사시킨 다음 혈액을 이용해 세포에 도달하게 하고 다시 전달단백질을 이용해 영양소를 세포 안으로 들어가게 하는 여러 단계의 기전이 갖추어져 있는 것이다. 아마도 여러 단계의 기전이 있는 이유는 여러 가지 외부 물질을 혈액 속에 녹인 다음에 필요한 영양소만을 선별적으로 세포에서 이용하고자 했기 때문일 것이다. 즉 세포가 필요로 하지 않는 영양물질이나 독성물질이 세포 안으로 들어가지 못하도록 하는 시스템인 것이다. 그렇지만 원래 독성물질 자체가 지방 성분에 녹을 수 있는 지용성인 경우에는 간을 거쳐서 모두 수용성 물질로 대사되지 않고 일부는 지용성인 상태 그대로 혈액 내에 존재할 수 있다. 이 경우 지용성 독성물질은 지질 성분으로 이루어진 세포막을 그대로 통과해 세포 안으로 들어갈 수가 있다. 그러나 독성물질을 처리하는 시스템은 세포 안에 불필요하거나 독이 있는 물질이 들어오는 것까지 고려해 만들어졌다. 세포 안에서도 어느 정도 독성물질의 처리가 이루어질 수 있는 것이다. 즉 독성물질을 세포 안에서 꺼낼 수 있는 독성물질 결합단백질이 있어서 독성물질을 세포 밖으로 끄집어낸 후 소변으로 배설되게 한다. 요약하자면 독성물질의 변환, 결합, 이동에 관련된 독성물질 처리단백질들이 서로 협력해서 독성물질을 제거하는 것이다.

그런데 독성물질 처리단백질들은 한 가지 종류의 독성물질만을 처리하는 것이 아니라 대개 여러 종류의 독성물질에 관여한다. 또한 그들은 우리 몸에 항상 일정한 양으로 있는 것이 아니라 독성물질이 많이 들어오면 그만큼 많아지고 독성물질이 적으면 그만큼 적어져서 불필요하게 자신들이 남아돌지 않게 한다. 이러한 유연성은 우리 몸이 환경에 보다 잘 적응할 수 있도록 하기 위해서, 그리고 한편으로는 우리 몸에 정상적으로 필요한 물질이 제거되지 않도록 하기 위해서 갖추어졌다고 볼 수 있다.

한편 벤젠 대사에서와 같이 지용성 독성물질을 수용성으로 변환시키는 단계에서 종종 독성이 더 커지고 암을 일으키는 중간독성물질들이 생기는 경우들이 있다. 따라서 독성물질 결합단백질의 역할이 해독 과정에서 매우 중요하다. 단순하게 독성물질과 결합해 독성을 제거하는 역할뿐 아니라 유전자에 독성물질이 결합되거나 단백질이 손상되는 것을 막는 역할도 하기 때문이다. 따라서 시토크롬 효소 시스템뿐 아니라 독성물질 결합단백질을 만들어 내고 조절하는 역할을 하는 단백질이 해독 작용을 지휘하고 책임을 지는 중요한 역할을 한다. 예를 들어 Nrf2는 독성물질이 세포 안에 들어오게 되었을 때 항산화 반응을 조절하는 단백질이다.[5] 정상적인 경우라면 Nrf2는 세포질에서 불활성화된 상태로 있지만 세포 안에 들어온 독성물질 때문에 산화스트레스가 많아지면 핵 안으로 이동해서 독성물질 결합단백질과 같은 해독 작용 단백질들을 만들어 내는 유전자를 활성화시킨다. 따라서 Nrf2를 활성화시키는 역할을 하는 브로콜리, 녹차, 마늘, 블루베리 등을 섭취하면 해독 능력이 강화될 수 있다.

이처럼 독성물질을 수용성으로 변환시키는 과정에서 독성이 더 크게 나타나는 경우들이 있기 때문에 변환된 물질과 결합하는 단백질이 얼마나 빠르게 작용하는지에 따라서 독성의 결과가 다르게 나타날 수 있다. 독성물질 변환단백질과 결합단백질의 활성화 정도가 균형을 잃어서 독성물질의 수용성 변환은 많이 일어나는 데 비해 이에 결합하는 단백질이 부족하게 되면 독성이 커져서 세포는 손상을 받게 될 수 있다. 따라서 독성물질 변환단백질과 결합단백질의 균형을 깨는 요인을 알고 이를 제거하는 것도 매우 중요하다. 그 균형을 깨는 요인으로는 술, 담배, 약물, 노화 등이 있다.[6] 예를 들어 타이레놀로 잘 알려진 아세트아미노펜을 과다하게 사용하게 되면 독성물질 결합단백질이 소진되어서 산화스트레스가 증가해 간세포에 상당한 손상을 줄 수 있다.[7] 이 경우에는 독성물질 결합단백질을 만들어 내는 약물을 주어서 독성물질 변환단백질과 결합단백질의 균형을 맞춰주어야 손상을 막을 수 있다. 따라서 이러한 단백질에 대한 자세한 정보를 알아야 적절하게 균형을 맞출 수 있는데 이를 위해서는 유전체, 단백체, 대사체 등과 같이 독성물질 대사와 관련되어 있는 시스템에 대한 자세한 정보가 필요하다.

독성 화학물질이 산화스트레스를 일으키는 중심 요인이다

세포 내의 미토콘드리아는 영양소와 산소를 이용해 에너지를 만들어 내는데 그 과정에서 산화스트레스와 관련된 반응성 산소기들 역시 만들어 낸다. 이 반응성 산소기들은 그냥 버려지는 것이 아니라 세포 내의 소기관들과 분자들이 서로 정보를 교환하는 메신저로 활용되기도 하고, 외부에서 유입되는 독성물질이나 대사 과정에서 만들어지는 중간독성물질들을 산화시켜 독성을 없애거나 줄이는 데 활용되기도 한다. 또한 세포 조절 유전자를 활성화시켜서 세포 활동에 상당한 영향을 주는데 경우에 따라서는 기능이 떨어진 세포의 자살을 유도하기도 한다. 그러나 반응성 산소기가 지나치게 많이 생성되면 해로운 반응을 일으키기도 한다. 즉 우리 몸의 또 다른 방어기전인 염증을 일으키는 화학인자들을 활성화시켜서 염증을 유발하기도 하는데, 염증은 심혈관계질환이나 신경퇴행성질환, 우울증과 같은 만성질환 및 후기만성질환을 악화시키는 매우 중요한 요인이다.

반응성 산소기들은 독성물질 대사 시스템에 의해서 독성 화학물질이 대사될 때에도 흔히 만들어진다. 지용성 독성물질을 수용성으로 변환시키는 데 산소가 활용되고 그 부산물로 반응성 산소기들이 생산되기 때문이다. 따라서 독성 화학물질에 많이 노출될수록 반응성 산소기가 많이 만들어진다고 할 수 있다. 다행스러운 점은 반응성 산소기가 세포 내에 너무 많이 있으면 해로운 산화스트레스 반응이 생기기 때문에 세포 내에는 이를 막기 위한 항산화 시스템도 같이 존재한다는 것이다. 잉여 생산이 된 반응성 산소기들이 세포 내에 있는 미토콘드리아나 핵 내의 DNA 혹은 다른 분자 구조물, 또는 세포막이나 핵막과 같이 지질로 이루어진 막 구조물을 공격해 정상적인 세포의 기능을 떨어뜨릴 수 있기 때문이다. 한편 이러한 공격은 대개 특정 분자나 세포 내 구조물을 대상으로 하는 것이 아니라 무차별적으로 이루어지기 때문에 고혈압, 당뇨병, 심장질환, 암과 같은 여러 가지 질병이 해로운 산화스트레스 반응에 의해 비특이적으로 나타나는 이유이기도 하다.

항산화 시스템은 과거에 외부에서 들어오는 독성물질들의 수와 양이 적을 때 만들어진 시스템이다. 따라서 오늘날과 같이 수많은 화학물질에 끊임없이 노출되는 생활환경에서는 반응성 산소기 생산이 너무 많아서 이를 해소하기에는 역부족인 낡은 시스템이라고 할 수 있다. 사실 수많은 화학물질이 인체 내에서 반응성 산소기를 만들어 내어 산화스트레스를 초래하고 있는데 산화스트레스는 여러 가지 만성질환 및 후기만성질환을 유발하거나 악화시키는 중심 요인이다. 따라서 반응성 산소기의 생산과 항산화 시스템의 활동이 균형을 이루게끔 만들어 주는 노력이 매우 필요하다. 반응성 산소기의 생산을 줄이기 위해서는 생활환경에서 노출되는 모든 화학물질에 대한 정보가 있어야 하고 어떠한 노출이 얼마나 기여하는지를 알아야 한다. 즉 독성물질 노출에 대한 자세한 정보를 활용해 독물대사 시스템에 미치는 영향을 평가할 수 있어야 반응성 산소기의 영향을 정확하게 알고 이를 관리할 수 있다.

동시에 항산화 시스템을 보강하는 노력도 동반되어야 하는데 야채, 과일과 같이 항산화 성분이 많이 들어 있는 식품의 섭취 혹은 항산화 비타민과 같은 영양제 복용 등을 그 예로 들 수 있다. 그런데 이 역시 항산화 성분이 우리 몸에 얼마나 있고 충분히 기능을 하고 있는지를 알고 있어야 가능하다. 따라서 반응성 산소기의 생산과 관련된 독성물질 노출의 평가와 함께 항산화 시스템 기능을 지속적으로 모니터링하면서 산화스트레스를 줄이는 방법을 적용하는 것이 만성질환 및 후기만성질환을 예방하고 치료하는 데 있어서 매우 중요하다.

질병 예방의 첫걸음,
독성물질과의 접촉 피하기

우리에게 노출되는 모든 종류의 독성물질과 이로 인해 나타나는 인체의 반응물질들을 모두 검사해 그 관련성을 알 수 있다면 어떤 물질을 회피해야 하고 어떤 영양소 복용이나 약물 치료를 받아야 하는지 알 수 있을 것이다. 그런데 문제는 특정한 독성물질과 특정한 인체 영향이 배타적으로 1 대 1의 관련성을 갖는 경우보다 다양한 독성물질과 다양한 인체 영향이 동일한 반응을 거치는 경우가 더 많다는 것이다. 즉 상당히 많은 독성물질들이 산화스트레스나 염증 반응과 같은 동일한 반응을 초래하고 이러한 반응이 특정한 질환이 아니라 다양한 질환으로 이어질 수 있는 것이다. 따라서 이렇게 동일한 반응기전에 영향을 주는 다양한 노출 요인을 모두 확인하고 적절한 관리 방안을 찾아야 만성질환이나 후기만성질환에 미치는 영향을 제거할 수 있다. 또한 여러 가지 다양한 독성물질들이 동일한 반응기전을 통해서 작용하기 때문에 일상생활에서 가능한 한 독성물질의 전체 노출을 줄이도록 실천하는 것도 중요하다.

독성물질이 우리 몸에 들어오는 가장 중요한 통로는 먹거리이다. 따라서 음식이나 음료를 통해 우리 몸에 들어오는 독성물질을 막기 위한 가장 기본적인 방법은 적게 먹는 것이다. 기원전 3500년경 인도에서 발생한 아유르베다 의학의 중요한 원칙 중의 하나가 판차카르마pancha karma인데 음식 섭취를 점차 줄이고 명상이나 걷기 등을 통해 장을 깨끗이 함으로써 질병을 예방하고 정신적 안정을 얻고자 했다. 오늘날에도 음식을 줄여서 건강과 안정을 얻고자 하는 노력은 매우 중요한 건강 관리 방법이라고 할 수 있다. 예를 들어 쌀을 통해서 영양소인 탄수화물뿐 아니라 카드뮴이나 비소 같은 중금속이 같이

들어오고 음식을 담는 플라스틱 용기를 통해 프탈레이트와 같은 환경호르몬이 들어온다. 따라서 음식의 과다 섭취는 비만이나 여러 가지 만성질환을 초래하기도 하지만 독성물질이 지나치게 우리 몸에 들어오게 되는 중요한 이유가 되기도 한다. 또 요리를 어떻게 하느냐에 따라 원래는 안전했던 물질이 독성이 있는 물질로 바뀌기도 한다. 햄버거를 구울 때 고기가 탄 부분에는 헤테로사이클릭아민이나 다환방향족탄화수소 같은 독성물질이 만들어진다.[8] 과일이나 채소를 먹을 때는 잔류된 농약이 우리 몸에 들어올 수도 있다. 이러한 물질들이 우리 몸에 들어오면 해독을 위해서 독물대사 과정을 거치게 되는데 그 과정 중에 초과 발생된 반응성 산소기들이 염증을 일으키거나 유전자에 영향을 주어서 당뇨병이나 암과 같은 각종 만성질환들을 초래할 수 있는 것이다. 따라서 일상생활에 필요한 에너지를 공급받기 위한 적당량의 음식 이상을 섭취하지 않는 것도 만성질환 예방을 위해서 매우 중요하다.

음식을 먹을 때 말고도 숨을 쉬면서 공기를 들이마실 때도 환경 독성물질이 우리 몸 안에 들어올 수 있다. 대기 속에 있는 미세먼지에 붙어 있는 중금속이나 다환방향족탄화수소와 같은 독성물질, 그리고 집이나 사무실에 새로 들여놓은 가구 등에서 나오는 톨루엔이나 폼알데히드 같은 휘발성 유기화학물질 등은 일상생활에서 흔히 접하게 되는 독성물질이다. 이들 화학물질이 호흡기를 통해 우리 몸 안으로 들어오게 되면 대사 과정을 거치면서 산화스트레스를 초래해 간이나 심혈관계, 신경계 등에 상당한 영향을 줄 수 있다.

독물대사 시스템은 기본적으로 다양한 독성물질을 제거하기 위해 갖추어진 방어기전이기는 하지만 산업혁명 이후에 등장한 새로운 화학물질까지 안전하게 제거시키는 기전은 충분히 갖추지 못했다. 따라서 이러한 화학물질들이 대사되면서 산화스트레스가 초래되는 경우들이 자주 발생하는 것이다. 현재 인간이 갖춘 독물대사 시스템과 항산화 시스템으로는 독성물질에 완벽하게 대응하기 어렵기 때문에 결국은 독성물질을 가능한 한 피하는 것이 가장 좋은 전략이라고 할 수 있다.

한편 각 개인에게 맞는 정확한 지침을 주기 위해서는 외적인 모든 노출 요인, 인체 내부의 독물대사와 산화스트레스 상태, 유전자 및 인체 반응기전, 그리고 현재의 질병 상태를 갖고 평가해야 한다. 이러한 정보를 이용해 항산화 시스템을 보강하면서 그 후에 변화되는 요소들을 계속적으로 모니터링해서 피드백하는 시스템을 갖춘다면 만성질환 및 후기만성질환을 예방하거나 악화되는 것을 막을 수 있다. 질병의 종식을 위해서는 이와 같이 시스템 의학적 접근을 통해 여러 가지 노출 정보와 함께 독물대사 시스템과 항산화 시스템을 지속적으로 모니터링하면서 강화시키는 전략을 취해야 한다.

11

외부 침입자로부터 자신을 지키는 면역 능력을 향상시켜야 한다

(면역 시스템)

면역,

외부 물질로부터 스스로를 보호하는 능력

영국의 에드워드 제너는 소젖을 짜던 여성 인부들이 우두에 걸려서 가볍게 병을 앓은 다음에는 천연두에 걸리지 않는다는 것을 알고는 1796년에 농장에서 일하는 제이미 핍스라는 어린 아이에게 우두환자의 고름을 접종해 보았다. 그 후 제이미는 가볍게 우두를 앓았지만 곧 나았고, 2달 뒤에 천연두 환자의 고름을 다시 제이미에게 접종해 본 다음 천연두에 걸리지 않는 것을 확인했다. 인도의 인두법人痘法보다는 거의 천 년 가까이 늦었지만 마침내 훨씬 안전한 우두 접종법이 성공을 거둔 것이다. 사실 제너는 면역 반응을 충분히 이해한 상태에서 실험을 한 것은 아니었다. 또한 오늘날의 기준으로 보면 윤리적이라고도 할 수 없는 실험이었다. 하지만 제너의 실험이 병원균에 대해서 거둔 놀라운 과학적 성과였다는 점을 부정할 수는 없다. 면역 반응을 이용해 무서운 감염병을 막는 효과적인 예방 접종이라는 방법이 처음으로 만들어졌기 때문이다.

면역이란, 자신을 외부 물질과 구분하고 대항함으로써 외부 물질의 침입으로부터 스스로를 보호하는 능력이다. 그런데 우리 몸에 공생하는 수많은 미생물들은 외부 물질임에도 불구하고 우리가 이들을 외부의 침입자로 여기지 않는 이유는 무엇일까? 이는 아마도 오랜 공진화의 과정을 통해 공생 미생물을 자신의 세포처럼 받아들이는 능력이 형성되었기 때문이라고 볼 수 있다. 사실 공생 미생물과의 관계는 면역 형성에 있어서 매우 중요하다. 예를 들어 태아는 면역 기능이 충분히 성숙되어 있지를 않아서 적절하게 자극을 주어서 면역 능력을 갖추어 가야 나중에 감염균 혹은 이물질이 몸 안에 들어올 때 이를 막아낼 수 있다. 태아는 태어날 때 산모의 질 안에 있는 미생물에 노출되는 것부터 시작해 이후에는 생활 주변에 정상적으로 존재하는 수많은 미생물에 지속적으로 노출되는데 이 미생물들이 아이의 면역 기능을 적절하게 발달시켜 주는 역할을 한다. 정상적으로 인체나 생활환경에 있는 미생물들과 접촉하면서 아이의 면역세포들은 미생물의 자극을 받아서 면역 기능을 성숙시켜갈 뿐 아니라 공생 미생물을 감염균이나 독성 이물질로부터 구분해 내는 능력을 형성한다. 어떻게 보면 아이의 면역 발달을 위한 자극을 미생물과의 공생관계를 통해 얻는 것으로 볼 수 있다. 미생물과 그 숙주인 인간은 단지 같이 살고 있을 뿐만 아니라 서로에게 적응하는 능력을 키워서 공생하는 관계를 만들어 가는 것이다.

면역은 원래 사람의 조직과 세포에 해로운 미생물체가 침입했을 때 이를 확인하고 물리치는 기능이지만, 한편으로는 사람과 미생물체의 공생적 관계 속에서 발달되어 왔다. 지구 어느 환경에서나 적응해 살고 있던 박테리아는 동물의 몸에서도 살 수 있게 되었는데, 동물은 박테리아에게 풍부한 영양소를 제공해 주는 장소가 되기 때문에 박테리아의 입장에서는 동물의 건강 상태가 자신이 살아가는 데 있어 매우 중요하다. 동물의 입장에서는 자신의 몸 안에서 살고 있는 박테리아가 음식을 소화시켜서 영양소로 변화시켜 주기 때문에 박테리아 없이는 살아갈 수가 없다. 그런데 대부분의 박테리아는 숙주 동물에게 이롭지만 일부 질병을 일으킬 수 있는 박테리아가 있다는 것이 문제이다. 따라서 이로운 박테리아와 해로운 박테리아를 구분할 수 있는 능력의 필요성이 동물의 면역 시스템을 발전시키는 역할을 해왔다고 볼 수 있다.

결국 박테리아와의 공생관계를 잘 이해하는 것이 면역교란질환에 대처하는 데 있어서 매우 중요하다. 실제로 실험을 통해 공생 박테리아가 임파구 세포에 자극을 주어서 세포 면역에 관여하는 T세포를 분화시키는 것이 밝혀졌는데 따라서 면역 기능의 형성에 박테리아가 매우 중요한 역할을 한다는 것을 알 수 있다.[9] 사실 우리는 생활환경에 있는 대부분의 미생물과 공생의 관계에 있다. 그리고 공생의 관계를 이루지 못해 질병을 일으킬 수 있는 병원균 혹은 낯선 이물질에 대해서는 이를 무력화시키기 위해 세포 면역과 항체 생산으로 대항한다. 또한 백혈구를 동원해 염증을 일으키는 작용을 하는 염증유발 물질을 생산하여 인체를 보호하는 방어기전도 갖고 있다.

방어를 위해 면역 체계는 기본적으로 자신과 타자를 구분하는 것에서 시작한다. 타자가 자신과 구분되어야 그것이 안전한지 위험한지를 감지할 수 있고 또 위험하다면 그 위험으로부터 자신을 방어해야 하기 때문이다. 면역은 대부분 미생물의 침입을 막기 위해서 만들어졌다고 볼 수 있는데 미생물이 갖고 있는 특정 부분을 인식해 자신과 미생물을 구분함으로써 방어 과정을 시작한다. 예를 들어 그람음성균의 세포벽에 존재하는 지질다당류와 같은 항원을 인식함으로써 균이 침입했다는 것을 알게 된다. 이후 사이토카인과 같은 염증유발 물질 혹은 반응성 산소기와 같은 생체 방어기전을 활성화해 침입한 균에 대한 방어를 시작하게 되는 것이다.

면역 시스템 혹은 면역 반응은 고정된 것이 아니라 끊임없이 변해왔고 또 변하고 있다. 최초 생물체의 탄생에서부터 인간이 가진 면역 시스템에 이르기까지 면역 반응을 일으키는 프로그램은 계속해서 발전해 왔다. 또한 한 개체의 삶 안에서도 태어나서 죽을 때까지 병원체와의 관계는 변해갈 뿐만 아니라 한 번의 감염 기간 내에서도 서로 다른 역할을 하는 면역 세포의 수와 비율이 변할 수 있다. 즉 면역 기능은 고정된 것이 아니라 병원체나 항원의 조건에 따라서 끊임없이 변한다.[10] 에이즈를 일으키는 HIV 바이러스와 같이 사람과 접촉해 감염을 일으킨 기간이 매우 짧은 경우는 사람이 아직 적절한 면역 체계를 갖추지 못했다. 따라서 바이러스와 사람 간의 공존의 방법을 찾지 못했기 때문에 서로 치열한 생존경쟁을 하며 감염된 경우 치명률 또한 매우 높다. 반면에 이따금씩 사마귀나 드물게 암을 일으키는 파필로마 바이러스는 상당히 오랜 기간 사람과 접촉해 왔고 실제 사람의 피부와 점막에서 흔히 발견되는 바이러스여서 대개는 임상적 소견이나 증상을 일으키지 않는다. 즉 파필로마 바이러스는 사람과 상당한 수준의 공존 체계를 이루고 있어서 바이러스가 피부나 점막에 존재한다고 해도 일반적인 조건에서는 바로 병을 일으키지는 않는다.[11]

두 단계로 이루어진 면역 방어막

면역이란 나와 다른 생물체 혹은 이물질을 인식하고 이들로부터 자신을 방어하기 위한 기전이다. 면역 시스템은 오랜 시간을 두고 진화해 오면서 갖추어졌는데 기본적으로 두 개의 하위 시스템, 즉 선천적 면역과 후천적 면역 시스템으로 구성되어 있다. 선천적 면역 시스템은 피부나 점막 같은 물리적 장벽을 통해 세균이나 바이러스가 들어오지 못하게 하는 면역 체계와, 염증을 일으키거나 미생물에 대항하는 물질을 분비해 침입한 균에 저항하는 면역 반응으로 이루어져 있다. 선천적 면역 시스템은 비특이적인 면역이라고 할 수 있는데, 비특이적이라는 뜻은 외부의 위협이 존재했을 때 그 위협의 특성을 파악해서 그 위협에만 해당하는 특이적인 반응을 하는 것이 아니라 일반적이고 기본적인 방어를 하는 것을 뜻한다.

눈물같이 미생물이나 이물질을 씻어내거나 기관지의 섬모운동과 같이 미생물이나 이물질을 기계적으로 밀어내는 방법이 선천적 면역 시스템에 속한다. 또한 침에 들어 있는 라이소자임 등의 효소로 세균을 파괴하는 방법이나 위산이나 질 내에 낮은 산도를 유지함으로써 화학적으로 균에 저항하는 방법 등도 있다. 한편 장내에 정상적으로 있는 균들은 다른 병원균들이 들어오지 못하게 막는 역할을 한다. 마치 적이 침입하는 걸 막는 방어군의 역할을 하는 것이다. 또한 염증 반응을 일으키는 데 동원되는 백혈구나 모세혈관을 확장하는 히스타민, 그리고 프로스타글란딘과 같이 대식세포를 유인함으로써 염증 반응을 유도하는 화학물질도 비특이적인 면역에 속한다. 특히 백혈구는 비특이적 면역에서 매우 중요한 역할을 하는데 병원균이 인체 안에 들어오게 되면 이에 맞서기 위해서 우선적으로 동원된다. 백혈구 중 대식세포에게 잡아먹힌 병원균은 대식세포 내에서 포식 작용에 의해 생긴 작은 물주머니 같은 곳에 들어가게 되고 그 안에서 소화효소에 의해 분해되거나 반응성 산소기에 의해 죽게 된다. 대식세포의 이 같은 활동은 외부 생물체를 먹이로 활용하던 원시적인 세포의 활동이 남아서 면역 시스템의 일부를 이루고 있는 것으로 볼 수 있다.

비특이적 면역 반응 중 하나가 바이러스가 침입했을 때 바이러스에 감염된 세포가 만들어 내는 인터페론이라는 단백질이다. 인터페론은 감염된 세포에서 바이러스가 합성되고 증식되는 것을 막는 중요한 역할을 한다. 바이러스는 세균과 달리 백혈구와 같은 방어 체계로는 막기가 어렵기 때문에 세포 안으로 들어간 바이러스가 퍼져 나가는 것을 막기 위해서 인터페론이라는 세포 내 방어 체계가 별도로 존재하는 것이다. 한편 병원균이 들어오게 되면 체온이 올라가서 열이 나는 현상이 동반된다. 병원균은 대부분 온도에 민감해서 체온이 높아지면 생존 능력이 떨어지기 때문에 병원균을 억제하기 위해 발열현상이 나타나는 것이다. 열이 지나치게 나면 인체의 정상적인 세포의 기능이 떨어져서 위험해질 수도 있지만 감염이 되어 열이 나는 현상도 하나의 비특이적 방어기전이라고 할 수 있다.

비특이적 면역 시스템을 뚫고 병원균이 들어왔을 때 이를 방어하는 체계가 특이적 면역 시스템인데 이때 특이적 면역 반응을 일으키는 외부인자를 항원이라고 한다. 즉 후천적 면역은 항원에 대한 특이적인 반응인데, 가장 중요한 특징은 한 번 접촉되었던 항원을 다시 접촉하게 되면 매우 신속하고도 강력한 면역 반응이 일어난다는 점이다. 후천적 면역 시스템은 B림프구가 중심이 되어서 활동하는 체액성 면역 반응과 T림프구가 중요한 역할을 하는 세포성 면역 반응으로 나눌 수 있다. B림프구들은 골수에 있는 줄기세포로부터 만들어진 후 혈액으로 빠져나와 활동하게 되며, T림프구 역시 골수에서 만들어진 다음 흉선에 들어가 있다가 조금씩 혈액으로 빠져나와 활동한다. 혈액으로 나온 림프구들은 기억과 인식에 의해 외부에서 침입한 병원체나 위험인자를 확인하고 이를 무력화시키기 위한 활동을 한다.

예를 들어 병원균의 침입이 있으면 병원균을 잡아먹은 대식세포가 T림프구나 B림프구에 정보를 전달해 대응 체계를 마련하게 한다. 이에 대해 T림프구는 침입한 세균이나 바이러스를 직접 죽일 수 있도록 세포독성 T림프구로 분화되고, B림프구는 침입한 균 정보를 이용해 이를 막을 수 있는 항체를 만들어 내는 형질세포로 분화된다. 이렇게 분화된 T림프구와 B림프구는 침입한 세균이나 바이러스가 활동을 못하도록 할 뿐만 아니라 병원균 정보를 세포 내에 기억하고 있기 때문에 나중에 다시 똑같은 균이 들어오는 경우 인체가 이를 막아낼 수 있는 능력을 갖게 되는 것이다.

후천적 면역 시스템이 항원에 대한 항체를 만드는 체액성 면역 반응뿐 아니라 세포성 면역 반응으로도 이루어져 있는 이유는 항원-항체 반응만으로는 충분한 방어 체계를 구축할 수 없는 경우들이 있기 때문이다. 바이러스는 항원-항체 반응을 피해서 세포 내에 들어가 감염시킬 수 있고 암세포와 같이 정상적인 세포의 조절을 벗어나 독립적이 된 세포는 항체만으로 방어할 수가 없다. 이런 경우 바이러스에 감염된 세포나 암세포를 제거하기 위해 동원되는 것이 바로 세포성 면역 반응이다. 즉 병든 세포를 직접 공격해 파괴하는 T림프구들이 활동을 하는 것이다. 바이러스뿐 아니라 곰팡이나 아메바와 같은 원생생물에 의한 감염에도 세포성 면역 반응이 중요한 역할을 한다.

면역 시스템은 이처럼 두 단계의 방어막으로 구성되어 있다고 볼 수 있다. 첫 번째 방어막인 비특이적 방어 체계는 마치 외부의 침입자를 막기 위한 〈성벽〉과 같다고 볼 수 있고, 두 번째 방어막인 특이적 방어 체계는 성벽을 뚫고 들어온 외부 침입자를 색출해 물리치는 〈경비병〉과 같다. 그런데 병원균과 같은 침입체가 과도해 이 두 단계 방어막을 모두 뚫고 들어오게 되면 감염병이 나타날 수 있고, 반면 미생물이나 이물질 등의 외부 침입체에 대한 방어 활동이 지나치게 큰 경우에는 알레르기성 질환이 나타날 수 있다. 한편 자가면역질환은 병원균이나 암세포와 같은 원인이 없는데도 불구하고 T림프구나 B림프구가 지나치게 활성화되어 자기 자신의 세포에 대한 면역반응을 나타나는 질환을 말한다.

아군과 적군을 구분하지 못해 생기는 질환들

면역 시스템은 병원균이나 이물질의 침입에 대항하기 위해 몇 단계에 걸쳐 정교하게 구축된 방어 체계를 이루고 있지만, 면역 시스템 자체가 끊임없이 변하는 공격과 방어의 과정 속에서 안정성을 잃어버리고 정상적인 기능을 발휘하지 못하는 경우들도 생긴다. 자신과 공생의 관계를 이루는 생태계와의 관계가 정상적으로 성립되지 못하고 공생 체계에 단절이 생겨서 자신의 정체성 혹은 아군과 적군에 대한 구분에 혼란이 생겨서 발생되는 질환을 면역교란질환이라고 할 수 있다. 이와 같이 면역 시스템의 교란에 의해 생기는 질병이 알레르기성 질환과 자가면역질환이다.

이 중 알레르기성 질환은 외부의 이물질이 우리 몸 안에 들어오거나 혹은 신체와 접촉했을 때 과도하게 이를 방어하려는 반응이다. 꽃가루, 곰팡이, 먼지 등은 그 자체의 독성이 크지 않고 심각한 감염을 일으키지도 않지만 알레르기 반응을 심하게 일으킬 수 있다. 이 같은 반응은 우리 몸 안에 외부 물질에 대해 인지하고 방어하는 체계가 충분히 성숙하지 못해서 약간의 자극에도 과도하게 반응하기 때문에 생기는 것이다. 알레르기성 비염이나 천식 또는 아토피와 같은 질환들은 이처럼 미성숙한 면역 반응 체계 때문에 생긴다. 한마디로 말하자면, 외부 침입체에 대한 면역 반응을 적절히 제어하지 못하기 때문에 발생하는 것이다.

또한 자신과 외부의 병원균을 구분하지 못하고 자신의 세포에 대한 항체를 만들어 공격하는 경우가 생기기도 하는데 이러한 경우에는 자가면역질환이 생긴다. 즉 면역 세포가 정상적인 기능을 하는 세포를 공격함으로써 공격을 받은 세포의 기능이 떨어져서 질병이 생기는 것이다. 예를 들어 적혈구에 대한 자가항체가 생겨서 적혈구에 붙어 세포를 파괴시키면 용혈성 빈혈이 생기고, 신경과 근육이 연결된 부분에 있는 아세틸콜린 수용체에 대한 자가항체가 생기면 신경신호를 전달하지 못해 중증 근무력증을 초래한다. 또한 갑상선 자극호르몬에 대한 자가항체는 갑상선 세포에서 호르몬을 충분히 만들어내지 못하게 하기 때문에 갑상선 기능 저하증을 일으키는 하시모토 갑상선염을 일으킨다.

사실 인체를 구성하는 세포들은 한 명의 사람이라는 개체를 이루지만 한편으로는 각자 서로 다른 세포들이다. 그런데 세포들은 서로가 같은 편이라는 표식들을 갖고 있기 때문에 이를 이용해서 면역 체계의 작동을 억제한다. 마치 전쟁 중에 있는 군인들이 아군과 적군을 구분하기 위한 표식을 이용해서 아군에 대한 오폭을 막는 것과 같다. 그런데 이러한 표식이 없어지거나 표식이 있어도 인식하지 못하게 되면 혼란을 겪게 되면서 아군을 공격하는 일이 생긴다. 인간의 세포 표면에는 인간백혈구항원과 같은 표식이 있어서 서로 다른 세포의 경우에도 같은 편이라는 인식을 할 수 있다. 그런데 자신과 타자를 인식하는 이와 같은 시스템이 혼란을 겪게 되면 외부 물질에 대해 지나친 반응을 보이거나 자신의 정상 세포에 대해서도 공격을 하게 되어 알레르기성 질환이나 자가면역질환이 나타나는 것이다.

면역 시스템에는 병원균이나 외부의 낯선 물질을 인식해 그것이 몸 안에 들어오는 것을 막는 기능 이외에도 자신의 내부에서 생겨날 수 있는 위험한 상황을 인식해 막는 기능도 있다. 따라서 외부 물질의 침입에 대항할 뿐 아니라 우리 몸을 보호하기 위해 내부 및 외부의 여러 가지 환경에 대처하는 시스템이기도 하다. 암세포에서는 인간백혈구항원과 같은 표식이 없어지기 때문에 자연살해세포natural killer cell가 그 세포를 같은 편 세포가 아닌 타자로 인식해 죽이게 된다. 그런데 이러한 인식 기능에 오류가 생기게 되면 암세포를 죽일 수가 없어서 여러 가지 암과 같은 질병이 발생하게 되는 것이다. 류머티스 관절염과 같은 경우는 관절을 둘러싼 조직 세포들에 대한 인식이 잘못되어 자신의 세포들을 타자로 인식해 공격함으로써 발생하는 질환이다. 이처럼 면역 시스템에 이상이 생기면 내부에서 생기는 위험을 감지하지 못하기 때문에 알레르기성 질환뿐만 아니라 암 또는 자가면역질환이 생길 수 있다.[12]

이들 질환이 생기는 이유는 면역 시스템이 정상적으로 작동하지 않아서이지만 한편으로는 면역 시스템을 만드는 데 결정적인 기여를 한 미생물과의 공생관계가 흔들렸기 때문이기도 하다. 위장관이나 점막에서 공생하는 세균은 인간의 면역 시스템 형성에 있어서 매우 중요한 역할을 한다. 정상적으로 위장관에서 살고 있는 세균은 항염증성 반응을 촉진해 다른 병원균이 염증을 일으키는 것을 억제해 장 내부의 표피층을 이루는 상피세포를 보호하는 역할을 한다. 그런데 위장관에서 정상적으로 살고 있는 세균의 총수나 다양성이 줄어든다면 이러한 보호 역할을 제대로 하지 못하게 된다. 대장상피세포의 연결 상태 또한 면역교란질환에 있어서 매우 중요하다. 대장상피세포는 촘촘히 연결되어 있지만 세포 간에 약간의 틈이 있고 이 틈을 통해 필요한 영양소가 들어오고 또 불필요한 물질들이 배출된다. 그런데 유전적으로 이 틈이 크거나 또는 대장상피세포가 손상된 경우 이 틈이 벌어져서 외부의 불필요한 물질들도 쉽게 몸 안으로 들어오게 되어 문제를 일으키는 것이다.

대장에 정상적으로 살고 있는 박테리아가 식생활 변화나 항생제 사용 등으로 줄어들게 되면 병원균이나 독성을 가진 박테리아가 상대적으로 더 많이 증식할 수 있는데 이들 박테리아들이 대장상피세포 간의 틈을 넓혀주는 역할을 한다. 한편 가공식품 섭취가 늘어나면서 과거에는 인식하지 못했던 새로운 물질들이 대장상피세포의 틈으로 계속해서 들어오게 되면 면역 시스템이 교란되기 쉽다. 이 때문에 자신과 타자를 구분하는 능력이 저하되면서 인체를 구성하는 자신의 세포에 대한 면역 반응이 나타나게 되는 것이다. 크론병이나 궤양성 대장염 같은 염증성 장질환은 대장상피세포의 틈이 크게 벌어지면서 면역 시스템의 교란이 일어나 자가면역 반응이 일어난 경우라고 할 수 있다.[13]

자가면역질환은 모두 합치면 거의 80종류나 되고 선진국에서는 암과 심장질환 다음으로 많은 질환이다.[14] 류머티스성 관절염과 같이 관절 부위에 주로 생기는 질환부터 시작해 백반증이나 경피증과 같이 피부에 나타나는 질환, 그리고 하시모토병이나 하시모토 갑상선염과 같이 갑상선에 나타나는 질환까지 매우 다양한 스펙트럼을 이룬다. 특히 1형 당뇨병처럼 과거에는 자가면역질환이 아니라고 알려졌으나 지금은 자가면역질환으로 분류되는 경우도 있다. 이와 같이 자가면역질환은 다양한 질환으로 나타나지만 서로 간에 상당히 유사한 증상이 많기 때문에 정확하게 진단하기가 어렵고 또 경우에 따라서는 두 개 이상의 질환이 동시에 나타나기도 한다. 이렇게 복잡한 양상을 나타내는 이유는 특정한 항원에 의해 특정한 자가면역질환이 나타나는 것이 아니라, 면역 시스템이 교란되면서 여러 가지 다양한 항원에 의해 다양한 양상의 질환이 나타나기 때문이다.

면역 기능을 정상화시키는 방법

자신과 타자를 구분하는 것은 간단한 것 같지만 사실은 그렇지 않다. 왜냐하면 우리 몸에 침입해 들어와 번식함으로써 생존을 이어나가려는 병원체는 자신과 타자를 구분하는 감시망을 뚫고 들어와 우리 몸의 방어 체계를 무력화시키려는 노력을 지속적으로 하기 때문이다. 결국 감시망을 정교하게 하려는 방어 체계와 이를 뚫고 들어오려는 병원체 간의 경쟁을 통해서 오늘날의 면역 시스템이 만들어졌고 이는 지금도 계속 변화의 과정 중에 있다. 이렇게 보면 면역 시스템은 인간의 생존을 위한 방어 체계이고 병원균이나 이물질에 대한 적응이 완전히 이루어져 평화적인 공존이 될 때까지 공격과 방어의 싸움은 지속될 것이다. 사실 면역 시스템은 매우 정교하게 얽혀져서 균형과 조화에 의해 작동되는 시스템이다. 따라서 단순하게 면역 기능을 전반적으로 증진시킬 수 있는 방법을 찾기는 어렵다. 그럼에도 불구하고 몇 가지 요인들은 면역 기능에 상당한 영향을 미치는 것으로 밝혀지고 있다.

나이가 들거나 스트레스를 많이 받거나 영양 섭취가 적절하지 않으면 면역 시스템이 약화된다. 인플루엔자가 유행할 때 젊은 성인의 경우 인플루엔자에 걸려도 대개 심각한 결과를 초래하지 않지만 노인들은 증상이 심해져서 병원에 입원하거나 혹은 사망에 이를 수 있다. 또한 영양 부족이나 비타민이 결핍되면 면역 기능은 상당히 저하되지만 균형 있는 영양 섭취를 하게 되면 다시 회복된다. 스트레스를 많이 받거나 우울이나 불안 증상이 있을 때에도 면역 기능이 억제되지만 기분이 좋아지면 면역 능력이 향상된다. 그리고 적절한 강도의 운동이나 신체활동을 규칙적으로 하는 경우에는 나이가 들어도 면역 기능을 회복하거나 유지할 수 있다. 또 면역 기능을 높여주는 야채, 콩, 견과류, 씨, 통곡물 등을 자주 먹고 요거트와 같이 장내 미생물 환경을 개선하는 음식, 그리고 오메가3와 같이 염증을 가라앉히는 영양소가 포함된 음식의 섭취를 늘리면 크게 도움이 된다. 그 외에도 소화 기능을 개선하는 소화제나 손상된 장의 회복력을 높이는 글루타민 같은 영양소 등도 면역 기능 강화에 도움이 된다. 결국 면역 기능을 개선하기 위해서는 적절한 식이섭취, 신체활동, 스트레스 관리 등 다양한 방법들을 활용해야 한다.

알레르기성 질환이나 자가면역질환에서 현재 사용되는 치료는 대부분 스테로이드 혹은 세포독성 약제들이다. 이들은 면역 반응을 억제하거나 조절하기 위해 사용되는 약제들이지만 정상적인 면역이 억제될 뿐 아니라 상당한 부작용들도 있어서 조심해서 사용해야 한다. 또한 면역 능력을 회복시키는 방법으로 면역 자극 요법이나 과민 반응 억제 치료와 같은 방법들이 개발되어 사용되고 있지만 아직까지는 뛰어난 효과가 있는 치료 방법이라고 하기는 어렵다. 따라서 정상적인 면역 반응을 저해하지 않고 질병과 관련된 병적인 면역 반응만을 선택적으로 제어하거나, 골수 이식 혹은 세포 재생과 같이 병적인 면역 시스템을 정상적인 면역 시스템으로 바꾸는 방법들이 개발되어야 한다. 또한 단순한 치료적 접근이 아니라 면역교란질환을 일으키는 다양하고 중층적인 요인들을 교정해 나가야 한다.

그런데 면역 시스템에 영향을 미치는 요인을 정확하게 파악하는 것은 단순하지가 않다. 특정한 노출 요인이 특정한 면역교란질환을 일으키는 경우는 사실 많지 않고 음식물 섭취에서부터 시작해 생활환경의 여러 가지 노출 요인들이 다양하게 영향을 미칠 수 있기 때문이다. 수많은 요인과 다양한 면역 반응, 그리고 여러 가지 면역질환이 복잡하게 연결되어 있는 것이다. 특히 면역 능력이 형성되는 시기가 대부분 태아에서 영유아에 이르는 시기여서 어렸을 때의 생활환경 노출에 대해서 상세히 모니터링하면서 관리하는 것이 중요하다. 또한 나이가 들어가면서 면역 능력 자체가 변하기 때문에 외적인 노출 요인과 내적인 반응을 시기별로 평가해 적절하게 관리해야 한다. 즉 면역교란질환은 병원체나 이물질에 대한 방어 시스템이 정상적으로 작동하지 못해서 생긴다는 것을 이해하고 질병 위험 요인에서부터 질환까지 포괄적인 시스템 의학적 접근이 이루어져야 면역교란질환을 줄여나갈 수 있다.

12

건강한
노화 과정을
거쳐야 한다
(건강노화 시스템)

가장 복잡한 시스템을 갖춘, 인간의 뇌

사람의 뇌는 부피가 1,350cc인데 이는 400-500cc 정도밖에 되지 않았던 오스트랄로피테쿠스의 뇌 부피에 비하면 3배 정도 큰 크기이다. 사실 사람의 뇌는 무게로는 몸무게의 2퍼센트 정도밖에 안 되지만 사람이 사용하는 에너지의 20퍼센트 정도를 사용하고 있어서 에너지 소모가 매우 큰 기관이다. 에너지 소모가 크면 생존을 하는데 불리해지지만 그럼에도 사람의 뇌가 커지게 된 이유는 뇌가 사용하는 에너지보다 뇌활동을 통해 얻는 이득이 더 컸기 때문에 뇌의 용량을 크게 하는 쪽으로 자연선택의 힘이 작용했기 때문일 것이다. 특히 선행인류인 호모 하빌리스 이후 본격적으로 뇌의 부피가 크게 증가했다. 그리고 호모 사피엔스가 등장하면서 복잡한 언어의 사용, 채식 위주에서 수렵 활동을 통해 얻은 다양한 먹거리의 섭취, 도구의 제작과 사용에 관련된 기술 경쟁 등에 의해 뇌의 크기는 더욱 커지게 되었다. 이러한 변화를 통해 인류는 의사소통, 미래에 대한 계획, 복잡한 문제 해결 등에 필요한 뛰어난 인식과 판단 능력을 갖추게 되었다.

뇌는 주변 환경을 인식하고 이에 대응하는 역할을 하는 인체 기관이어서 사회문화적 영향을 크게 받는다. 사람은 복잡한 사회문화적 영향 아래에서 살기 때문에 뇌세포의 미세한 연결망이 보다 정교하게 구성되었을 때 자연선택에서 유리한 위치를 점할 가능성이 높아진다. 또한 복잡한 사회문화적 영향을 받게 되면 유전자에 대한 자연선택뿐 아니라 후성유전 프로그램도 중요한 역할을 해 뇌의 연결망을 더욱 미세한 네트워크로 변화시킨다. 그런 면에서 각 사람의 뇌는 하나의 인체 기관이지만 사회문화적 시스템과 영향을 직접적으로 주고받는 네트워크의 일부라고도 할 수 있다. 예를 들어 질투나 욕망 등에 의해 어떤 사회적 행동을 하는 것은 타자와의 관계, 즉 사회문화적 시스템 안에 있다는 것을 나타내는 것이며 이때 뇌의 명령에 의해 수행된 사회적 행동은 타인 혹은 사회 공동체에 영향을 미친다.

복잡한 인식, 판단, 양심과 같은 뇌의 기능 혹은 가치관은 뇌세포로 구성된 복잡한 시스템의 활동 결과라고 할 수 있다. 그런데 다른 동물에 비해 매우 고차원적인 인간 뇌의 활동은 보다 단순한 동물의 뇌의 활동과 크게 다른 것은 아니다. 쥐와 같은 동물의 경우도 역시 같은 방법으로 운영되는 뇌를 갖고 있고 단지 복잡성의 수준만이 다를 뿐이다. 이와 같이 기본 구조가 같은 이유는 자연선택에 의해 확립된 뇌의 신경전달 시스템의 기본 구조가 바뀌지 않았기 때문이다. 따라서 오스트랄로피테쿠스와 같은 선행인류의 뇌와 현대인의 뇌의 기본적인 구조에 차이가 있다고 볼 수는 없다. 차이가 있다면 뇌세포들이 밀집해 있는 피질 부위가 크게 늘어났고 언어 관련 부위와 같은 특화된 부분들이 나타났다는 점이다. 그런데 피질이 커진다는 것은 피질 속에 있는 뇌세포의 양이 많아질 뿐 아니라 뇌세포의 연결망이 크게 늘어난다는 것을 뜻한다. 일반적으로 양적인 변화가 누적되면 질적인 변화를 초래하듯이, 뇌세포의 연결망이 늘어나면서 호모 사피엔스는 영장류를 포함한 지구상의 모든 생물체 중에서 가장 복잡하고 뛰어난 뇌 시스템을 갖게 된 것이다.

뇌에는 1,000억 개의 뇌 신경세포와 이를 연결하는 100조 개의 시냅스로 이루어진 복잡한 연결망이 있다. 그런데 사람의 뇌 시스템 운영 방식 중에서 매우 흥미로운 점은 뇌에 사령부와 같은 어떤 핵심 부위가 있고 그 부위에서 각종 정보들이 처리되어 인식, 판단, 계획 등을 수행하는 것이 아니라는 점이다. 그보다는 서로 다른 기능을 수행하는 정보 처리 영역이 여러 곳의 피질에 분산되어 있고 이 영역 간에 정보 교환이 이루어진다는 것이다. 따라서 정보 처리 방식은 위계질서에 의해 순차적으로 진행되는 것이 아니라 병렬적이며 상호관계적으로 이루어진다.[15] 이처럼 정보 처리가 중앙의 지휘를 받는 것이 아니라 분산형이기 때문에 어느 정도 시스템의 손상을 받아도 뇌는 충분히 이를 보완할 수 있는 여력을 갖고 있다. 예를 들어 뇌졸중과 같은 상당한 뇌 손상이 와도 이전의 인식 능력을 거의 회복하는 경우들을 종종 볼 수 있다. 이러한 처리 방식은 기본 정보 처리 방식은 변화시키지 않으면서 주변 환경에 대한 대응의 필요성에 따라 병렬적으로 복잡성을 늘려가는 방식으로 뇌 시스템이 발전해 왔기 때문이다.

그렇게 우수한 뇌인데도
왜 나이가 들면 신경퇴행성질환이 생기는 걸까?

전 세계적으로 60세 이상 노인의 인구수는 2015년에는 9억 명이었으나 2050년에는 20억 명을 넘게 될 것으로 예측되고 있다. 특히 초고령자인 80세 이상의 인구가 크게 늘어나고 있는데 2015년에는 초고령 노인의 수가 1억2천만 명이었으나 2050년에는 4억3천만 명으로 3배 이상 늘어날 것으로 추정된다. 2030년에는 노인의 수가 어린이의 수를 넘게 되어 세계는 본격적으로 〈노인 시대〉에 들어서게 될 것이다.[16]

노화는 불가피하게 신경 기능 저하를 동반하기 때문에 노인 인구가 많아지면 신경퇴행성질환이 늘어날 수밖에 없다. 그 중에서도 대표적인 질환이 중추신경계의 퇴행성질환인 알츠하이머병과 파킨슨병이다. 알츠하이머병은 치매를 일으키는 대표적인 질환이다. 현재 세계적으로 3천만 명 정도가 이 병을 앓고 있는데 2050년에는 노인 인구 증가와 함께 알츠하이머병 환자도 크게 늘어나 전체 인구 85명 중 1명은 이 병을 앓게 될 것이다. 파킨슨병은 알츠하이머병 다음으로 많이 발생되는 신경퇴행성질환으로, 60세 이상의 노인 인구 전체로 보면 1퍼센트 정도 발생하지만 80세 이상의 노인만으로 보면 4퍼센트 가까이 발생되는 질환이다. 알츠하이머병이나 파킨슨병이 앞으로 계속 늘어날 것으로 예측되는 이유는 나이가 많아지는 것이 가장 중요한 질병의 요인이기 때문이다. 즉 노화에 따라 신경퇴행성질환의 발생이 많아지기 때문인 것이다.

기억력 감소와 인지장애가 특징인 알츠하이머병이나 몸을 움직이거나 이동하는 데 장애가 생기는 파킨슨병은 뇌에 있는 단백질들이 서로 엉겨 붙는 현상 때문에 초래된다. 알츠하이머병에서는 아밀로이드 베타amylod-β와 타우tau라는 단백질이, 파킨슨병에서는 알파 시누클린α-synuclein이라는 단백질이 주로 엉겨 붙어서 질병을 일으킨다. 즉 정상적으로 뇌에 존재하는 단백질이 결과적으로 질병을 일으키는 셈이다. 사실 알파 시누클린은 신경세포의 기능과는 직접적인 관련이 없는 단백질이다. 파리나 벌레 같은 동물들은 알파 시누클린 단백질을 갖고 있지 않지만 신경세포가 기능을 하는 데 전혀 문제가 없다. 따라서 알파 시누클린은 신경세포의 기능과는 관련이 없는데도 우리의 뇌는 이러한 단백질을 만들어 내고 유지하는 데 상당한 에너지를 쓰고 있는 셈이다.

그렇다면 파리나 벌레보다 훨씬 우수한 뇌 시스템을 가진 인간에게 왜 신경세포의 기능과는 관련도 없는데 서로 엉겨 붙어서 신경퇴행성질환을 일으키는 단백질이 존재하게 된 것일까? 아마도 이들 단백질은 신경세포의 기능 자체에는 직접적인 역할을 하지 않아도 뇌가 보다 효율적으로 작동하는 데에는 중요한 역할을 했을 가능성이 크다. 즉 타우는 뇌가 정상적으로 발달하는 데 중요한 역할을 하고,[17] 알파 시누클린은 스트레스에 대처하는 데 중요한 역할을 하는 것으로 알려져 있다.[18] 그렇다면 왜 뇌 발달에 필요한 역할을 하는 타우 단백질이나 알파 시누클린에 변화가 생겨서 알츠하이머병이나 파킨슨병을 일으키는 것일까?

단백질은 보통 3백 개 정도의 아미노산이 연결되어 있는 3차원적 구조이다. 단백질들은 생성될 때 입체적 구조를 정확하게 이룰 수 있도록 정확한 각도로 주름이 접혀야 주어진 기능을 할 수 있다. 어쩌면 뇌에서는 타우 단백질이나 알파 시누클린이 입체적 구조를 이용해 신경세포에서 산출하는 신호를 전달하는 역할을 하고 있을지도 모른다. 이는 마치 반도체 회로기판이 정확하게 3차원의 입체적 구조를 갖고 있어야 회로를 따라 신호가 전달되어 기능을 수행할 수 있는 것과 같다. 이렇게 입체적 구조를 갖고 있는 단백질들이 서로 연결되어 뇌가 복잡한 기능을 수행할 수 있는 공간을 마련하는 것이다. 그런데 3차원적 구조의 단백질이 일정하게 배열을 유지하면서 정보 전달을 원활하게 유지하는 데에는 상당한 에너지가 필요하다.

이때 에너지는 뇌세포에 있는 미토콘드리아로부터 나오는데 나이가 들면서 미토콘드리아의 기능이 떨어지게 되어 단백질의 3차원적 구조를 유지하는 데 필요한 에너지를 충분히 공급하지 못하게 되는 것이 문제이다. 또한 세포 내에 주름이 정확하게 접히지 않은 단백질이 만들어지면 이를 제거해야 하는데 미토콘드리아 기능이 떨어지게 되면 이러한 단백질을 제거하는 능력도 떨어진다. 결국 3차원적 구조를 이루는 단백질들은 배열을 지탱하지 못하고 엉클어져서 서로 엉겨 붙는 상태가 되는 것이다.

뇌세포에 있는 미토콘드리아의 기능이 떨어지고 단백질이 엉겨 붙으면서 신경 기능의 가장 기본적인 역할을 하는 신경세포인 뉴런도 점차 없어진다. 엉겨 붙은 단백질이 신경세포를 죽게 만드는 직접적인 이유인지는 분명하지 않지만 많은 연구에서 단백질이 엉겨 붙으면 그 자체가 독성을 지닌다고 보고하고 있다. 알츠하이머병에서는 뇌피질에 있는 신경세포의 수가 줄어들면서 기억력 감소를 일으키고, 파킨슨병에서는 신경전달물질인 도파민을 만들어 내는 신경세포의 수가 적어지면서 도파민에 의해 조절되던 움직임이나 자세 등에 문제가 생기게 된다. 결국 기억력 감소와 같은 인지기능 저하나 활동장애가 생기는 신경퇴행성질환은 노화와 더불어 미토콘드리아의 기능이 떨어지게 되면서 뇌에 필요한 에너지를 제대로 공급하지 못하기 때문에 생기는 질환이라고 할 수 있다.

노화란,
젊음을 위하여 치러야 할 대가

수명이 늘어난다고 해서 모든 사람이 건강하게 노년을 맞이하는 것은 아니다. 나이가 들면서 활력을 잃고 정상적인 생활을 하기 힘들어지는 사람들도 상당히 많다. 노화 현상은 모든 사람에게 나타나지만 그 중에서 특히 나이가 들면서 체중이 줄어들고 쉽게 지치며 근력이 약화되는 상태를 노쇠frailty라고 할 수 있다.[19] 노쇠가 나타나는 비율은 65세 이상 노령 인구 전체 중에서는 14퍼센트에 해당되지만 85세 이상만을 보면 30퍼센트를 넘는다.[20] 따라서 초고령 인구가 크게 늘어난다는 것은 노쇠 상태에 있는 사람이 크게 늘어난다는 것을 의미한다.

노쇠의 원인은 노화 과정을 거치면서 뇌와 심장, 그리고 근육 등 주요 기관의 기능이 크게 떨어지기 때문이다. 나이가 든다는 것, 즉 노화란 연골이나 인대가 퇴화하고 피부나 혈관의 탄력성이 줄어들며 눈에 있는 수정체가 딱딱해지는 현상이 동반되는 것이기는 하지만, 기본적으로는 뇌나 심장, 근육 세포와 같이 더 이상 새롭게 생성되지 않고 오랫동안 살아 있는 세포가 점차 기능을 잃어가는 현상이라고 볼 수 있다. 이러한 변화들이 직접적으로 사망을 초래하지는 않는다 하더라도 일부 노인들의 경우는 정상적인 생활을 하기 어려울 정도로 허약하게 된다.

인체의 세포 중에서 더 이상 분화되거나 새롭게 생성되지 않는 세포로는 뇌와 같은 신경기관의 세포와 심장이나 팔, 다리 등의 근육에 있는 세포들을 들 수 있다. 이러한 세포들을 분화후세포postmitotic cell라고 하는데 이들은 늙어서 손상을 입어도 새로운 세포로 거의 대체되지 않는다. 노화 과정 중에 손상을 입은 세포를 새로운 세포로 대체하지 못한다면 결국 그 세포는 죽게 되어 세포수가 줄어들거나 살아 있다 하더라도 정상적인 기능을 하지 못하는 세포가 늘어나는 것이기 때문에 뇌나 심장, 근육 등의 기능이 떨어지는 것이다. 사실 뇌, 심장, 근육에도 줄기세포가 있어서 새로운 세포를 만들어낼 수는 있지만 다른 인체 기관과 비교하면 매우 제한적으로밖에 세포 재생이 이루어지지 않는다. 따라서 분화후세포들은 대부분 새로운 세포로 대체되지 않고 오래 살기 때문에 세포 내에 부산물을 처리하고 낡은 부분을 새롭게 하는 시스템이 필요하다. 예를 들어 자가소화 시스템 같은 것이 있어서 세포 내의 낡은 부분을 먹어서 없애는 방법을 사용함으로써 어느 정도 세포의 활력을 유지할 수는 있다. 그러나 이것도 세포 재생과 같이 세포 자체를 바꾸는 것만큼 완벽할 수는 없기 때문에 나이가 들면서 세포의 기능이 떨어지는 것을 막을 수는 없다.

세포는 산소를 이용해 당과 같은 영양물질을 산화시켜 에너지를 얻는 매우 효율적인 시스템을 가졌다. 그리고 이러한 시스템을 가동시키는 공장이 세포 안에 있는 미토콘드리아이다. 미토콘드리아의 크렙스 회로Krebs cycle는 ATP 분자를 만들어 내는 핵심적인 경로이며, 이렇게 만들어진 ATP는 세포 내에서 생합성이나 세포 분열과 같은 세포 활동의 에너지로 사용된다. 그런데 미토콘드리아라는 공장의 시스템은 상당히 정교해 효율성은 높지만 산소나 영양물질의 공급과 에너지 생산의 균형이 깨지면 정상적인 작동을 잘하기 어렵다. 이렇게 되면 부산물로 반응성 산소기나 쓰고 남은 당이 많아지는데 이들은 세포 내의 DNA와 같은 중요한 구성 성분에 붙어서 세포의 기능을 방해하기 때문에 세포는 기능을 상실해 가다가 결국은 죽게 된다. 그러나 뇌나 심장, 근육의 세포는 죽은 세포를 대신할 새로운 세포를 만들어낼 수 없어서 점차 기능이 떨어지게 되는데 이것이 바로 노화 과정이고 그 중에서도 심하게 기능이 떨어져서 정상적인 생활을 하기 어렵게 되는 경우가 노쇠 현상인 것이다.

하이드라라는 원시동물은 수명이 한정되어 있지 않고 늙지도 않는 것으로 알려졌다. 하이드라에는 분화후세포가 없으며 모든 세포는 분화되고 새로운 세포로 대체된다. 그런데 왜 하이드라보다 고등동물의 세포, 특히 인간의 뇌 신경세포나 심장의 근육세포는 한 번 만들어지면 다시 대체되지 않는 분화후세포로 되어 있을까? 아마도 대체되는 것보다 유리한 점이 있기 때문에 이렇게 자연선택 되었을 것이다. 사실 뇌의 신경세포는 오래된 기억 정보를 갖고 있어야 환경에 적응하기가 쉽다. 새로운 세포로 대체되면 기억 정보도 소실되어 그만큼 적응 능력이 떨어지기 때문이다. 심장의 근육세포도 서로 촘촘히 연결되어 쉴 틈 없이 수축과 이완을 해야 하기 때문에 세포들이 죽고 새로운 세포로 대체될 만큼의 시간적 여유가 없다. 세포가 대체되는 과정 중에 만약 심장 기능에 제한이 생기면 생명을 잃을 수 있는 상황이 되기 때문이다. 이런 이유 때문에 뇌와 심장 같은 중요 기관의 세포는 분화후세포로 되어 있고 따라서 인간의 수명은 이러한 기관의 분화후세포가 얼마나 생존할 수 있느냐에 달려 있게 된 것이다. 결국 인간의 수명이 무한하지 않고 한계를 갖게 된 것은 젊었을 때 환경 적응성을 높여 생존 능력을 크게 하기 위한 목적 때문이다. 이렇게 본다면 노화는 젊은 시절의 생존 능력을 확보하기 위해 치러야 할 대가라고 할 수 있다.

근력이 심하게 약화되어 정상적인 생활을 하기 힘든 상태라고도 할 수 있는 노쇠는 질병과 분명하게 구분되지 않는다. 왜냐하면 노쇠한 사람들이 넘어져서 골절되기 쉽고 잘 움직이지 못하고 의존적일 뿐 아니라 질병에 걸리거나 사망하기도 쉽기 때문이다. 따라서 노쇠한 사람들에 대해서는 상당한 의학적 관리를 해야 하는데 이로 인해 사회가 져야 하는 부담도 커지게 된다. 미래의 의료 비용은 현재의 질병 치료에 들어가는 의료비보다 훨씬 더 커질지도 모른다. 그러나 심각한 정신적, 신체적 장애가 오기 전에 적절하게 대처한다면 노화가 노쇠 상태로 진행되는 것을 상당 수준 막을 수 있다. 그렇다면 그 대처 방법은 무엇일까?

건강한 노화를 확보하는 방법

인류 생존의 가장 중요한 목적은 후손에게 유전자를 전달해 인류가 지속되는 것이라고 할 수 있지만 DNA로 된 유전자 혹은 유전자 작동 프로그램뿐 아니라 후손에게 전달되는 것이 또 하나 있다. 여성의 몸 안에 있는 난자의 핵 바깥, 즉 세포질에 있는 미토콘드리아도 후손에게 전달된다. 20억 년 전, 독립적인 생명체가 진핵세포 안에 들어와 미토콘드리아가 됨으로써 공생 체계를 갖추게 되었는데 이러한 유전자와 미토콘드리아의 공생 체계 자체가 후손에게 전달되는 것이다.[21] 유전자가 신체의 구조와 기능을 만들어 내는 역할을 한다면 이 구조가 기능을 발휘하기 위해서 필요한 에너지의 95퍼센트를 미토콘드리아가 만들어 낸다. 우리가 활동하는 데 사용하는 에너지는 거의 미토콘드리아에게 의존하고 있는 것이다.

노화에 따른 기능 저하가 일어나는 근본적인 이유는 미토콘드리아가 에너지를 덜 만들어 내기 때문이다. 유전자와 같이 후세에게 미토콘드리아를 전달한 이후에는 효용가치가 떨어진 신체를 활발하게 움직일 이유가 적어졌기 때문이다. 미토콘드리아가 생산하는 에너지가 적어지면서 가장 쉽게 영향을 받을 수 있는 기관은 뇌이다. 우리 인체에서 에너지를 많이 사용하는 기관은 뇌, 심장, 근육 등인데 심장과 근육세포에는 미토콘드리아의 수가 상당히 많기 때문에 그 중 일부의 기능이 떨어져도 그 영향이 크지 않지만, 뇌의 신경세포는 에너지를 가장 많이 쓰는 조직이면서도 미토콘드리아의 수는 상대적으로 적어서 미토콘드리아의 기능 저하에 매우 민감하다. 뇌세포는 열에 민감해서 온도가 높아지면 기능이 저하되기 때문에 열에너지를 생산하는 미토콘드리아를 심장이나 근육세포처럼 많이 가질 수 없었을 것이다. 따라서 노화가 되어 미토콘드리아의 기능이 떨어지면 뇌의 신경퇴행성질환이 가장 중요한 질병으로 나타나게 되는 것이다.

미토콘드리아는 핵 속의 DNA와는 별개로 미토콘드리아 DNA인 mtDNA를 갖고 있다. 그런데 외부 화학물질 자극이 있거나 나이를 먹으면서 산화스트레스가 많아지면 mtDNA의 변이가 많아지게 된다. 변이가 생긴 미토콘드리아는 정상적인 에너지 생산 작용을 제대로 못하고 스스로 반응성 산소기를 내어 주위의 미토콘드리아 기능까지 떨어뜨린다. 반응성 산소기는 필요한 기능이 적어지거나 외부의 화학물질에 의한 위험이 있을 때 미토콘드리아의 기능을 줄이는 신호전달물질로서의 역할도 하는 것이다.

미토콘드리아는 세포 안의 독립적인 유기체로서 스스로 모양과 크기를 바꾸기도 하고 서로 연결되거나 나누어지면서 그 수가 변하는 특성이 있다. 세포 안에 존재하면서 독자적인 유전 정보를 갖고 각각을 둘러싼 막을 서로 이어 붙여서 연결되거나 다시 분리되어 떨어지거나 하는 등의 독립적인 활동을 하는 것이다. 이러한 융합과 분열 활동을 하면서 한편으로는 오래되거나 기능이 떨어지는 부분을 떼어내어 영양분으로 활용함으로써 세포 내의 건강을 유지한다. 그러나 미토콘드리아 간의 이 같은 활발한 융합과 분열 활동은 나이가 들면서 줄어들게 된다. 융합과 분열 활동이 줄어들면 변이를 가진 미토콘드리아를 제거하는 활동도 줄어들어 결과적으로 변이가 생긴 미토콘드리아가 세포 내에 증가하게 되고 따라서 미토콘드리아의 기능은 더욱 저하되게 된다.

환경오염물질이나 화학물질 역시 미토콘드리아의 기능을 떨어뜨리는 역할을 한다. 이런 물질들은 인류에게 익숙한 것이 아니라 새로운 것이기 때문에 이러한 물질에 노출되면 우리의 신체는 이를 외부의 공격으로 여겨 반응성 산소기를 만들어 내거나 염증세포를 동원해 염증 반응을 일으킨다. 이를 위험한 상황으로 받아들인 미토콘드리아는 그 수를 줄이거나 정상적인 에너지 사용을 줄임으로써 기능을 떨어뜨려 갖고 있는 에너지를 다 쓰지 않고 비축하려 한다. 위험을 최소화하고 에너지를 남겨서 생존의 기회를 높이려는 것이다. 이렇게 쓰고 남은 에너지는 혈액 속의 당으로 존재하거나 지방세포 속에 지방으로 쌓이게 된다. 따라서 환경오염물질이나 화학물질에 노출되면 인슐린 저항성이 높아지게 되고 당뇨병이나 비만이 생길 위험도가 높아진다. 그리고 당뇨병이나 비만이 발생하면 이는 또 다시 심혈관질환을 포함해 여러 가지 만성질환을 초래할 수 있다. 만성질환이 있을 때 노화에 의한 기능 저하나 신경퇴행성질환들은 더욱 악화되기 때문에 환경오염물질은 미토콘드리아 기능을 저하시켜 노화에 의한 건강 장애를 가속화시키는 역할을 하는 것이다.

결국 노화되면서 늘어나는 노인성 질환과 노쇠 현상은 미토콘드리아의 활발한 활동이 줄어들어서 기능이 저하되기 때문에 초래되는 현상이라고 볼 수 있다. 따라서 노화의 속도를 줄이고 건강한 노령기의 삶을 유지하기 위해서는 미토콘드리아의 활동과 기능을 유지하도록 해야 한다. 한편 운동을 하거나 칼로리 섭취를 줄이면 미토콘드리아의 융합과 분열 활동이 활발해지는 것으로 알려졌다.[22] 그렇게 되면 미토콘드리아 간에 대사물질을 교환하거나 세포 내에 mtDNA 변이가 있을 때 이를 제거하는 역할도 커진다. 운동이나 칼로리 섭취 제한, 그리고 유해한 화학물질에 대한 노출을 피하는 것뿐 아니라 미토콘드리아를 활성화시키는 비타민 D나 엽산, 비타민 B6, 비타민 B12, 코엔자임 10 등의 영양소와 신선한 야채와 견과류, 그리고 항산화 성분이 많이 들어 있는 음식을 섭취하면 노화가 가져올 어두운 그림자에서 어느 정도 벗어날 수 있다. 노화는 출생, 성장, 발달 이후 죽음에 이르는 자연스러운 현상이지만 미토콘드리아의 활성화와 이에 영향을 미치는 여러 가지 요인이 복합적으로 관여하는 하나의 시스템이라고 할 수 있다. 결국 환경 노출, 먹거리 섭취, 신체 및 정신 기능에 대한 전반적인 모니터링 등을 통해 미토콘드리아와 공생 체계를 유지하는 것이 노인성 질환과 노쇠 현상을 막고 건강한 노화 과정을 가져오는 길이다.

13

인체 기능을 강화시켜야 한다

(재생 시스템)

우리 몸의 또 하나의 회복기전, 재생

면역 반응이나 해독 작용은 외부에서 침입한 미생물이나 독성물질로부터 우리 몸이 손상을 받지 않도록 하는 방어기전이다. 반면 손상을 입거나 기능이 떨어져서 더 이상 주어진 역할을 하지 못할 때 새롭게 세포나 조직을 만들어서 원래의 기능을 회복하기 위한 기전이 〈재생〉이다. 즉 재생은 손상되거나 소실된 기관의 기능과 구조를 유지하기 위해 세포 내 DNA나 미토콘드리아 같은 소기관 혹은 세포 전체나 조직을 새롭게 만들어서 기능을 회복시키는 방법이다.

재생은 박테리아와 같은 미생물부터 사람에 이르기까지 모든 생물체가 갖고 있는 회복 능력이라고 할 수 있다. 그러나 재생 현상은 생물체 간에 매우 다르게 나타난다. 플라나리아와 같은 편형동물은 머리나 꼬리 혹은 몸의 일부분만 있어도 그 외의 부분이 재생되어서 플라나리아 개체 전체가 다시 만들어질 수 있다. 올챙이와 도롱뇽도 그 정도는 아니지만 다리나 꼬리뿐 아니라 뇌나 눈도 어느 정도 재생하는 능력을 갖고 있다. 그런데 이런 능력은 조류나 포유류에게서는 잘 관찰되지 않는다. 사람의 경우에는 간이나 피부조직은 어느 정도 재생 능력이 있지만 대부분의 조직은 원상태로 회복할 수 있는 능력이 상당히 제한되어 있다.

조직의 재생은 생명체가 태어나서 자라는 과정을 반복하는 것이라고 볼 수도 있다. 예를 들어 신체 일부가 손상되어 재생되는 과정을 보면 손상된 부분을 피부조직이 감싸고 손상된 부위에서는 해당되는 부위의 세포가 증식하고, 한편으로는 증식된 세포 간에 유기적인 연결이 이루어지며 신경과 혈관이 자람으로써 재생이 완성된다. 재생이라는 현상은 세포와 세포가 연결되어 다세포 기관을 이루면서 습득하던 방법이 그대로 적용된다는 점에서는 생물체 간에 유사성이 있다고도 할 수 있다.

그런데 조직의 재생 정도는 생물체 간에 매우 다르기 때문에 재생 능력이 남아 있는 정도는 각 생물체가 자연선택의 과정을 거치면서 정해졌다고 볼 수 있다. 즉 조직의 재생을 통해서 얻는 기능 회복에 의한 이득이 재생에 들어가는 비용보다 클 경우 해당 조직의 재생 능력을 유지하게 되었을 것이다. 도마뱀의 경우 꼬리를 잃거나 손상되는 경우가 흔하게 발생하는데 꼬리가 다시 재생되는 이유는 꼬리를 재생시킬 때 들어가는 에너지 손실에 비해 꼬리를 재생시켜 얻는 이득이 훨씬 크기 때문이다. 그런데 쥐와 같은 설치류의 경우 꼬리의 기능을 유지하는 데서 오는 이득이 재생시키는 비용에 비해 크지 않기 때문에 꼬리를 스스로 절단하는 경우에도 재생이 되지 않는다.

그러나 조직이 손실되었을 때 매우 빠르게 원상태로 회복시키는 능력을 지닌 하이드라나 플라나리아의 경우 자연선택 과정만으로 재생을 설명하기는 어렵다. 왜냐하면 조직의 손실이 그렇게 흔히 일어나는 일도 아니며 무성생식을 하는 경우 유전자 변이 또한 거의 발생되지 않기 때문에 유전자 변이가 진화의 주된 역할을 하는 자연선택의 압력이 컸다고 할 수도 없기 때문이다. 하이드라나 플라나리아의 경우를 보면 재생 과정은 성장 발달 과정과 유사하기 때문에 자연선택 과정에서 얻어진 능력이라기보다는 성장 발달의 과정이 그대로 활용되는 것이라고 볼 수 있다. 즉 성장 발달에 필요한 요소들을 갖고 있다가 필요한 경우 이를 다시 활용해 재생이 일어나게 하는 것이다. 한편 조직의 재생 능력은 생애 주기에 따라서도 다양하게 나타나기 때문에 원래의 조직과 얼마나 유사하게 재생되는지는 손상된 시점의 발달 단계에 따라서 달라질 수 있다.[23] 일반적으로 어렸을 때는 조직의 재생이 매우 원활해 원래의 조직과 비슷하게 재생이 되지만 나이가 들게 되면 재생 능력이 떨어져서 원래의 조직처럼 재생이 되기는 어렵다.

인간의 재생 능력은 제한되어 있다

원핵세포가 진핵세포를 거쳐 다세포 기관으로 진화한 이후에 다세포 기관의 세포는 체세포 분열을 통해 모세포와 같은 특성을 가진 새로운 세포를 만들어 내기도 하지만 서로 다른 특성을 가진 세포로 분화되는 능력도 갖추게 되었다. 즉 줄기세포에서 파생되어 특수한 기능을 하는 세포들이 만들어지고 이 세포들이 서로 연결됨으로써 하나의 유기적인 생명체를 이루게 된 것이다. 줄기세포는 분열하면서 자신과 똑같은 줄기세포를 만들기도 하고 분화해서 여러 가지 특성을 가진 말단 세포들을 만들어 내기도 한다. 분화된 세포들이 계속해서 분열해 특정 기능을 갖는 말단 조직이 만들어지는 경우에도 줄기세포는 없어지는 것이 아니라 일부가 줄기세포 그대로 복제되어 말단 조직 안에 남아 있게 된다.

사실 식물이나 동물 모두 원핵세포에서 진핵세포를 거쳐 다세포 기관이 된 이후에 갈라져서 진화해 왔기 때문에 다세포 기관을 만드는 데 주된 역할을 한 줄기세포는 식물과 동물에 관계없이 재생 능력을 공유한다. 단 한 개의 세포만 있어도 개체 전체로 자라날 수 있는 특성을 가진 식물도 있고 일부 조직만 갖고 개체 전체로 자라날 수 있는 편형동물도 있다. 그런데 줄기세포에 의한 재생 능력의 정도는 각 생물체의 발달 단계와 기관에 따라서도 다르게 나타난다.[24] 사람의 경우를 보면 도롱뇽에 비해 줄기세포의 수도 적고 활동도 활발하지 않으며 인체 내의 여러 기관 간에도 줄기세포의 재생 능력이 상당히 다르다. 인체 기관 간에 차이가 나는 이유, 즉 피부나 위장관 세포에 비해 뇌나 심장의 경우 줄기세포의 활동이 적은 이유는 진화 과정에서 줄기세포를 통해 세포를 재생해서 얻는 이득보다 주어진 상태를 유지함으로써 얻는 이득이 더 컸기 때문이라고 할 수 있다.

일반적으로 양서류 이하의 보다 원시적인 동물한테서 흔히 관찰되는 조직의 재생이 고등동물에서는 드물게 관찰된다. 이는 아마도 고등동물의 경우 포식자의 공격에 의해 조직만 일부 손실되고 생명에는 문제가 없는 경우가 드물고, 대부분 포식자에게 공격을 받으면 잡아먹혀서 생명을 잃는 경우가 훨씬 더 흔하기 때문일 것이다. 또한 조직의 일부가 손실된 경우라 하더라도 손실된 부분을 재생시키는 데 에너지를 쓰는 것보다 생명을 유지하거나 생식을 통해 후손을 낳는 데 에너지를 쓰는 것이 종의 생존을 위해서 보다 효과적이었기 때문일 것이다. 실제로 건강한 상태에서도 생존을 위해 끊임없이 상당한 에너지를 얻어야만 살아갈 수 있는 포유류의 경우, 손상을 입은 상태에서는 생명 유지에 들어가는 에너지 외에 조직을 재생하는 데 쓸 수 있는 에너지를 추가로 공급할 여력은 없다고 할 수 있다.

포유류는 노화와 함께 신경, 근육, 골격, 혈관 등의 기능이 떨어지면서 재생 능력도 함께 떨어진다. 사실 노화 현상은 재생 능력의 저하와 강한 관련성이 있다.[25] 즉 노화라는 현상은 재생 능력이 떨어지면서 조직의 구조나 기능을 유지하지 못해서 생기는 현상이라고도 할 수 있다. 따라서 재생 능력을 유지하거나 회복시키는 방법이 있다면 이는 노화의 예방 및 수명의 증가로 이어질 수 있다. 그러나 재생 능력을 높이는 것만으로 노화를 간단하게 해결할 수 있는 것은 아니다. 왜냐하면 재생 능력의 향상을 위해서는 상당한 대가를 지불해야 하기 때문이다. 예를 들어 P53은 세포주기를 조절해 암발생을 억제하는 단백질이다. 그런데 P53이 지나치게 활성화된 쥐는 세포의 성장과 분화가 억제되면서 조직의 재생 능력이 떨어지고 노화가 가속되는 조로현상이 나타난다. 반면에 P53의 활성도가 떨어진 쥐는 P53이 정상인 쥐에 비해 재생 능력이 커지고 노화의 속도도 느리게 나타난다. 그러나 P53의 기능이 저하되면 암도 많이 발생하는 문제가 생긴다.[26]

동물의 경우에는 대개 생식이 활발하고 번식을 쉽게 하지만 조직의 재생 능력은 비교적 적다고 할 수 있다. 동물에게 재생의 필요성이 적다는 것은 그만큼 개체의 수명이 짧다는 것을 의미한다. 반면에 플라나리아나 하이드라와 같이 재생 능력이 큰 생물체들은 수명에 한계가 없는 것처럼 보인다. 이러한 생물체들은 무성생식을 하는데 유전 정보가 생식 과정을 통해 새로워지지 않기 때문에 개체는 오래 살 수 있지만 종의 적응이나 진화 능력은 뒤떨어져 있다고 볼 수 있다. 반면에 포유류와 같이 환경에 대한 적응을 통해 진화를 눈부시게 이룩한 종은 유성생식으로 유전자를 새롭게 하는 방식을 택했고 개체의 영원한 생명이 아니라 후손을 통해 종의 영속성을 유지하는 전략을 택했다. 따라서 이러한 종에게 개체의 재생 능력은 우선적으로 필요한 능력이 아니었기 때문에 반드시 유지될 필요가 없었고 수명 또한 제한되게 된 것이다. 결국 사람에게 재생 능력이 제한되어 있는 것은 개체의 생명이 아니라 종의 영속성이 보다 중요한 목적이었기 때문이다.

하지만 생명체 진화의 가장 정점에 있는 사람의 경우도 재생 능력이 전혀 없는 것은 아니다. 세포 수준에서 보면 위장관 상피세포나 피부 상피세포는 끊임없이 세포가 사멸해 탈락하고 그 자리에 다시 새로운 세포들이 자라나서 위장관과 피부의 기능을 유지한다. 또한 상처를 입었을 때는 새로운 살이 자라나서 상처가 아물게 된다. 우리 몸의 피부세포는 7일이면 완전히 새로운 세포로 바뀌게 되고 뼈의 세포는 7년 정도 지나면 새로운 뼈세포로 바뀐다. 그뿐만이 아니라 어린이의 경우 손가락 끝이 절단되어 떨어졌어도 재생되어 원래의 모습을 갖추게 되기도 하고 어른의 경우에도 간을 일부 절제한 경우 그 부분이 다시 자라나는 것을 관찰할 수 있다. 즉, 사람에게도 조직이 손상되어 복구가 필요할 때에는 줄기세포가 해당 조직 안에 있다가 본격적인 활동을 하면서 상처를 아물게 하고 또 일부 조직이 재생되는 현상이 나타나는 것이다.

재생의 역할을 주로 맡는, 줄기세포를 이용한 치료

그리스 신화에 나오는 프로메테우스는 재생에 대한 상징적 이야기라고 할 수 있다. 사람에게 불을 가져다 줌으로써 사람이 문명의 세계로 들어갈 수 있게 도와준 것 때문에 제우스의 노여움을 산 프로메테우스는 바위에 묶인 채 매일 독수리에게 자신의 간을 쪼아 먹히는 벌을 받게 되었다. 그런데 그의 간이 매일 밤 다시 재생되면서 그는 결국 죽지 않게 되었지만 대신 영원히 독수리가 간을 쪼아 먹는 벌을 받게 된 것이다. 사실 그리스 신화가 만들어졌던 시대에는 간이 재생력이 큰 조직이라는 것을 알 수 없었을 테지만 과거에도 신체의 손상된 부분이 재생된다면 죽지 않고 영원한 삶을 살 수 있다는 생각을 했다고 볼 수 있다.

괴테의 소설 『파우스트』에는 뛰어난 인간인 파우스트가 연금술을 이용해 여러 가지 물질들을 섞어서 호문클루스라는 인간과 닮은 생명체를 만드는 장면이 나온다. 이를 보면 오늘날의 복제, 유전자 조작, 줄기세포 등의 재생공학은 파우스트가 사용한 기술이 현대적으로 발전된 것이라고도 할 수 있다. 사실 괴테는 18세기 유럽의 계몽주의 시대를 살면서 과거 신이 흙으로 아담을 만들어 인간을 창조했듯이 인간이 여러 가지 재료들을 이용해서 살아 있는 생명체를 창조하고자 하는 열망을 표현했다고 할 수 있다. 이러한 열망이 오늘날에 이르러서는 인체의 세포나 조직을 재생시키려는 노력으로 이어져서 환자 치료에까지 적용되고 있는 것이다.

그런데 사람의 경우 재생에 관련된 역할을 주로 맡아서 하는 세포는 모든 기관을 만들어낼 수 있는 능력을 지닌 다능성多能性의 배아줄기세포가 아니라 말단 기관에서 제한된 재생 능력을 가진 성체줄기세포이다. 피부성체줄기세포는 근육을 만들어낼 수 없고 근육성체줄기세포는 피부를 만들어낼 수 없다. 따라서 어떤 하나의 성체줄기세포가 여러 기관이 유기적이고 복합적으로 들어 있는 팔이나 다리와 같은 신체 부분을 만들어낼 수는 없다. 그렇다고 배아줄기세포가 성체줄기세포보다 모든 면에서 뛰어난 것은 아니다. 왜냐하면 배아줄기세포는 모든 기관을 만들어낼 수 있는 능력을 지녔기 때문에 세포 간의 통제를 벗어나서 자랄 수 있고 따라서 암과 같은 질환으로 나타날 수 있기 때문이다.

줄기세포를 이용한 치료법 중 현재 성공적으로 활용되고 있는 방법 중의 하나가 혈액 암세포를 항암요법으로 제거한 후 자가혈구형성 줄기세포를 골수에 이식하는 방법이다. 이는 자가골수이식과 비교해볼 때 골수 이식 중에 암세포가 같이 이식되는 것을 막는 장점이 있어서 암이 재발하는 것을 막을 수 있다. 이와 같이 성체줄기세포를 얻어서 다시 이식할 수 있다면 혈액암뿐만 아니라 다른 조직의 암도 수술이나 방사선 항암치료로 제거하고 줄기세포를 이용해 없어진 조직을 재생할 수 있을 것이다.

배아줄기세포는 인체의 정상적인 재생 과정에서는 큰 역할을 하지 않지만 어떤 세포도 될 수 있는 다능성이 있기 때문에 배아줄기세포나 이 세포로부터 유래된 세포를 선별적으로 얻어서 이용한다면 질환이나 상해로 손상을 입은 조직들을 대체하거나 회복시키는 데 유용하게 활용될 수 있다. 예를 들어 당뇨병이나 심장질환, 알츠하이머병이나 파킨슨병 혹은 척추 손상 환자를 치료하는 데 활용될 수 있다. 특히 배아줄기세포에서 유도되어 신경세포로 분화될 수 있는 세포를 이용함으로써 손상된 신경세포를 치환할 수 있다면 인류는 만성질환 시대 이후 극복하기 어려운 질병으로 다가온 신경퇴행성질환도 치료할 수 있는 방법을 갖게 되는 것이다.

파킨슨병을 예를 들어 보자. 파킨슨병은 운동 조절 능력이 지속적으로 떨어지는 병으로, 보행이 힘들어지고 몸이 굳고 동작을 시작하기가 힘들어진다. 뇌의 시상하부의 흑질이라는 곳에 있는 신경세포가 죽어가기 때문에 도파민이라는 신경전달물질을 생성하지 못하게 되고 따라서 신체 움직임을 조절하지 못하기 때문에 이런 증상이 생기는 것이다. 현재는 레보도파라는 약을 파킨슨병의 치료제로 쓰는데 그 이유는 뇌가 레보도파를 도파민으로 바꾸어서 활용할 수 있기 때문이다. 그러나 레보도파를 장기간 사용하면 효과가 떨어지고 여러 가지 부작용이 나타나기 때문에 레보도파는 파킨슨병을 완치시킬 수 있는 약제는 아니다. 결국 도파민을 만들어 내는 신경세포가 죽지 않게 하거나 혹은 죽은 세포를 성체줄기세포나 배아줄기세포에서 유도된 세포를 이용해 새롭게 만들어낼 수 있어야 파킨슨병은 치료될 수 있을 것이다.

뇌졸중은 혈관이 막히거나 터져 뇌세포에 산소 및 영양소 공급이 안 되어서 생기는 질환이다. 뇌졸중은 동맥경화증과 고혈압 혹은 심장질환과 관련이 있기 때문에 이러한 만성질환의 위험인자들을 잘 관리하면 뇌졸중도 상당 부분 예방할 수 있다. 그럼에도 불구하고 수명이 증가하면서 뇌졸중은 지속적으로 발생할 것으로 예상된다. 왜냐하면 혈관 자체가 노화의 과정을 거치기 때문이다. 뇌졸중이 발생하면 뇌에 있는 신경세포나 수지상세포 등 어떤 특정 뇌세포만 손상을 입고 죽는 것이 아니라 그 부위에 있는 모든 세포들이 영향을 받게 된다. 따라서 이러한 경우는 성체줄기세포가 아니라 배아줄기세포를 이용해 영향을 받은 부위의 모든 세포들을 재생시키는 것이 필요하다. 배아줄기세포를 이용한 치료가 성공적으로 이루어져서 뇌세포들이 연결되어 정상적인 역할을 할 수 있다면 뇌졸중도 치료될 수 있는 가능성이 생기는 것이다.

이와 같이 아직 정복되지 않은 질병들도 줄기세포를 이용해 치료될 수 있는 날이 머지않아 올 수 있다. 그러나 뇌졸중 치료의 경우를 보면 뼈나 근육과 같이 뇌에 필요하지 않은 세포들은 재생되지 않도록 해야 하고 암과 같이 세포가 통제를 벗어나서 퍼지는 것을 막는 기술이 필요하다. 한편 줄기세포를 이식해 해당 조직이 늙어가거나 죽는 것을 우선은 막을 수 있지만 그 조직이 노화되거나 병적인 과정을 겪게 된 원래의 요인들을 그대로 둔다면 새롭게 이식된 줄기세포도 충분히 자기 역할을 하기 어려울 수 있다. 따라서 줄기세포 치료와 함께 그 세포나 조직에 영향을 미치는 요인들을 교정해야 하고 칼로리 섭취 제한과 운동 등 세포를 활성화시키는 방법들이 병행되어야 효과가 있을 것이다. 이때 미토콘드리아의 기능 저하는 재생 능력의 감소를 초래한다. 특히 줄기세포의 미토콘드리아 유전자에 변이가 누적되어 많아지게 되면 줄기세포 자체가 기능을 제대로 하지 못해 재생 능력이 감소하고 이는 다시 노화로 이어질 수 있다.[27] 따라서 미토콘드리아 유전자의 변이를 막거나 줄일 수 있는 방법들도 재생 능력을 높이는 방법으로 활용될 수 있다. 결국 줄기세포를 이식해 재생한다고 해도 조직의 노화나 기능 감소를 막기 위해서는 질병 발생 혹은 노화와 관련된 시스템에 영향을 주는 여러 요소들을 함께 관리해야 한다.

인체 기능 강화와 유전자 치료

인간이 수명을 증가시키고, 신체적인 기능을 강화하고, 인지능력을 향상시키고자 하는 욕망을 갖는 것은 주어진 환경에 보다 잘 적응해 살아남으려는 목적에 부합하는 것이다. 인간이 다른 동물과 크게 차이가 나는 것은 다양한 도구를 이용해 환경에 대한 적응성을 높여왔다는 점이다. 선행인류는 돌을 사용해 손도끼와 같은 간단한 도구를 만들어 사용했고 불을 이용해 밤을 밝히고 음식을 만들어 먹으면서 생존성을 높였다. 인류의 조상들은 거주지를 만들고 옷을 지어 입으면서 맹수나 추위 같은 위협에서 벗어났고 1만 년 전부터는 농사와 목축을 통해 문명사회를 만들어 왔다. 사실 인간은 신체적 능력만으로는 맹수보다 자연환경에서 살아남는 생존 능력이 뛰어나다고 할 수 없다. 인간은 제한된 신체적 능력을 극복하기 위해 다양한 도구를 만들어 사용함으로써 생존성을 높여왔는데 이는 어떤 의미에서는 인체 기능의 강화 과정이었다고 할 수 있다. 현대인과 수렵채집인의 생산성을 비교해 보면 현대인의 생산성이 비교할 수 없을 만큼 크지만 이는 신체적 능력의 차이라기보다는 대부분 도구의 차이라고 할 수 있다. 결국 우리가 사용하는 도구들은 우리의 능력을 강화시키기 위한 인체 기능 강화 도구들인 것이다.

이 중에서 신체에 붙여서 직접적인 기능 강화를 가져왔던 것은 의복, 신발 그리고 안경이다. 의복은 호모 사피엔스가 네안데르탈인을 물리치고 유일한 인류종으로서 살아남는 데 결정적인 역할을 했고, 신발은 이동과 전쟁을 가능하게 해 문명을 확대 발전시키는 데 공헌했으며, 안경은 시력의 우열을 없애고 더 많은 사람들을 학습과 능력 개발에 참여시켜 문명의 발달을 가속화시켰다. 그런데 오늘날 우리는 의복, 신발, 안경과 같은 도구를 입고 사용하는 수준에 그치는 것이 아니라 다양한 도구들을 신체 안에 넣어서 신체의 기능을 향상시키고 이를 통해 질병이나 쇠약을 극복해 궁극적으로는 수명의 한계를 넘어서고자 한다.

안경에 대해서 좀 더 생각해 보자. 시력이 떨어진 경우에 안경은 잘 볼 수 있고 잘 읽을 수 있게 만들어 주기 때문에 명백한 인체 능력 강화 도구이다. 안경이 필요 없는 사람도 많이 있지만 시력이 떨어져서 잘 볼 수 없는 사람에게 안경은 필수적인 도구이다. 조만간에 시력 강화 도구들은 더욱 발전해 컴퓨터 수준의 능력을 지닌 콘택트렌즈를 통해 어디에서나 정보를 수신하고 볼 수 있을 뿐 아니라 현미경과 망원경을 장착한 것과 같이 미세환경과 원거리를 볼 수 있는 능력을 동시에 갖게 되고 야간에도 볼 수 있는 능력 또한 갖게 될 것이다. 이러한 장치가 더욱 발전하면 수정체 안에 장착되거나 아예 수정체를 대체해 신체의 일부를 이룰 수 있다. 이렇게 되면 강화된 기능은 자연스럽게 신체의 기능 일부로 인식될 수도 있다. 이와 같은 시력 혹은 정보 수신 강화 장치 외에도 3D 프린터를 이용해 뼈보다 튼튼한 합금으로 만든 골격을 가질 수 있고, 인공심장과 인공신장이 혈액 순환과 노폐물 배설을 대신 맡을 수 있으며, 더 나아가서 뇌에 심어지는 정보 처리 장치에 의해 기억과 인지기능의 놀라운 향상을 가져올 수도 있을 것이다.

유전자 치료는 약물이나 수술로 치료하는 대신에 질환을 가진 환자의 유전자를 조작해 질병을 치료하는 방법을 말한다. 변이가 생겨서 정상적인 역할을 못하는 유전자를 건강한 유전자로 바꾸어 주거나 새로운 유전자를 넣어주어 질병을 치료하는 역할을 하게 하는 것이다. 이러한 유전자 조작 방법 중의 하나가 크리스퍼CRISPR 시스템이다.[28] 크리스퍼 시스템은 원래 박테리아가 바이러스의 공격을 막아내기 위해 갖추게 된 방어기전이라고 할 수 있는데 이는 불필요한 유전자가 자신의 유전자에 섞여 들어올 때 이를 잘라내는 시스템이다. 이처럼 특정 유전자를 잘라내고 붙일 수 있는 시스템을 이용하면 사람도 유전자의 조작이 가능해지고 원하는 유전자의 구성을 만들어낼 수 있다.

유전자 조작은 사람의 유전자를 변화시켜서 질병을 치료하는 수준을 넘어서 노화의 진행을 막거나 인체의 정상적인 기능을 보다 향상시키는 유전자 강화로 발전할 수 있다. 신체적 용모나 능력을 보다 우수하게 만들기 위해, 또는 기억이나 지능과 같은 정신적 능력을 향상시키기 위해 유전자 강화가 이용될 수 있다. 이러한 강화는 체세포

유전자의 변화를 통해 이루어질 수도 있지만 생식세포의 유전자를 변화시켜서 만들 수도 있다. 전자의 경우는 유전자 강화 요법을 받은 사람에게만 변화가 일어나지만 후자의 경우는 유전자의 변화가 자손에게까지 이어질 수 있다. 그런데 자손으로 이어지는 유전자 강화는 인류에게 중요한 도전이 될 수 있다. 이제 의학과 의술은 단지 질병의 예방과 치료가 아니라 새로운 인간을 만들어 내는 데에까지 이를 수 있기 때문이다.

인류는 재생이나 기능 강화와 같은 의학 기술적인 진보를 통해 질병의 종식에 한 걸음 더 다가가게 될 것이다. 그러나 질병 예방과 치료의 기술이 발전한다고 해서 질병의 종식이 바로 이루어진다고 할 수는 없다. 의학 기술의 발전이 가져올 수 있는 여러 가지 도전적 문제들을 해결할 수 있어야 할 뿐만 아니라 그러한 의학 기술을 실현할 수 있는 의료 시스템과 질병의 종식에 이르는 전략을 갖추었을 경우에만 이루어질 수 있기 때문이다. 따라서 4부에서는 질병의 종식을 가져올 의료 시스템과 전략적 방법에 대해 설명하고자 한다.

제4부

질병 종식을 위한 방법론과 미래의 의료 시스템

14

시스템 의학과
정밀 의료가
질병 종식의 지름길이다

질병 치료가 아닌, 포괄적 건강 관리 시대로!

역사를 돌이켜볼 때 질병의 진단과 치료가 의학의 중심이 된 것은 그리 먼 과거의 일이 아니다. 19세기 이후에 이르러서야 본격적으로 과학적 성과의 열매를 맛보면서 병원균의 발견, 세포와 조직에 대한 이해, 그리고 혈압계, 현미경, X-선 등 의료기기의 발명으로 진단의 혁신을 이루게 되었다. 20세기에 들어선 이후에는 항생제 및 만성질환 치료 약물들이 개발되면서 치료에 있어서도 괄목할 만한 성과를 이루었다. 이처럼 19세기 이후가 되어서야 질병의 진단과 치료가 의학의 중심으로 자리 잡게 되었다. 그러다가 감염병 시대를 지나 만성질환 시대로 접어들면서 질병의 양상이 바뀌어 갔고, 오늘날에 이르러서는 질병의 진단과 치료에 있어서도 단순한 전략만으로는 해결할 수 없는 다양한 질병의 스펙트럼이 나타나고 있는 것이다.

사실 같은 질병으로 분류된 경우에도 연속된 스펙트럼으로 질병이 나타나는 경우가 흔하게 있다. 예를 들어 일반적으로 수축기 혈압이 140mmHg이고 이완기 혈압이 90mmHg 이상 되면 고혈압으로 진단하고 본격적인 치료를 시작하지만, 그렇다고 수축기 혈압이 130mmHg이고 이완기 혈압이 85mmHg인 경우를 질병이 없는 정상 상태라고 보기는 어렵다. 왜냐하면 수축기/이완기 혈압이 정상이라고 할 수 있는 120/80mmHg인 경우보다 130/85mmHg의 혈압을 가진 경우 수명도 짧아지고 심장질환이나 뇌졸중과 같은 여러 가지 다른 만성질환에 걸릴 확률이 높아진다는 것이 밝혀졌기 때문이다. 따라서 진단을 하거나 치료 대상을 정하는 데 사용되는 이분법적인 전략은 질병을 효율적으로 관리하기 위한 하나의 방법일 수는 있지만 건강을 유지하고 확보하기 위한 충분한 전략이라고 할 수는 없다. 이분법적으로 고혈압과 비고혈압을 나누는 것이 아니라, 연속된 스펙트럼을 가진 혈압과 관련된 생활습관, 환경 요인, 유전 요인 등을 이해하고 동시에 혈압을 상승시키는 요인을 모두 제거해야만 충분한 전략이라고 할 수 있다.

고혈압, 당뇨병, 심장질환 등과 같은 진단명이 본격적으로 사용되기 시작한 것은 19세기 이후이며 그 이전에는 설사, 쇠약, 열병, 부종 등과 같이 눈으로 관찰할 수 있는 현상 혹은 증상을 기반으로 한 용어를 사용했다. 고혈압과 같은 진단명이 사용된 이유는 동일한 양상의 증상이나 임상 소견이 있는 질병들을 같은 질병군으로 분류해 효율적으로 관리하고자 한 목적 때문이었다. 즉 동일하게 분류된 환자 집단에게 표준적인 치료를 함으로써 치료의 효율성을 높이고자 한 것이다. 그런데 이러한 효율성이 반드시 개별 환자의 의료적 관리 수준을 높이는 것은 아니다. 같은 질병을 가진 환자들이라 하더라도 나타나는 양상이 서로 다른 경우가 매우 많기 때문이다.

또한 여러 질병을 동시에 갖고 있는 경우도 흔하게 되었다. 고혈압이라는 질병만을 살펴보아도 당뇨병이나 심장질환과 같은 질환을 동반하는 경우가 흔하다. 특히 노인 인구가 증가하면서 만성질환을 복합적으로 가진 사람들이 늘어나고 있어 이제는 심장이나 신장과 같은 특정 기관에만 초점을 맞춘 질병 치료 중심 전략으로는 환자들의 문제에 제대로 대처할 수가 없다. 환자들은 복합 질환에 의한 다양한 증상을 해소할 수 있는 치료 방법을 원할 뿐 아니라 한편으로는 간편하면서도 효과적으로 치료되기를 바라는 욕구를 갖고 있다. 그러므로 질병을 대상으로 하는 것이 아니라, 환자의 개별적인 상황을 종합적으로 파악해 진단이 이루어져야 하고 기능 저하나 심리적 및 사회적 기능 장애를 극복하는 방법도 포함된 〈포괄적 건강 관리〉가 행해져야 한다.[1]

따라서 질병의 원인이 되거나 질병의 경과에 영향을 미치는 여러 생활습관과 환경적 요인들을 종합적으로 파악하고 이에 대한 관리가 이루어져야 한다. 다시 말하면 질병의 진단과 치료 행위는 포괄적 건강 관리에 포함되어야 할 일부분 정도로 보아야 한다. 한편 미래의 건강 관리는 생활습관에 대한 권고, 정기적인 건강 진단, 영양제 처방, 유전자 검사와 같은 현재의 예방의학적 활동뿐 아니라 수명의 결정, 인체 기능 수준의 유지 혹은 강화를 위한 수술 및 처방, 죽음 과정의 관리와 같은 더 높은 수준의 활동을 포함하게 될 것이다. 앞으로 더욱 눈부신 기술적 진보와 함께 이 같은 건강 관리의 변화를 통해 인류는 질병과 수명의 제한이 사라져가는 시대, 즉 지금까지의 역사와는 매우 다른 〈질병 관리 시대〉를 맞게 될 것이다.

변화되는 환경에 인체 프로그램이 적응할 수 있어야

환경 변화의 속도가 빨라서 유전자를 중심으로 한 인체 프로그램의 대응이 그 변화를 따라가지 못할 때 우리가 할 수 있는 선택은 변화의 속도를 늦추거나 인체 프로그램이 변화에 맞추어 대응할 수 있도록 하는 것이다. 변화에 대한 적응에 성공한 개체나 종은 변화된 환경을 누리면서 번성하게 되지만 적응에 성공하지 못하면 도태될 수밖에 없다. 루이스 캐럴의 소설인 『거울나라의 앨리스』에서 붉은 여왕은 앨리스에게 "같은 곳에 머물러 있으려면 쉬지 않고 달려야 한다."고 충고한다.[2] 모든 것은 끊임없이 변하고 있기 때문에 그대로 있으면 상대적으로 뒤처져서 제자리에 있을 수가 없다. 왜냐하면 인간은 결코 독립적인 존재가 아니라 자신을 둘러싼 사물과의 관계 속에서 전체 시스템을 구성하는 하나의 요소이기 때문이다. 시간의 흐름에 따라 전체 시스템이 변해 가기 때문에 그대로 있는다는 것은 시스템에서 주어진 역할을 못해 도태되어 사라지게 된다는 것을 뜻한다.

만성질환은 인간을 둘러싼 환경과 인체 프로그램이 서로 조화와 균형을 이루지 못하면서 인체 프로그램이 정상적인 작동을 못하기 때문에 발생한다. 문명 이후, 특히 산업혁명 이후 변화의 속도가 너무 빨라서 유전자를 중심으로 한 인체 프로그램이 변화된 환경에 제대로 적응할 수 없었기 때문에 만성질환이 발생하기 시작한 것이다. 만약 인체 프로그램이 변화된 환경에 제대로 적응하지 못한 상태에서 변화가 빠른 속도로 계속해서 일어난다면 유전자와 환경의 부조화에서 발생하는 만성질환은 영원히 극복될 수 없을 것이다. 이 경우 인류는 빠져나올 수 없는 질환의 덫에 걸려 앞으로도 계속해서 고통을 받을 수밖에 없다. 현재로써 이 덫을 빠져나올 수 있는 유일한 방법은 변화하는 환경에 대한 적응이고 이는 인체 프로그램이 변화되어야 한다는 것을 의미한다. 결국 인체 프로그램을 변화시켜서 만성질환을 벗어나든지, 아니면 변화에 적응하지 못한 채 앞으로도 계속 만성질환으로 고통을 받든지 둘 중의 하나로 귀결될 것이다. 따라서 만성질환을 종식시키려면 변화되는 환경에 유전자를 비롯한 인체 프로그램을 적응시키는 방법을 찾아야 한다.

그러나 그 방법은 간단하지가 않다. 기본적으로는 약제나 수술, 혹은 유전자 조작 등을 이용해 인체 프로그램 자체를 교정시키는 방법과 끊임없이 산출되는 다양한 정보를 이용해 각 사람의 행동양식을 지속적으로 변화된 환경에 적합하도록 바꾸는 방법이 있다. 그런데 인체 프로그램을 환경에 적응시키는 방법은 주어진 문제에 대해 어떤 특정 요인을 교정시키는 단순한 대응 개념으로는 성공하기 어렵다. 즉 알츠하이머병을 예방하거나 치료할 때 알츠하이머병 발생과 관련이 있는 ApoE 유전자의 변이가 있는 부분에 대해 유전자 조작을 시행해 정상적인 유전자로 만든다고 해서 알츠하이머병이 해결될 수 있는 것은 아니다. 왜냐하면 건강에 영향을 주는 각 시스템은 매우 복잡한 프로그램들로 구성되어 있을 뿐 아니라 그 복잡한 시스템들은 다시 병렬적 혹은 중층적으로 연결되어 상호작용하면서 우리의 건강에 영향을 주기 때문이다. 따라서 복잡한 시스템이 조화와 균형 속에서 정상적인 작동을 하기 위해서는 훨씬 포괄적이면서 지속적인 환경 적응 프로그램이 있어야 한다.

한편으로는 오늘날 사람들의 건강에 영향을 미치는 생활환경에 대한 수많은 정보들이 적절하게 처리되지 못해 때로는 혼란을 초래할 뿐 아니라 질병을 예방하고 건강을 증진시키는 행동양식으로 반영되지 못하는 경우를 흔히 볼 수 있다. 암에 관한 정보를 한 번 보자. 흡연, 음주, 화학물질, 자외선을 비롯한 수없이 많은 발암 요인에 대한 정보와 함께 암을 예방할 수 있다고 알려진 브로콜리, 토마토, 녹황색 채소, 요거트 등 여러 가지 음식과 생활습관에 대한 정보가 거의 매일 대중매체를 통해 전달된다. 암 치료법에 대한 다양한 정보 역시 걸러지지 않은 채 쏟아져 나온다. 그런데 이러한 정보들이 질병을 예방하고 건강을 증진시키는 데 실제로 사용되는 경우는 보기 어렵다.

그 이유는 여러 요인들이 서로 연결되어 각 사람에 따라 다르게 영향을 주고 있는 것을 고려하지 못하기 때문이다. 따라서 이제는 이러한 정보들이 각 사람의 건강 상태에 맞추어서 제공되어야 한다.

의학 교육이 변해야 한다

미국의 과학사학자인 토머스 쿤이 주장했던 과학 활동의 패러다임 경쟁의 내용을 잘 살펴보면, 결국 과학적 방법이나 사고 역시 불변의 절대적 진리로 존재하는 것이 아니라 서로 경쟁하면서 주어진 역사적 환경에 가장 적합한 이론이 선택되는 과정이라는 것을 보여준다.[3] 이제는 의학 교육도 특정 요인이 특정 질병을 일으킨다는 단순 인과론과 특정 질병은 특정 장기에서 나타난다는 질병 장기론에 바탕을 둔 고전적인 생의학 모형의 틀에서 나와야 한다. 다양한 요인들이 네트워크를 이루면서 다양한 질병에 영향을 미치는, 복잡하게 얽혀 있는 시스템들의 조화와 균형에 초점을 두는 시스템 의학이라는 패러다임에 맞추어서 의학 교육 자체가 바뀌어 가야 한다.

1910년 의학을 단순한 임상 진료가 아닌 과학으로 자리매김할 것을 강조하면서 생의학 모형을 강조한 플렉스너 보고서 이후, 북미와 유럽 등 대부분의 선진국에서는 의학 교육이 질병의 원인을 탐구하는 기초의학과 질병을 치료하는 임상의학이 결합한 형태로 이루어졌다. 이러한 체계는 오늘날까지도 이어지면서 현재의 의학 교육에 절대적인 영향을 미쳐온 것이 사실이다.[4] 그리고 생의학 모형과 플렉스너 보고서에 기반한 의학 교육이 의학 발전에 획기적인 기여를 했다는 것을 부정할 수는 없다. 특히 감염성 질환 관리에 놀라운 성과를 거두면서 전염병 시대의 막을 내리게 한 업적이 있다. 또한 만성질환과 같은 비감염성 질환 관리에 있어서도 수많은 약제의 개발과 함께 상당한 발전을 이룬 배경이 되었다. 그러나 20세기 중반 이후 감염성 질환의 발생은 줄었지만 당뇨병, 심장질환, 암 등과 같은 만성질환의 발생이 크게 증가하는 것을 막지는 못했다. 즉 만성질환을 예방하거나 이를 완전히 치료해 질병 없는 건강한 상태로 회복시키는 데에는 이르지 못한 것이다. 따라서 이제는 생의학 모형에서 더 나아가 시스템 의학적 개념을 바탕으로 의학 교육이 이루어져야 한다.

오늘날 의과대학 학생들에게 심근경색증에 대해서 가르칠 때는 가슴의 통증과 함께 동반되는 증상 및 감별해야 하는 증상 등을 이해시키고 심전도, 초음파 검사, 심혈관 촬영 등의 진단법과 함께 치료법으로 약물과 혈관 스텐트 시술 등을 가르친다. 하지만 심근경색증이 나타날 때까지의 생활환경적 요인, 유전체, 후성유전체, 대사체 등의 구성과 변화, 염증 및 독성대사, 다른 질환과의 관계, 미토콘드리아 및 에너지 대사 등 심장혈관 상태에 영향을 주는 중요한 요인에 대한 교육은 거의 이루어지지 않는다. 또한 심근경색증 환자가 겪는 심리적, 사회적 문제와 전문가로서 환자를 대하는 의사의 역할에 대한 교육은 더욱 찾아보기 어렵다. 물론 이러한 교육이 각 질병마다 이루어지려면 너무 방대해 학생 교육으로 현실적이지 않을지도 모른다. 사실 질병마다 그 질병에 해당되는 모든 내용을 가르쳐야 한다는 개념도 이제는 더 이상 타당하지 않다. 왜냐하면 질병들은 서로가 완전히 독립적이지 않기 때문에 많은 공통된 내용들이 반복될 것이기 때문이다. 따라서 미래의 의학 교육은 인체 내부와 외부의 각 시스템들을 배우고 이 시스템들이 어떻게 서로 영향을 주고받으며 원인적 요인들에서 질환이라는 결과까지 이르는지를 이해하고, 더불어서 질병의 예방부터 치료까지 환자를 중심으로 질병 관리 전체를 배우는 교육으로 바뀌어야 한다.

교육과 더불어 병원도 바뀌어야 한다. 병원은 19세기 이후 단순히 환자들이 수용되는 시설이 아니라 임상적 검사와 그에 기반한 치료를 수행하는 시설로 변하였다. 각종 검사 장비를 이용해 질병을 진단하고 전문 의료 인력이 질병을 치료하는 곳으로 자리 잡은 것이다. 한편 병원에서는 질병 중심의 진료가 이루어지고 환자는 치료 대상인 질병을 갖고 있는 사람으로만 다루어지게 되었다. 이러한 질병 중심의 진료는 의료의 전문성을 높임으로써 상당한 성과를 거두기는 했지만 한편으로는 여러 가지 문제를 드러내게 되었다. 현재 노인 인구의 절반 이상이 만성질환을 갖고 있는데 이들 중 상당수가 2개 이상의 만성질환을 동시에 갖고 있다. 따라서 여러 개의 질병을 갖고 있는 사람은 질병에 따라 각각의 진료를 받아야 하는 결과가 되었다. 이처럼 질환을 여러 개 갖고 있는 사람을 대상으로 하면서 질병을 중심으로 치료하는 방법은 비효율적일 뿐 아니라 혼란을 초래할 수 있다. 만성질환 시대를 넘어 후기만성질환 시대로 들어가는 시점에서 이러한 비효율과 혼란은 더욱 두드러질 것이다.

결국은 병원도 질병이 아니라 환자를 중심으로 치료하는 구조로 전환되어야 하고 의사를 교육하고 수련하는 제도 또한 이에 맞게 바뀌어야 한다. 의사들이 시스템들이 얽혀 있는 전체를 이해하지 못하고 세부 질환만을 다루었을 때는 마치 숲 전체를 보지 못하고 숲 안의 나무만을 보면서 숲을 헤쳐 나가는 것과 같기 때문이다. 지금의 의사 수련 제도와 같이 각 질병을 독립적인 단위로 이해하고 그 분야의 전문가를 양성한다는 계획은 세부 질환 전문가의 양성에는 어느 정도 성공했지만 환자를 대하고 치료하는 전인적 치료자의 양성에는 성공적이었다고 할 수 없다. 이는 의사 수련이 시대 변화가 요구하는 패러다임에 맞지 않았기 때문이다. 이제는 미래의 의사들에게 인체 내부의 시스템과 외부 환경 간의 균형과 조화, 그리고 이러한 균형과 조화가 깨졌을 때 나타나는 다양한 현상들을 이해하고, 환자에 대해 통합적이고 전인적인 접근을 할 수 있는 지식과 기술을 가르쳐야 한다.

미래의 병원과 의료 시스템

오늘날 병원에서는 상당히 많은 오진 혹은 부적절한 의료 행위가 이루어지고 있고 이로 인해 많은 환자들이 병의 악화를 경험하거나 죽음을 맞이하기도 한다. 과학으로서의 의학과 질병 중심의 의학을 기치로 내세웠던 현대 의학의 의료 현장에서 이러한 일들이 흔히 일어나는 이유는 무엇일까? 그 이유는 대개 환자의 증상과 검사 소견을 충분히 관찰하지 않을 뿐 아니라 환자가 처해 있는 환경을 제대로 평가하지 않았기 때문이다. 또 한편으로는 짧은 시간 안에 환자에 대한 정확한 판단을 할 수 있는 역량을 갖추기가 쉽지 않기 때문이기도 하다. 사실 의사가 알아야 하는 정보의 양은 지나치게 많을 뿐만 아니라 매일 추가되는 새로운 정보를 습득해 진단과 처방에 활용하기는 무척 어려운 일이다. 또한 검사나 수술에 있어서도 의사의 경우 사람이 범할 수 있는 오류를 벗어날 수가 없다.

이러한 문제 때문에 조만간 컴퓨터가 진단, 처방, 수술 등 의사의 핵심적인 의료 행위의 상당 부분을 대신하게 될 날이 올 것이다. 그렇다고 해서 의사의 역할이 줄어드는 것은 아니다. 의료 행위의 기술적 부분은 컴퓨터와 로봇이 대신해도 의사는 환자에 대한 전반적인 건강 관리자로서의 역할을 하게 될 것이기 때문이다. 오히려 컴퓨터와 로봇을 보조자로 활용함으로써 의사는 환자를 훨씬 정확하고 효과적으로 진단하고 치료할 수 있다. 또한 환자에 대한 다층적이고 복잡한 정보를 바탕으로 진단과 처방에 대한 판단을 지원해 주는 프로그램을 이용하게 되면 의사는 환자 개개인의 특성과 환경에 보다 적합하게 치료할 수 있게 될 것이다. 이미 IBM이 개발한 인공지능 슈퍼컴퓨터인 왓슨Watson은 방대한 의료 데이터를 수집해서 의사의 판단에 필요한 의학적 근거를 제공하는 능력을 갖추었고 일부 분야에서는 전문 분야의 베테랑 명의보다 정확한 진단과 치료 방침을 정할 수 있다. 따라서 이와 같은 의사 지원 프로그램을 잘 활용하게 되면 의사가 환자로부터 정보를 얻어서 분석하고 판단하는 데 들어가는 시간이 훨씬 줄어들기 때문에 그만큼 의사는 환자를 직접 돌보는 시간이 늘어날 수 있다. 한마디로, 질병 중심의 의료에서 환자 중심의 의료 서비스로 전환될 수 있는 기반이 마련되는 것이다.

이러한 추세로 가면 병원 자체가 하나의 거대한 자동화 시스템으로 변하게 될 것이다. 진단과 처방은 거의 자동화되고 여러 가지 검사 및 수술 역시 컴퓨터와 로봇이 대부분 담당하게 될 것이다. 또한 각종 진단기기에도 소견을 나타내는 수준을 넘어서 판단을 스스로 할 수 있는 알고리즘이 들어가게 될 것이다. 예를 들어 MRI 촬영을 하거나 초음파 검사를 수행하게 되면 진단기기는 사진이나 화면상의 결과를 보여주는 수준이 아니라 진단명을 제시해 의사의 판단을 돕는다. 그리고 처방과 함께 여러 가지 생활지침이 자동으로 환자의 정보 단말기로 들어가게 되고 필요한 약제 역시 집으로 자동으로 전송된다. 수술의 경우도 오늘날의 로봇 수술과 같이 의사가 직접 조작해야 하는 것이 아니라 로봇이 스스로 판단해 수술을 진행하는 수준으로 발전할 것이다. 이 경우 의료진은 환자를 적절히 안내해 수술 전 처치와 수술의 진행, 그리고 수술 후 치료가 문제없이 이루어지도록 전체 과정을 관리하는 역할을 담당하게 될 것이다.

치료하기 어려운 질병 때문에 동네의원에서 상위에 있는 병원이나 종합병원으로 전원을 하는 경우에도 진료의 연속성이 충분히 확보될 수 있다. 어떤 환자가 지역사회에서 의료진의 지속적인 모니터링과 관리를 받다가 정밀 검사 혹은 수술 등이 필요해 의료진의 안내를 받아서 상위의 병원으로 가게 되었다고 하자. 이 경우 지역사회 의료진은 상위 병원의 시설과 장비를 직접 이용하거나 혹은 병원 의료진과 협력해 환자를 치료하게 될 것이다. 환자 치료에 대한 정보는 관련된 의료진 간에 컴퓨터 시스템을 통해 충분히 공유되고 이 정보를 이용해 최종적인 판단을 함으로써 정확할 뿐만 아니라 지속적이고 포괄적인 치료가 가능해진다.

이와 같이 포괄적 의료는 가정에서부터 병원까지 건강 관리가 연속적으로 이어지는 체계라고 할 수 있다. 이를 위해서는 가정이나 학교 혹은 직장에서부터 병원에서의 집중 치료에 이르기까지 여러 전문 분야의 사람들이 협동해 역할을 해야 한다. 따라서 환자의 정보가 가정에서부터 병원까지 공유되고 의료진이 협력해 판단할 수 있는 정보 공유 및 판단 체계가 프로그램화되어야 한다. 이것이 연속적, 포괄적 의료가 이루어지는 기반이다.

환자들도 의복, 시계, 안경 등 착용하는 이동 전송 장치뿐 아니라 생체 내에 심어지는 모니터링 장치 혹은 화장실 등에 갖추어지는 생체시료 분석 장치를 통해 건강 정보를 지속적으로 의료진에게 전송하게 된다. 이러한 정보로부터 이상 소견이 발견되면 즉시 조치가 취해질 수 있는 진료 시스템이 갖추어지게 될 것이다. 환자의 건강 상태는 태아 때부터 모니터링된 건강 정보 및 환자 개인의 유전자 정보, 생활환경 정보, 그리고 개인 맞춤형 건강 관리 가이드라인과 연결되어 판단되게 된다. 이와 같이 미래에는 환자의 유전자, 생활환경, 과거 질병, 세균 종류와 분포, 화학물질 등의 자료와 함께 생체시료 분석 결과가 통합되어서 의학적 판단의 자료로 제공되고 의료진은 이를 이용해 환자를 진료하기 때문에 오진 혹은 부적절한 의료 행위는 사라지게 될 것이다. 이제 의사는 질병이 아니라 환자를 중심으로 한 의료 서비스를 제공할 수 있게 되는 것이다.

시스템 의학과
정밀 의료가 패러다임을 바꾼다

만성질환 혹은 후기만성질환은 복잡한 노출 요인들이 유전자와 상호작용하면서 인체 내의 반응이 정상적인 작용의 범위를 넘어서서 구조와 기능에 부정적인 영향을 주기 때문에 발생되는 질환이다. 시스템 의학적 의료는 이러한 개인의 질병 관련 요인들을 모두 고려해 질병 예방과 치료를 하는 〈개인 맞춤 의료〉라고 할 수 있다.[5] 맞춤 의료는 사실 완전히 새로운 것은 아니다. 수혈을 할 때 환자의 혈액형을 알고 그 혈액형에 맞는 혈액을 수혈하는 치료도 맞춤 의료라고 할 수 있다. 혈액형이 B형인 사람에게 A형 혈액을 수혈하면 환자는 면역반응이 심하게 일어나서 사망할 수 있으므로 표준적인 혈액이 아니라 그 환자에게 맞는 혈액을 수혈해야 한다. 이는 다소 극단적인 사례이기는 하지만 환자 정보를 제대로 알고 치료하지 않는다면 치료 효과가 없을뿐더러 상당한 부작용이 생겨 오히려 환자의 건강을 더욱 악화시킬 수 있다는 것을 의미한다. 질병을 예방하기 위한 노력의 경우도 마찬가지이다. 그 사람의 정확한 정보를 모른 채 표준적인 예방지침을 주게 되는 경우에도 건강을 악화시킬 수 있다. 또한 수많은 요인들이 서로 얽혀져서 건강에 영향을 주기 때문에 어떤 특정 요인만을 생각하고 예방지침을 주는 것은 상당히 위험할 수 있다.

시스템 의학은 분자, 유전자, 세포 수준의 정보와 생활습관, 그리고 임상적, 생리적, 환경적 정보 등 다양한 수준의 정보들을 얻어서 질병 예방과 치료 수준에서 획기적인 발전을 이루기 위한 새로운 접근법이라고 할 수 있다. 이러한 시도는 2부에서 설명한 바와 같이 지금까지의 〈특정 요인 대 특정 질환〉이라는 단순 관련성 개념에 근거한 접근법에서 벗어나 각 사람의 건강에 영향을 미칠 수 있는 모든 정보를 고려한 접근법이다. 따라서 시스템 의학이 실현되기 위해서는 매우 다양한 노출 정보와 함께 유전자, 대사산물 및 생체 지표들의 정보들이 모두 고려되어야 하고 이를 위한 정보 관리 기반이 갖추어져야 한다. 또한 대규모의 데이터, 즉 생활습관, 환경적, 생물학적, 미생물학적, 임상적 정보들을 동시에 분석해 활용해야 하기 때문에 상당한 수준의 자료 처리 기술을 갖고 있어야 한다.

이러한 접근법은 지금까지 의료에서 활용되는 정보들과는 양과 질에 있어서 크게 다를 수 있다. 예를 들면 혈구세포 수를 단순하게 측정하는 것이 아니라 혈구세포의 다양한 유형을 평가해 면역 상태를 측정하게 되고, 혈압이나 혈당수치, 심박동 정보 등이 휴대용 기기를 통해 자동으로 전송되어 모니터링될 수 있다. 또한 유전자 변이를 분석해 어떤 노출 요인이나 질병에 취약한지를 알 수 있고, 대변 분석을 통해 대장 내 미생물의 양상을 평가해 질병에 대한 감수성을 알 수 있다. 혈액 분석을 통해 비정상적인 유전자 조각을 찾아냄으로써 초기의 암을 진단할 수도 있을 것이다.[6] 또 현재 건강 진단에서 활용되고 있는 여러 가지 임상적인 검사들도 더욱 확대되고 정밀하게 되어 거의 대부분의 질환에 대한 개인 맞춤형 정보를 정기적으로 얻을 수 있을 것이다. 이를 기반으로 현재의 정확한 건강 상태를 알고 노출에 대한 자세한 정보를 이용해 정밀한 건강 관리를 받을 수 있게 되는 것이다.

그런데 시스템 의학이 제대로 실현되기 위해서는 우선적으로 갖추어져야 할 조건이 있다. 즉 복잡한 시스템의 네트워크로부터 평가해 얻은 질병 결정 요인에 대한 정보이다. 어떠한 요인들로부터 시작되어 인체 내의 어떠한 반응들을 거쳐 질병이 발생하게 되었는지에 대한 질병 발생기전에 관한 정보가 충분히 갖추어져 있어야 특정 사람의 건강 문제를 해결하고자 할 때 어느 부분을 개선해서 예방 혹은 치료에 활용할 수 있을지를 결정할 수 있기 때문이다. 따라서 시스템 의학적 연구를 통해 개인별 특성에 맞는 적절한 예방과 건강 관리에 대한 정보를 얻는 노력이 선행되어야 한다. 특히 환경에 대한 노출부터 시작해 인체 내의 다양한 생물학적인 반응 현상들이 시간이 경과하면서 변하는 양상을 보기 위해서는 대규모 인구집단을 장기적으로 추적하면서 그 결과를 분석해야 한다. 따라서 인종적, 문화적 특성이 다른 인구집단들을 각각 추적 조사하고, 또 태아부터 노인에 이르기까지 다양한 연령층에 대한 대규모이면서 포괄적인 추적 조사 연구들이 필요하다. 이러한 연구들을 통한 정보가 신속하게 전 세계의 의료진에게 공유되고 활용될 수 있게 된다면 만성질환의 예방과 치료의 수준은 획기적으로 향상될 것이다. 이와 같은 세계적인 의료 정보 공유 체계를 바탕으로 한 시스템 의학적 접근과 이를 기반으로 한 정밀 의료가 질병의 종식으로 이끄는 길이 될 것이다.

15

국경 없는 질병 시대, 세계적 전략이 필요하다

질병을 종식시키기 위한 개인적 실천과 공동체적 노력

질병을 종식시키기 위해 현재 우선적으로 수행해야 하는 질병 관리 전략은 인류를 가장 괴롭히고 있으며 유행이 증가하고 있는 만성질환 혹은 후기만성질환에 대한 관리 체계를 잘 갖추는 것이다. 이들 질환에 대한 관리는 각 사람에게 필요한 모든 정보를 주고 그것을 바탕으로 각자가 적절한 결정과 조치를 취할 수 있도록 도움을 주는 것에서 시작된다. 즉 주변 환경의 물리적, 화학적, 생물학적 요인들에 대한 정보를 지속적으로 모니터링하면서 각 사람들이 적절하게 판단하고 행동할 수 있도록 도움을 주는 시스템을 갖추는 것이 필요하다.

공원에서 산책하고 있는 사람이 있다고 하자. 공원에 있는 동물과 식물의 정보뿐 아니라 미생물에 대한 정보까지 상세하게 모니터링하고 사람에게 위협이 될 수 있는 요인들을 분석해 그 사람에게 전달되는 시스템이 만들어진다면 그는 건강을 위해 적절하게 판단하고 행동할 수 있을 것이다. 이 시스템은 미세먼지나 오존과 같은 대기오염물질뿐 아니라 노출되는 모든 화학물질을 성분별로 모니터링해 특정 성분이 높아질 때 경고를 줄 수도 있다. 또한 눈, 비, 기온, 습도와 같은 기상 요인에 대해서도 측정 수치뿐만 아니라 신체에 최적인 상태를 유지하기 위해서 취할 조치들까지 알려줄 수 있을 것이다. 그 정보를 바탕으로 그 사람은 자신의 유전자, 독성 방어 능력, 건강 상태 등을 고려해 공원에서 얼마 동안 산책할지, 어떤 길로 갈지, 휴식을 취할지 등을 결정하게 될 것이다.

그러나 대기오염, 독성 화학물질, 기상 요인과 같은 인체 외부의 환경에 대한 정보나 인체 내부의 유전체, 후성유전체, 대사체, 염증이나 산화스트레스와 같은 생체 지표의 모니터링 결과들을 지속적으로 알려준다고 해서 바로 만성질환이나 후기만성질환을 예방하거나 잘 관리할 수 있는 것은 아니다. 각 사람이 생활환경 요인을 개선시키기 위해 노력하지 않는다면 가능하지 않기 때문이다. 또한 수명이 늘어나면서 노인 인구가 많아져서 만성질환이나 후기만성질환이 보다 잘 발생할 수 있는 여건이 마련되었기 때문에 과거보다 더 많은 노력을 해야만 이러한 질환이 줄어들 수 있다. 따라서 이들 질환과 관련이 있는 생활환경 요인을 어떻게 개선해야 하는지를 이해하고 실천하는 것이 매우 중요하다.

우선 먹거리에 대해 살펴보자. 장기적인 식이관리의 목표는 현대인의 식습관이 초래할 수 있는 여러 가지 만성질환이나 후기만성질환의 위험도를 줄이는 것이어야 한다. 따라서 수렵채집 시기의 식습관에서 농업혁명 이후 곡물 위주로 바뀐 식습관, 그리고 산업혁명 이후에 동물성 지방 섭취가 크게 늘어나게 된 식습관의 변화가 질병 발생에 상당한 영향을 미쳤다는 것을 상기하면서 적절한 식습관을 만들어 가야 한다. 또 달리기나 빠르게 걷기, 적절한 무게의 물체 들기 등의 운동을 규칙적으로 할 수 있도록 유도해야 건강한 신체를 유지할 수 있다. 한편 만성질환 혹은 후기만성질환의 중요한 요인 중 하나인 스트레스 자체를 없애는 것은 사실상 불가능하기 때문에 스트레스를 적절하게 관리해 긴장의 이완과 간헐적 긴장이라는 정상적인 신체 대응 상태를 유지할 수 있도록 해야 한다.

그런데 만성질환이나 후기만성질환을 초래하는 생활환경 요인은 개인의 생활습관만이 아니다. 기후변화나 환경오염, 생활 화학물질의 증가와 같은 요인들도 질환의 발생에 상당한 기여를 하고 있는데 이러한 요인들은 개인의 노력만으로 개선하기는 어렵다. 따라서 공동체 사회가 각 개인들이 질병을 예방하고 건강을 증진시킬 수 있도록 환경을 만들어 주어야 한다. 생활 화학물질은 계속해서 늘어날 것이고 그 중에는 독성 혹은 발암성을 나타내거나 정상적인 호르몬의 작용을 방해하는 화학물질도 있을 것이다. 이것들은 특정한 개인의 건강뿐 아니라 공동체 구성원 전체의 건강에 영향을 미칠 수 있다. 결국 공동체 사회는 생활 화학물질의 생산, 유통, 사용에 대한 엄격한 관리를 통해 생활의 불편함이 없으면서도 안전한 환경을 제공해 줌으로써 만성질환을 줄이는 데 기여해야 한다. 이처럼 공동체 사회는 구성원의 건강을 위해 상당한 노력을 기울이지 않으면 안 된다. 어떤 면에서는 개인적 실천보다 공동체 사회가 만들어 가는 환경이 건강에 미치는 영향이 훨씬 크다고 할 수 있기 때문이다.

도시 공동체가
우리의 건강을 결정한다

공동체 사회가 도시를 중심으로 형성되기까지 인류는 공동체 형태의 큰 변화들을 겪었다. 문명이 시작되게 된 농업혁명과 중세 시대를 넘어 현대에 이르게 한 산업혁명에 의해 주거지의 형태가 두 차례에 걸쳐 획기적으로 변한 것이다. 우선 일정한 장소에 정착하지 못하고 거처를 옮겨 다니던 수렵채집 시기의 생활에서 농업혁명 이후 한 지역에 정착하게 된 첫 번째 변화가 있었다. 두 번째 변화는 농촌에 거주하던 상당수의 인구가 산업혁명 이후 도시로 옮겨와서 도시 인구가 급격하게 증가된 것이었다. 이러한 변화를 거치면서 인류의 거주지는 수렵채집 시기의 가족 중심의 거주 형태, 즉 하나 혹은 서너 가족이 모여 사는 무리 형태에서 농업혁명 후의 부락 중심의 거주 형태를 거쳐서 단위 면적당 인구수의 급격한 증가뿐 아니라 서로 모르는 낯선 사람들이 모여 살게 되는 도시 생활로 크게 변화해 왔다.

19세기 이후 더욱 팽창된 도시화는 현대 인류의 건강과 질병 양상에 적지 않은 영향을 미쳤다. 도시는 보다 밀접한 접촉에 의한 새로운 병원균의 도입과 확산뿐 아니라 편의시설에 의한 신체 활동량의 감소나 공장이나 자동차 배출가스 등에 의한 대기오염의 증가 등 질병 위험 요인을 충분히 갖고 있었고 이는 현대 인류의 만성질환을 크게 증가시킨 결정적 요인이 되었다. 사실 당뇨병, 고혈압, 심혈관질환, 암, 알레르기, 우울증과 같은 현대 사회에서 대유행을 하고 있는 질환들은 개인의 생활습관 때문이라기보다는 도시화와 같은 공동체의 거주 및 생활환경의 변화에 기인한 점이 더 크다고 할 수 있다.

지금은 어느덧 도시가 지역사회 공동체의 중심적인 형태가 되었지만 도시화는 문명이 시작된 이후 꾸준히 진행되었다기보다는 최근에 급격히 진행되었다고 보는 것이 더 타당하다. 3천 년 전까지만 해도 인구가 5만 명을 넘는 도시는 전 세계에 고작 4개밖에 없었고 2천 년 전까지도 40개 정도의 도시만이 5만 명을 넘는 인구를 갖고 있었다. 대항해 시기와 제국주의 시대를 거치면서 인구의 이동과 교류가 급격히 증가하고 사람들이 도시에 모여 살기 시작했지만 19세기 초까지만 해도 도시 인구는 전 세계 인구의 5퍼센트에 불과했다. 그러다가 19세기 이후 현대 사회로 들어서면서 도시화는 급격히 진행되었고 그로부터 150년이 지난 현재 도시 인구가 전 세계 인구의 50퍼센트를 넘어서는 놀라운 변화를 이룬 것이다.[7] 이러한 급격한 도시화가 유전자와 환경의 부조화를 초래하는 가장 주된 이유라고 할 수 있다.

따라서 개인적 차원의 노력보다 더 중요한 것은 도시 설계와 지역사회 형성 단계에서 인체 외부와 내부 시스템 간의 부조화를 줄이려는 노력이 이루어져야 한다는 것이다.

도시화의 진행과 함께 도시의 규모도 점차 거대화되면서 인구 천만 이상의 거대도시도 전 세계에 수십 개 출현하게 되었다. 그러나 이러한 추세가 앞으로도 계속될 가능성은 크지 않다. 사실 미래에는 물리적으로 집적화되어 있는 거대도시의 필요성은 오히려 줄어들 가능성이 크다. 물리적으로 거리가 떨어져 있는 곳도 컴퓨터 네트워크로 서로 연결되어 생활의 불편함이 없어지고 행정 서비스나 교육뿐 아니라 의료에 있어서도 거리의 접근 제한성이 없어지면서 삶의 질은 더욱 향상될 수 있기 때문이다. 결국 미래 사회의 도시화 추세는 점차 거대도시 중심에서 소도시 중심으로 변화되는 양상을 나타내게 될 것이다.

소도시를 근간으로 하는 지역사회가 미래의 사회 기반이 되면서 지역사회의 의원, 병원, 종합병원 등 의료 시스템이 소도시 안에서 충분히 갖추어져서 지역사회 구성원의 건강을 책임지는 의료 구조를 갖게 될 것이다. 병원이나 종합병원이 자동화되면서 진단, 처방, 수술 등은 컴퓨터와 로봇이 주로 담당하게 되고 지역사회 의원에서 일하는 의사는 환자의 주치의로서 건강 관리 전반을 책임지는 형태로 전환되어 갈 것이다. 아마도 미래의 의료 기관은 더 이상 오늘날과 같이 환자가 증상이 나타난 다음에 스스로 판단해 진료를 받으러 찾아오는 곳이 아닐 가능성이 많다. 의료 기관은 지역사회의 컴퓨터 네트워크 시스템에 의해 각 개인의 환경 요인, 생활습관, 생체 지표 등을 모니터링하다가 이상 신호가 감지되면 환자가 증상을 느끼기도 전에 그 환자를 안내해 문제를 해결하는 곳으로 변해갈 것이다. 또한 지역사회의 환경, 즉 주거, 교통, 먹거리의 공급, 폐기물 처리, 녹지의 조성, 맑은 공기와 물의 공급 등이 건강을 중심으로 계획되고 실현되어 갈 것이다.

하지만 이러한 변화가 저절로 생기는 것은 아니다. 지역사회의 기반을 구성하는 요소들이 건강을 중심으로 연결되는 새로운 네트워크 시스템들을 지역사회에 갖추려는 계획과 실천을 해야만 바람직한 변화가 생길 수 있다. 다시 말하면 인간의 건강을 가장 중요한 가치로 삼고 도시 공동체의 환경을 만들려는 노력이 필요하며 그 속에서 의원, 병원, 종합병원이 컴퓨터 네트워크로 연결된 의료 시스템이 만들어져야 하는 것이다.

공동체 사회의 잘 짜여진 네트워크 시스템은 생산력의 획기적인 증가를 기반으로 하는데 과학 기술과 의학의 눈부신 발전은 미래의 질병 관리뿐 아니라 삶의 방식에서도 새로운 변화를 초래할 것이다. 변화를 구체적으로 예측하기는 어렵지만 국가, 종교, 신분과 같은 기존의 질서는 무너져가고 새로운 질서가 대신하게 될 것이다. 사실 기존의 질서는 과거의 생산력 수준에 맞는 생산관계를 유지하기 위한 질서였다고 볼 수 있다. 예를 들어 국가의 개념은 근대 사회로 들어오면서 공고해졌는데 이는 자본의 이익을 국가라는 체제를 통해 지키고자 했기 때문이다. 그런데 더 이상 국가의 틀 안에서 자본의 이익을 극대화하기 어렵게 되자 자본의 세계화가 이루어지고 국가는 그 힘을 점차 잃어가고 있다. 이는 생산력의 기반이 국가를 단위로 하는 틀에서 보다 확장된 틀로 바뀌어 가는 것을 의미하며 생산관계, 즉 생산과 노동도 세계화되어 가는 것을 의미한다.

따라서 현재와 같은 강력한 국가의 틀은 점차 약화되어 가는 반면에 도시화는 더욱 진행되어 도시 공동체는 보다 독립적인 형태로 발전되어 세계화의 단위가 될 것이다. 결국 세계는 대부분 도시화하고 도시는 새로운 변화의 시대에 경제적, 정치적, 문화적 단위일 뿐 아니라 질병 관리 체계의 단위가 되어갈 것이다. 그러나 세계화와 더불어 도시들이 긴밀하게 연결되면 이는 질병에 대한 또 다른 위험 요인이 될 수 있다.

세계화의 위험,
국경 없는 질병 시대를 열다

산업화와 도시화에 기반한 현대 사회는 수명의 획기적인 증가라는 놀라운 성과와 함께 만성질환의 대유행을 가져왔다. 현대 사회는 각국 내의 산업화에 그치지 않고 전 세계를 하나의 시장으로 묶어 전 세계의 소비자를 대상으로 생산과 판매가 이루어지는 〈세계화의 시대〉에 본격적으로 들어가고 있다. 세계화란 교역과 교류가 과거와는 비교할 수 없을 정도로 늘어나면서 국가라는 영역과 경계가 무너지고 전 세계가 하나의 공동체로 연결되는 과정이다. 그런데 도시화가 만성질환의 온상을 제공했듯이, 세계화는 전염병과 환경성 질환의 새로운 유행을 가져오는 계기가 될 수도 있다.

예를 들면, 1999년 8월 뉴욕 시에서 까마귀의 사체들이 발견된 것과 거의 같은 시기에 심한 근력 약화가 동반된 뇌염환자들이 보고되었다. 이는 아프리카의 나일 강 서부에서 처음 발견된 웨스트나일 바이러스가 지역 간 교류가 활발해지자 아메리카에 진출해 조류를 통해 사람에게까지 질환을 일으킨 것이다. 웨스트나일 바이러스는 아메리카에서 서식지를 더욱 넓힌 후 나중에는 유럽뿐 아니라 아시아와 오스트레일리아에 이르기까지 퍼져 나갔다. 2009년에 세계적인 유행을 한 신종플루swine influenza의 경우는 돼지를 숙주동물로 하던 바이러스가 사람에게 독감을 일으킨 것이다. 원래 돼지에 서식하던 바이러스가 사람에게 옮겨온 이후 사람끼리도 전염될 수 있는 형태로 변이가 생긴 데다가 국가 혹은 지역 간의 왕래가 잦아지게 되면서 이를 이용하여 대유행을 일으킨 것이다.

웨스트나일 바이러스나 신종플루 등은 동물에서 온 바이러스가 사람에게 전염병의 유행을 일으킨 경우들이다. 지난 1만 년에 걸친 문명의 시기에 인류는 상당히 많은 강력한 전염병을 경험했는데 이는 대부분 동물에 있던 균이 사람에게로 옮겨온 것이다. 따라서 앞으로도 이러한 가능성은 얼마든지 있다고 볼 수 있다. 왜냐하면 아직까지 개발되지 않은 지역이 상당히 있고 동물과의 접촉은 더욱 늘어날 것이고 세계화와 함께 사람 간의 교류 또한 훨씬 빈번해질 것이기 때문이다. 특히 기후변화에 의해 기온이 상승하면서 얼었던 땅에 있던 새로운 바이러스나 세균이 곤충이나 동물을 통해 사람을 감염시킬 가능성도 상당히 많다. 또한 현재 예측되는 대로 생태계 다양성이 줄어들고 동물종도 감소하게 되면 병원균의 서식환경이 나빠지고 병원균과 숙주의 균형이 깨지게 되어 숙주를 동물에서 사람으로 바꿀 가능성이 높아지게 된다. 사람이 새로운 병원균의 숙주가 된다는 것은 세계화된 현대 사회에서는 신종 전염병이 광범위하게 유행할 가능성이 높아진다는 것을 의미한다.

2002년 11월 중국의 광둥성에서 고열과 함께 폐렴과 같은 호흡기 질환 증상을 나타내는 질환이 발생했는데 이는 곧이어 홍콩, 싱가포르, 베트남, 그리고 캐나다까지 확산되었다. 숙주 동물이 명확히 밝혀지지는 않았지만 박쥐나 사향고양이로부터 바이러스가 옮겨와서 병을 일으킨 것으로 추정되고 있다. 8천 명이 감염되고 8백 명이 사망한 다음에 소멸되었으나 치사율이 높아서 중증급성호흡기증후군(SARS, 사스)이라는 진단명을 갖게 되었고 원인균은 변종 코로나 바이러스로 확인되었다. 2015년 5월에 한국에서 유행이 되었던 중동호흡기증후군(MERS, 메르스)도 중동의 낙타로부터 옮겨온 코로나 바이러스에 의해 발생했다. 이러한 새로운 감염병은 과거에는 없었을 뿐 아니라 그 유행도 이제는 일부 국가에 국한되지 않는다는 것을 알 수 있다. 실은 그뿐 아니라 마치 감기처럼 드물지 않게 찾아오는 인플루엔자는 이미 〈국경 없는 질환〉이 되어 지구상 어느 한 지역에서 발생하면 곧 다른 지역으로 유행이 퍼져 나가고 있다.

2008년에는 아일랜드의 한 사료 공급업자가 공급한 사료를 먹은 돼지에서 기준치의 100배가 넘는 다이옥신이 검출되었다. 다이옥신은 암이나 당뇨병 등을 일으킬 수 있기 때문에 이는 아일랜드 국민의 건강에 상당한 영향을 줄 수 있는 수준이었다. 그런데 당시 아일랜드의 돼지고기는 이미 23개국에 수출되고 있었기 때문에 이는 아일랜드에 국한된 문제가 아니었다. 돼지고기뿐 아니라 소고기, 닭고기와 같은 육류와 어류, 농산물 등도 이미 지역사회 혹은 국가 내에서 생산되고 소비되는 수준을 넘어 세계화되고 있다. 또한 사료 생산 산업 자체도 국경이나 지역의 경계 없이 사료를 공급하고 있기 때문에 사료 속에 건강에 해로운 물질이 들어가게 되면 곧 여러 지역에서 생산되는 육류에 영향을 미쳐서 세계적인 확산을 가져올 수 있다.

1986년 4월 소비에트연방에 속해 있던 우크라이나의 체르노빌에서는 핵발전소가 폭발하면서 방사능 입자들을 대량으로 방출하는 사건이 발생했다. 방사능 입자들은 바람을 타고 서쪽으로 날아가 인근의 벨라루스뿐 아니라 러시아와 유럽까지 방사능으로 오염시켰다. 폭발사고로 31명이 직접적으로 사망했지만 방사능 노출에 의해 이후에 발생했을 것으로 추정되는 암 발생자 수는 4만 명을 넘고 있다.[8] 2011년에 발생한 일본의 후쿠시마 핵발전소 사고에서도 이러한 문제를 나타내고 있다. 방사능 오염은 일본에 그치지 않고 방사능 오염수가 태평양으로 흘러 들어가고 있는 것이다. 대기오염 물질의 증가 역시 국경 없이 그 피해를 넓혀가고 있다. 최근 한국에서는 부쩍 심해진 대기오염에 의해 미세먼지에 대한 경보가 자주 발생되고 있다.

이웃국가인 중국의 산업단지에서 발생된 미세먼지가 편서풍을 타고 동쪽으로 이동하기 때문이다. 이 같은 사례들은 세계화가 진행되고 있는 오늘날에는 질병 대응에 있어서도 지역, 국가를 넘어 세계라고 하는 공동체적인 전략이 필요한 시기가 되었다는 것을 의미한다.

의료의 세계화를 통한 질병 종식 전략

20세기 중반 이후 광범위한 예방 접종 프로그램 시행 덕분에 1977년 세계보건기구는 천연두를 박멸했다고 선언했다. 예방 접종 프로그램은 홍역, 소아마비, 디프테리아, B형 간염 등과 같은 많은 질환들을 예방해 전염병 발생을 줄이는 데 상당한 기여를 했다. 예방 접종의 성과와 함께 페니실린 같은 항생제의 사용으로 전염병을 포함하여 전체 감염성 질환의 치료에 있어서도 큰 성과를 이루었다. 그러나 항생제로 병원균을 정복해 조만간에 감염성 질환을 종식시키고자 했던 희망은 항생제 내성균의 등장이라는 복병을 만나면서 다시 움츠러들었다. 병원균은 항생제라는 독성환경을 맞아 대부분 사멸했지만 일부는 유전자 변이가 생겨서 항생제의 독성환경에도 사멸하지 않는 균종이 생긴 것이다.

유전자 변이에 의해 생긴 항생제 내성균은 처음에는 그 수가 적다 할지라도 병원균이 후손을 만들어 내는 속도가 무척 빠르기 때문에 급속히 증식해 퍼질 수 있다. 특히 진료 현장에서의 항생제 남용뿐 아니라 가축 사육이나 물고기 양식을 하는 경우에도 항생제가 무분별하게 사용되면서 항생제 내성균은 광범위하게 퍼져 나가고 있다. 병원성 박테리아뿐 아니라 바이러스나 말라리아원충 같은 병원균에 대해서도 항생제 내성이 점차 늘어나고 있다. 이와 같이 과거의 병원균이 항생제 내성이라는 무기를 갖추고 다시 위세를 떨치고 있기 때문에 적어도 상당 기간은 감염성 질환의 극복이라는 목표를 완전히 달성하기는 어려울지 모른다. 그런데 항생제 내성과 같은 문제를 특정 국가나 지역 차원의 문제라고만 볼 수는 없다. 세계화되고 있는 오늘날 항생제 내성을 갖고 있는 병원균이 특정 지역에만 국한해 존재한다고 볼 수는 없기 때문이다. 따라서 새로운 항생제나 백신의 개발과 함께 항생제 내성균의 발생을 억제하기 위한 종합적인 대처 방안과 함께 지역 수준을 넘어 세계 수준의 전략이 필요하다.

질병의 양상이란 기본적으로 문명의 발달 단계에 따라 정해진다. 그런데 각 지역의 역사적 발달 단계가 다르고 문명이 전파되고 건축된 경험과 시기가 다르기 때문에 지역 간에도 질병의 양상이 다르게 나타날 수 있다. 현재 지구상에는 남아메리카의 히위족과 같이 수렵채집 생활을 영위하는 가족 공동체 혹은 씨족 중심 사회가 남아 있어 아직도 만성질환을 본격적으로 겪지 않은 사람들이 있다. 반면에 현대화된 도시 문명을 누리면서 만성질환과 함께 후기만성질환을 본격적으로 겪고 있는 선진국들도 공존하고 있다. 이렇게 서로 다른 사회 발전 단계와 질병 양상에 대처하기 위해서는 질병에 대처하는 전략도 각 사회에 맞게 달라져야 한다.

한편 인류의 문명 전체를 살펴보면 일정한 방향의 발전 단계를 거치는 것을 알 수 있다. 일부 여건이 안 좋았을 때, 예를 들어 심한 가뭄이 들었을 때 농경을 하다 수렵채집으로 돌아간 경우들이 예외적으로 있기는 했지만 농업혁명과 산업혁명을 거쳐 현대 사회로 들어서는 기본 방향에 있어서는 변함이 없었다고 할 수 있다. 따라서 일정한 역사 발전 방향이 있고 각 단계의 질병 경험이 있기 때문에 각 단계에 맞는 질병 예방 관리 전략을 채택하는 것이 바람직하다.

단면적으로 보면 지금 지구상에는 다양한 양상의 질병 단계가 있고 이에 맞는 다양한 전략을 채택하는 것이 맞을 것이다. 그러나 다양한 질병들이 지역 간에 서로 영향을 주고받는다는 점과 함께 질병 단계가 일정한 방향으로 변천해 간다는 점도 고려해야 한다. 선진국의 만성질환 문제와 사하라 이남 지역의 영양 결핍 문제가 서로 공존하고는 있으나 이는 서로 다른 발전 단계를 나타내는 것이지 질병의 양상이 지역 간에 근본적으로 차이가 있는 것은 아니다. 사하라 이남 지역도 얼마 지나지 않아 결국 선진국의 만성질환 유행을 경험하게 될 것이다.

따라서 각 지역이 처해 있는 상이한 역사 발전 단계에도 불구하고 세계화 추세는 서로 다른 단계별 전략을 통합적으로 관리하는 거버넌스 체계가 필요함을 뜻한다. 그리고 거버넌스 체계는 국가 간, 지역 간의 긴밀한 공조를 필요로 한다. 세계화 추세와 함께 국가라는 틀 안에서 계획되고 수행되었던 보건 의료 서비스 역시 변화되어 가고 있다. 많은 나라가 낙후된 의료 접근성 및 사회환경을 갖고 있으면서도 선진국의 고도화된 의료 기술을 도입하기를 원하고 있다. 이는 국가 내에서 보건 의료의 양극화를 초래하지만 또 다른 측면에서는 의료의 세계화를 가속화하는 현상이기도 하다.

이제는 이러한 양극화와 세계화의 문제를 본격적으로 다루어 나가는 세계적 수준의 질병 대응 전략이 필요하다. 우선적으로는 각 국가 내에서 보건학적 우선순위를 정하고 감당할 수 있는 비용으로 접근 가능한 기술과 도구를 지역사회 공동체에 적용해 국가 간 건강과 질병 수준의 차이를 줄이는 데 초점을 두어야 한다. 그 다음 단계로는 의료의 세계화를 기반으로 해 지구적인 차원에서 질병 종식의 전략을 만들어 가야 한다. 따라서 질병을 종식시키기 위한 실질적인 조치 중의 하나는 세계적 수준의 전략을 수립하고 집행해 나가는 거버넌스 체계의 강화, 즉 세계보건기구나 세계은행 등 세계적인 보건 거버넌스의 강화라고 할 수 있다.

16

인류를
가장 끝까지 괴롭힐,
정신질환의 대유행이 온다

네트워크 혁명이 가져오는 질병 관리 전략

1981년 《타임》은 올해의 인물로 사람이 아닌 PC를 선정했다. 이는 컴퓨터가 앞으로 사회 발전에 있어서 중심적인 역할을 하게 되었음을 알리는 신호였다. 의학과 의료, 그리고 질병의 치료에 있어서도 이러한 변화는 예외가 아닐 것이다. 산업혁명이 화석연료와 기계를 기반으로 생산성을 비약적으로 높였던 역사적 사건이었다면, 컴퓨터와 인터넷을 기반으로 한 네트워크 혁명은 사회 체제 전반에 걸쳐 변화를 가져온 또 하나의 역사적 사건이라고 할 수 있다. 18세기에 시작된 산업혁명이 19세기 말에 제2의 산업혁명이라고 부를 만한 과학혁명을 거치면서 인류는 풍요의 시대로 접어들었지만 한편으로는 지나치게 빠르게 변화되는 생활환경으로 인하여 유전자의 부적응 상태를 초래하였다. 이와 같이 환경에 대한 유전자의 부적응이 만성질환의 시대로 들어서게 된 결정적인 요인이 된 것은 네트워크 혁명이 가져올 수 있는 질병에 대해서 시사하는 바가 크다.

20세기 말을 지나 21세기로 들어서면서 정보기술의 발전에 의해 사회는 또 다른 변화의 거대한 소용돌이를 겪고 있다. 이제 인류는 네트워크 시대로 접어들게 되면서 사람과 사람, 사람과 사물, 더 나아가 사물과 사물이 서로 연결되어 판단하는 시대로 들어서게 되었다. 더욱이 과거와는 달리 변화에 걸리는 속도가 무척 빠르다. 선행인류의 기원에서 현생인류가 나타나는 데까지는 6백만 년이 걸렸고 문명을 이루고 산업혁명에 이르기까지는 1만 년이 걸렸으며 산업혁명 이후 현대 사회로 오기까지는 250년 정도가 소요되었다. 그런데 정보혁명이 일어나 인류가 네트워크로 서로 연결되는 데에는 30년 정도밖에 걸리지 않았다. 앞으로 변화의 가속도는 더욱 빨라지고 개인은 더 이상 개별적 존재가 아니라 인류 공동체라는 네트워크의 한 구성원으로서 존재하는 시대가 될 것이다.

이러한 시대의 특징은 인간이 물리적 환경과 사이버 환경을 통합해 관리하게 되고, 시간과 공간의 제약이 극복되며, 지구 전체가 마치 하나의 유기체적인 시스템이 된다는 셈이다. 즉 사람과 사물, 사건의 밀접한 연결과 더불어 이들 간의 경계가 모호해질 것이다.[9] 따라서 개체성은 사라지고 모든 것은 유기적으로 통합되며 이를 관리하는 체계 역시 중앙 집권형에서 책임이 분산되는 분권화된 시스템으로 발전하게 될 것이다. 궁극적으로 인간과 환경적 요소들이 서로 연결되어 시간과 공간의 제약을 극복하고 새로운 가치를 만들어 내는 〈네트워크 사회〉로 변화되어 간다고 할 수 있다.

네트워크 사회에서는 각 사람이 하루에 얼마나 걷고 운동하는지, 열량은 얼마나 섭취하는지, 혈압과 심박동수는 얼마나 되는지, 그리고 얼마나 자는지 등과 같은 모든 정보가 각 사람이 갖고 있는 스마트폰이나 착용하고 있는 시계 혹은 가정이나 직장의 사물인터넷 도구 등을 통하여 모니터링될 수 있다. 또한 의복, 시계, 안경뿐 아니라 생체 내에 삽입되거나 가정이나 직장의 생활공간에 설치된 바이오센서가 개인의 생리학적인 혹은 병리학적인 변화를 인식해 이를 컴퓨터 네트워크에 전송함으로써 그 사람의 건강 상태 및 생활습관이 지속적으로 모니터링될 수 있다. 예를 들어 신체 피부 내에 혈당이나 대사물을 지속적으로 측정할 수 있는 소형 기기를 넣거나 화장실 변기에 소변이나 대변에서 얻어지는 DNA나 미생물을 분석할 수 있는 분석장치를 설치함으로써 지속적으로 건강 상태를 점검하게 된다. 바이오센서를 이용한 모니터링은 일상생활에 자연스럽게 녹아 들어가서 이루어지기 때문에 특별하게 인식되지 않으면서도 자동적으로 이루어질 수 있다.

바이오센서에서 얻은 개인 정보들은 진료 시스템에 자동으로 전송되고 분석되어서 신체에서 이상 신호가 발생되는 경우 의료진에게 즉각적으로 정보가 제공되고 적절한 의학적 조치를 취할 수 있게 될 것이다. 고혈압, 당뇨병, 고지혈증 등과 같은 만성질환은 생체 지표들을 정확하게 모니터링하면서 건강 관리를 지속적으로 한다면 더 이상 심각한 문제로 발전되지 않는 질병이다. 또한 암과 같이 생명을 위협하는 질환도 초기에 발견이 된다면 충분히 치료될 수 있다. 이와 같이 바이오센서에 의한 모니터링을 통해 조기에 적절한 조치를 취하게 됨으로써 네트워크 사회에서는 만성질환이 인류를 위협하지 않는 수준으로 관리될 것이다.

줄어든 신체활동, 늘어난 정신활동

미래에는 생산을 담당하고 있는 노동의 형태 자체가 변하게 된다. 회사에 출근하거나 회의에 직접 참여하는 방식은 거의 사라져가고 어디에서나 컴퓨터로 연결되어 보다 효율적인 방식으로 정보를 얻고 의견을 모으고 결정을 내리는 방식으로 업무를 수행하게 될 것이다. 노동인력도 변하게 된다. 어떤 특정한 전공 분야를 공부한 후에 그 분야의 전문가로 일했던 전통적인 방식에서 업무 자체가 여러 분야가 서로 어우러져서 통합적으로 이루어지는 방식으로 바뀐다. 따라서 일정한 교육을 마친 후에도 지속적인 교육이 이루어지고 한 분야가 아니라 여러 분야의 지식 습득이 가능하도록 교육이 제공될 것이다. 또한 머지않아 노인이 되어도 뇌기능 및 신체의 기능들을 강화시켜서 생활할 수 있기 때문에 더 이상 나이가 노동을 제한시키는 요인이 되지 않고 정년이라는 개념도 사라지게 될 것이다.

미래의 생산력이 인류의 소비 수준을 뛰어넘고 도시 중심의 공동체가 사회의 기반시설과 구조를 충분히 갖추게 되면 공동체 구성원 모두에게 생활에 필요한 기본적인 거주지, 음식, 교육, 교통, 통신, 의료 등을 제공할 수 있게 될 것이다. 공동체 구성원 모두의 생활수준이 높아지게 되면 생산 구조 역시 변화를 겪게 된다. 즉 소유의 독점화가 상당 부분 해소된 공동체 사회로 나아갈 수 있을 것이다. 충분한 생산성을 기반으로 생산과 소비가 유기적으로 관리되기 때문에 잉여 생산물에 대한 독점적 지위가 사라지게 되어 계급이 사라지는 것이다. 이처럼 공동체 사회가 바람직한 방향으로 전개된다면 노동을 통한 인간의 자기실현이 이루어질 수 있고 노동의 참된 의미를 다시 찾을 수 있을 것이다.

인류가 성공적으로 이러한 변화를 이루게 되면 노예제도나 봉건제 혹은 자본주의와 사회주의에 걸쳐 해결되지 않았던 노동의 소외, 즉 자신을 위한 노동이 아니라 타인을 위한 노동이었던 문제가 본질적으로 해소될 수 있을 것이다. 각 개인은 자신의 능력과 적성에 맞는 일을 택해 노동하고 또 필요에 따라 노동활동을 바꿀 수 있다. 또한 산업혁명 이후의 중노동과 위험하고 반복적인 작업으로 특징 지워졌던 노동환경은 사라져가고 육체적으로도 피로가 덜한 작업으로 바뀌어 간다. 원격 조작이나 가상현실 기술을 이용해 산업 현장도 근로자가 기계를 직접 대면하는 공간이 아니라 스마트한 공간으로 바뀌게 된다. 첨단 센서가 광범위하게 활용되고 사물과 사물의 정보 연결로 인해 공장 작업의 오퍼레이터나 엔지니어들은 마치 사무직 근로자들처럼 오피스에서 일하게 될 것이다. 오피스 역시 현재와 같은 회사 건물 안의 고정된 장소가 아니라 이동하면서 혹은 집에서 일할 수 있는 가변적인 개념으로 바뀌어 가게 될 것이다.

그러나 노동환경의 변화가 이와 같은 장밋빛 미래만 가져오지는 않을 것이다. 무엇보다 노동의 부하 자체가 감소되지 않을 수 있다. 왜냐하면 정신적인 노동 부하는 줄어들지 않고 오히려 더욱 증가될 수 있기 때문이다. 한 사람이 처리해야 하는 정보량이 과거에 비해 훨씬 많아지고 이를 정리하고 분석해서 결정해야 하기 때문에 육체적인 노동 부하는 줄었지만 정신적인 노동 부하는 커질 수 있다. 이러한 작업 양상은 수렵채집 시기의 노동 조건, 즉 육체적으로는 훨씬 많은 활동을 해야 했지만 정신적인 노동이라고 할 수 있는 활동은 상당히 적었던 환경과는 크게 다를 것이다.

사실 비만이나 당뇨병, 심장질환 등과 같은 만성질환은 수렵채집 시기의 신체활동과 산업혁명 이후의 신체활동의 차이에서 발생되었다고도 할 수 있다. 마찬가지로 미래에 신체활동이 더욱 크게 줄어들고 반면에 정신활동은 비교할 수 없을 정도로 증가된다면 이는 질병 관리에 있어 상당한 도전이 될 것이다. 사회 변화에 적응하지 못해 발생하는 정신질환이 크게 늘어날 수 있기 때문이다. 결국 고혈압이나 당뇨병과 같은 만성질환이 신체 활동량이 크게 줄어들면서 에너지 공급과 소비의 균형이 깨져서 초래된 것과 같이, 미래에는 정신활동량이 크게 늘어나게 되면서 뇌활동에 과부하가 걸리게 되어 우울증이나 적응장애와 같은 정신질환이 크게 늘어날 수 있다. 아마도 인류를 가장 끝까지 괴롭힐 만성질환은 정신질환이 될지 모른다. 따라서 미래의 의료 시스템은 인체의 생물학적 최적 상태를 유지하기 위해서 신체 활동량과 정신 활동량을 동시에 모니터링하면서 인체에 가장 적합한 형태로 관리해 주는 건강 관리를 포함해야 한다.

정신노동의 증가, 인체의 오래된 생리학적 평형 상태를 뒤흔들다

네트워크 사회에서는 언제 어디서나 필요한 데이터와 서비스를 이용할 수 있다. 따라서 시간과 장소에 구애 받지 않고 업무를 수행할 수 있어 업무 효율성은 상당히 증가되지만 여가 시간과 업무 시간의 경계가 분명하지 않게 될 수 있다. 여가 시간에도 업무를 해야 돼 오히려 업무가 과중될 수 있는 것이다. 그런데 이렇게 증가되는 업무는 대개 신체활동을 요하는 업무가 아니라 정신적인 활동을 요하는 업무이다. 전산화가 될수록 신체활동에서 정신활동으로 노동 형태가 전환되어 가기 때문이다. 이것은 인간이 오랜 기간에 걸쳐서 형성시켜온 신체의 생리학적 평형 상태를 뒤흔드는 일일 수 있다. 즉 뇌에서 사용하는 에너지 양은 과거에 비해 크게 늘어난 반면 근육이 사용하는 에너지 양은 훨씬 줄어들게 되기 때문이다.

근육은 체온 조절에 매우 중요한 역할을 해왔다. 체온 조절 중추인 뇌의 시상하부에서 외부 기온을 감지한 후 기온이 높을 때는 근육에 있는 혈관들을 확장시켜서 체열이 몸 밖으로 쉽게 빠져나갈 수 있게 한다. 반대로 기온이 낮을 때는 혈관들을 수축시켜 체열이 몸 밖으로 나가는 것을 가능한 줄인다. 또한 추운 기온에서는 근육이 수축될 때 근육 내에 있는 ATP가 ADP로 전환되면서 생기는 에너지로 열을 발생시켜 체온을 유지시킨다. 추운 곳에 있을 때 몸을 떨게 되는 것은 근육 수축을 통해 열을 발생시키려는 반응이다. 이처럼 근육은 체온 조절에 매우 중요한 역할을 하는데 근육이 사용하는 에너지 양이 줄어들면서 근육량이 감소하게 되면 체온 조절 기능도 떨어지게 마련이다. 체온 조절은 신체의 대사를 적절하게 하고 뇌기능과 같은 주요 기능들을 원활하게 하는 데 필수적이기 때문에 체온 조절을 위해서 외부의 기온 조절 장치인 에어컨, 난방, 의복 등에 더욱 의존하게 될 것이다. 물론 체온을 적절하게 유지시키기 위한 장치들도 비약적으로 발전해 자동으로 체온을 조절할 수 있는 실내 환경이나 의복 등이 개발될 수 있다. 그런데 이는 기본적인 생명 유지 활동을 위해 기계나 도구에 대한 의존성을 더욱 높이게 된다는 것을 뜻한다. 결국 점점 기계나 도구 없이는 인간이 생존하기 어려운 상태로 변해 가는 것이다.

한편 뇌가 갖고 있는 생물학적인 정보 처리 용량은 한계가 있기 때문에 뇌에서 담당해야 하는 정신적인 노동의 양이 계속적으로 늘어날 수는 없다. 이는 미래 사회에서 필요로 하는 정신적인 노동의 양을 생물학적인 뇌로는 감당할 수 없는 시점에 도달한다는 뜻이다. 즉 뇌의 기능을 획기적으로 강화시켜 주는 시스템이 필요하게 되는 시기가 오게 될 것이다. 또한 현재의 기술 발전 속도를 감안하면 이제 곧 기억, 인식, 분석 등과 같은 뇌의 생물학적인 능력은 인공지능을 따라가기 어렵게 될 수 있다. 따라서 뇌세포와 인터페이스를 통해 연결된 인공지능 장치를 이용해 인간의 생물학적인 능력을 높이고자 할 것이다. 아마도 인공지능이 감정이나 기분 같은 보다 근원적인 생물학적 능력을 갖추어 인터페이스를 통해 인간과 교감하는 데에는 상당한 시간이 걸릴지 모른다. 그러나 감정이나 기분 역시 주위 환경과 개체적 인간의 상호작용 그리고 그로 인한 생물학적 반응과 경험을 통해 학습된 일정한 패턴적 반응 양식으로부터 산출되는 것이다. 따라서 오래지 않아 인공지능이 감정이나 기분을 이해하고 또 나타내는 수준까지 도달하게 될 수 있을 것이다.

인공지능에 대한 의존, 개인의 자존감을 낮추다

선행인류의 지능과 현대인의 지능을 비교하면 유인원과 현대인의 지능 차이 정도는 아니라 할지라도 아마도 커다란 차이가 있을 것이다. 지능이 끊임없이 향상되는 것은 자연선택의 압력이 작용하기 때문이고 경쟁이 있는 한 지능 향상 노력은 계속될 것이다. 1980년대에 들어선 이후부터는 컴퓨터에 기반한 혁명적 변화가 일상생활뿐 아니라 사회 전체에 커다란 영향력을 행사하고 있고 생물학적 지능의 한계를 극복하기 위한 시도들도 다양하게 수행되고 있다. 우리의 일상생활을 살펴보면 스마트폰에서 손쉽게 정보를 얻고 이동매체에 정보들을 저장해 다니면서 언제든지 활용한다. 이제 생물학적인 지능에만 의존하지 않고 더 뛰어난 능력을 갖기 위해 의식적 혹은 무의식적으로 지능 향상 노력을 하는 것이다. 그리고 이러한 노력은 앞으로 더욱 가속화될 것이다. 결국은 이를 통해 인공지능이 생물학적 인간과의 경계를 넘어 활용되는 시점에 도달할 것이다.

또한 수명의 한계를 극복하기 위한 연구들로 인해 머지않아 뇌세포가 죽지 않고 지속적으로 활동할 수 있는 기술적 돌파구가 생길 수도 있다. 인공지능 장치가 인터페이스로 연결되거나 소형화됨으로써 뇌에 삽입되어 활용되는 기술과 함께 뇌세포 역시 재생되거나 세포의 수명을 늘리는 기술이 사용된다면 인류의 지능은 지금보다 훨씬 높아질 것이다. 이와 같이 인공지능이 인간의 뇌와 결합되어 활용된다면 컴퓨터 네트워크와 연결된 인공지능으로 인하여 생물학적 개체가 갖고 있는 지능의 한계를 넘어 인류의 집단지능으로 발전할 수 있게 될 것이다. 그리고 이 집단지능은 현재의 문명이 아닌 새로운 차원의 문명을 만들어 갈 수도 있다.

이러한 변화는 그리 먼 미래가 아니라 금세기 안에 일어날 수도 있다. 그런데 이는 긍정적인 결과만 가져오는 것은 아니다. 아마도 인간은 미래에 생물학적으로는 강화되겠지만 동시에 더욱 기술 의존적이 되고 기계와의 차이 또한 적어지게 될 것이다. 또한 개인의 능력보다 공동체의 기술적 수준과 생산성에 보다 더 의존하게 되면서 그만큼 독립된 개인성 혹은 개인의 독립적인 자아는 힘을 잃어갈 수 있다. 예를 들어 기억력과 지능이 뇌에 심어진 인공지능 장치 덕분에 강화되면 지적 능력이 커지기는 하겠지만 독립적인 자아가 강화되는 것은 아니기 때문이다. 오히려 컴퓨터나 기계 장치에 대한 의존성은 자존감을 낮추고 스스로를 전체 시스템의 부속품 정도로 인식하게끔 할 수 있다. 왜냐하면 컴퓨터 없이는 사회적인 역할을 하기 어렵고 컴퓨터 자체는 독립적인 개인이 만든 것이 아니라 공동체의 기술적 성과물이기 때문이다. 따라서 공동체의 통합성은 커지지만 자신을 완성된 개체로 보는 독립적인 자아에 대한 인식은 적어질 수밖에 없다. 결국 인간은 개인의 독립성을 양도하고 전체를 구성하는 하나의 부속품과 같은 단위로 살게 될 수도 있다.

사실 세포가 연합해 개체를 이룰 때 독립된 세포가 아니라 개체를 구성하는 세포로서만 존재 의미가 있듯이, 사회를 구성하는 개인 또한 독립된 개인이 아니라 사회인으로서만 존재 의미가 있다고 할 수 있다. 각 개인은 가족, 친지, 공동체의 구성원으로서 관계를 맺고 역할을 할 때 비로소 인간으로서의 존재 의미를 갖게 되기 때문이다. 세포가 조직 안에서 주어진 역할을 못하고 세포 간에 형성되어 있는 조절의 틀을 벗어나 독립성을 가질 때 그 세포는 조직을 파괴하는 암세포가 될 수 있다. 또는 정상적인 기능을 못하는 병적인 세포가 되어서 질병을 일으키거나 세포자살이 유도되어 스스로 죽을 수도 있다. 인간도 공동체에서 부여한 개인의 역할을 제대로 하지 못하고 문화적, 사회적 규범을 벗어나면 공동체에 해를 끼치거나 적응장애, 불안, 우울증과 같은 정신질환에 걸릴 수 있고 때로는 자살로 귀결되기도 한다.

결국 개인의 역할을 제대로 하기 위해서는 개인이 하나의 완성된 개체로서 자존감을 가지면서도 공동체 속에서 타인과의 관계가 유기적으로 잘 형성되어야 한다. 따라서 개인의 개체적 자유가 공동체의 유기적인 통제와 조절 속에서 어떻게 보존되고 실현될 것인가에 따라 미래 인간의 삶의 질이 결정될 수 있다. 개인의 자유가 무한히 신장되는 것도 문제를 일으키지만 개인이 공동체의 하나의 부속품으로서만 역할을 하는 사회도 바람직하지 않다. 미래 사회에서는 인간의 자유와 공동체의 통제 사이에 적절한 균형을 유지하는 것이 개인의 건강을 확보하고 건강한 공동체를 만드는 데 있어서 핵심적인 과제가 될 것이다. 그리고 이는 공동체를 움직이는 중요한 하나의 축이 될 인공지능을 인간이 어떻게 관리할 것인지에 달려 있다고 할 수 있다.

존재의 불안감은 정신질환을 폭발시킨다

1950년에 앨런 튜링은 기계가 정말로 지능을 갖추었는지를 판단하는 기준인 튜링 테스트를 제안했다. 이 테스트를 통과하는 기계는 독립적인 지능을 갖추었다고 볼 수 있다는 것이다. 이후 인공지능은 컴퓨터의 발달과 함께 지속적인 발전을 해왔는데, 1997년에는 IBM이 만든 체스 컴퓨터 딥 블루Deep Blue가 당시 체스 세계 챔피언이었던 러시아의 게리 카스파로프와 여섯 차례 대국 끝에 2승 3무 1패로 승리를 거두었다. 2016년에는 구글이 만든 알파고Alpha Go가 바둑 챔피언이었던 한국의 이세돌과 다섯 차례 대국에서 4번을 이겼다. 이미 오늘날의 인공지능 수준은 단순 작업뿐 아니라 고난도의 기술이 필요한 작업도 수행할 수 있을 정도여서 사람이 하는 상당수의 전문 작업들을 인공지능을 갖춘 기계가 수행할 날이 곧 올 것이다.

머지않은 미래에 도달하게 될 초연결사회란 사람들이 거대한 네트워크의 한 구성 요소가 되어 무수한 사물과 로봇화된 기계에 연결되는 사회를 말한다.[10] 이 사회에서는 독립된 인격을 가진 존재로서의 의미는 쇠퇴하고 거대한 시스템에 적합하게 생활하는 능력이 높은 가치로 평가될지 모른다. 인간은 문명을 이룬 이후 사회를 구성하고 복잡한 관계를 만들어 나가는 데 성공했기 때문에 미래에 더욱 복잡하고 유기적인 관계를 이루는 데에도 성공할 것으로 예측되지만, 인간이 기계와 연결된 관계로 나아가는 것은 인간성에 대한 중대한 도전이라고 할 수 있다. 독립적인 인간이 아니라 거대한 네트워크의 한 부분을 차지하는 구성 요소가 되면서 자신의 존재에 대한 위협이나 불안을 느끼게 된다면 이는 지금보다 훨씬 심각한 정신질환의 유행으로 이어질 것이다.

도시화와 세계화를 통해 전통적인 권력 통제 메커니즘이 점차 네트워크화된 시스템에 지배적 위치를 내어주면서 각 개인은 마치 독립적인 지위를 차지한 것처럼 보이지만 이는 실은 지배와 피지배의 관계가 네트워크에 대한 예속의 관계로 변해 가는 것이라고 할 수 있다. 이 네트워크는 전 세계의 모든 사람들을 엮어서 하나의 거대한 시스템으로 통합해 가고 있다. 국가와 시민, 고용자와 피고용자, 교수와 학생과 같은 전통적 관계의 틀이 깨지고 새로운 관계가 형성되어 가는데 그렇게 되는 주된 이유는 컴퓨터 네트워크로 이루어진 유기적 구성체에 우리 모두가 종속되어 가기 때문이다. 유기적 구성체 안에서 각 개인이 자아의 위치를 견고하게 확보하지 못한 채 초연결사회의 거대한 네트워크의 위압감에 자존감을 상실해 간다면 인류는 존재의 불안감을 심각하게 겪을 수 있다.

초연결사회가 되면 개인은 오늘날과 같이 대부분의 사항에 대해서 직접 의사결정을 하는 것이 아니라 소수의 주요 사항을 제외하고는 대부분 인공지능이 대신 결정을 하게 되고 인간이 하는 일은 이를 승인하거나 혹은 이해하는 정도가 될 것이다. 인간은 생물학적으로 또 사회적으로 능동적으로 사고하고 행동하는 주체적인 위치에서 수동적이고 의존적인 위치로 전락해갈 수 있다. 한마디로 절대적이고 독립적인 이성을 가진 인간은 더 이상 존재하지 않고 거대한 시스템에 종속된 수동적이고 의존적인 개체가 존재하는 것이다. 이러한 위협은 인류가 그동안 겪어왔던 기아, 병원균, 만성질환과는 차원이 다른 위협이 될 것이다.

산업혁명 이후 현재까지 250년간의 변화가 만성질환의 대유행을 창출했듯이 초연결사회로의 변화는 너무나 짧은 기간 안에 일어나고 있어서 존재의 불안감은 정신적 질환의 폭발적인 대유행으로 나타날 수 있다. 더욱이 집단적인 정신병리적 상태가 종종 심각한 정치적 광기로 나타났던 인류의 역사를 돌아보면 미래 사회의 정신질환 대유행은 인류의 비극으로 귀결될 수도 있다. 그렇기 때문에 질병의 종식을 위해서는 현재의 고혈압, 당뇨병, 심장질환, 암과 같은 만성질환, 그리고 곧 주요 질환으로 등장할 신경퇴행성질환, 면역교란질환과 같은 후기만성질환뿐 아니라 초연결사회에서 유행할 수 있는 정신질환에 대해서도 대비를 갖추어야 한다. 따라서 앞으로의 의료는 현재와 같은 감염성 질환이나 만성병을 진단하고 치료하는 단계를 벗어나 신체적, 정신적, 사회적 기능이 네트워크 사회에 맞게 발휘될 수 있도록 관리하는 단계로 이행해야 한다.

17

경제적, 사회적 불평등이 생물학적 불평등으로 이어진다

불확실성의 시대, 인류의 위기로 이어지다

기하급수적으로 진보하고 있는 과학 기술로 인해 머지않아 만성질환 및 후기만성질환을 치료하고 수명의 한계마저 극복할 수 있게 될 가능성이 높아지고 있다. 그런데 질병 치료 기술이 향상되어 대부분의 만성질환 혹은 후기만성질환을 치료할 수 있는 수준에 도달한다고 해서 질병이 바로 종식되고 행복한 미래가 도래하지는 않을 것이다. 왜냐하면 지금과 같은 소득 불평등의 심화, 과학 기술의 불균형 발전, 의료 접근성의 차이 등이 유지되거나 가속화된다면 의료 기술 발전의 혜택이 골고루 나누어지지 못한 채 여전히 질병이 발생하고 이에 대한 관리가 제대로 이루어지지 않는 인구집단이 존재할 것이기 때문이다. 오늘날의 인류는 글로벌 공동체로 변했지만 국가 간, 종교 간, 민족 간 분쟁은 끊이지 않고 오히려 증가하고 있는 양상이다. 그리고 이러한 분쟁의 밑바탕에는 경제적 불평등이 존재할 뿐 아니라 그 불평등은 해소되는 것이 아니라 더욱 심화되는 쪽으로 변하고 있다. 즉 우리는 현재 위험과 기회가 공존하고 있는 불확실성의 시대에 살고 있는 것이다.

불확실성은 인류 전체에게 심각한 영향을 미칠 대변혁을 예고하는 것일지도 모른다. 따라서 현존하는 모순을 완화시키려는 노력과 함께 급속한 변화에 대한 통제와 조정이 없다면 현재의 위기는 인류를 새로운 차원의 모순을 갖는 사회에 이르게 할 수 있다. 인류는 지금 운명의 기로에 서 있다. 변화에 대한 통제와 불평등의 해소가 바람직한 방향으로 이루어진다면 과학 기술의 발전을 바탕으로 현재의 갈등을 극복하면서 이상적인 공동체를 만들어 나갈 수 있다. 하지만 변화를 통제하지 못하고 갈등과 불평등이 심화된다면 과학 기술은 바람직한 방향으로 이용되지 않고 국가 간, 종교 간, 민족 간 이해갈등을 심화시키는 방향으로 사용되어 미래는 현재보다 더 위험한 시대가 될 수도 있다.

현대 사회의 특징인 산업화와 도시화 또한 생태계의 급속한 변화를 초래하고 있는데 기후변화와 생태계의 파괴로 인해 지구환경이 복원력을 상실하는 티핑 포인트tipping point에 이르게 되면 문명적 수준의 변화를 가져올 수 있다.[11] 1만 년 전 문명이 시작되었던 계기 역시 빙하기가 끝나면서 추운 기후에서 온난한 기후로 바뀌면서 대기 지표면의 기온이 5-6도 정도 상승한 것에서 기인한다. 따라서 기후변화가 통제되지 않는 수준으로 빠르게 일어나고 현재의 생태계가 급격히 변화한다면 인류는 지금과 다른 새로운 지구환경에서 생존해 나갈 수밖에 없는 위기를 겪을 것이다. 그때의 위기는 현재로서는 규모와 내용을 예측하기 어려운 문명적 변화일 수 있다. 이는 단순한 주거환경 변화의 수준이 아니라 지금까지와는 전혀 다른 정치, 경제, 사회, 문화적 변화에 대한 인간의 적응 과정이 필요함을 의미한다.

인류는 이미 지구의 자원을 남용하면서 생태계를 파괴하고 있고 지구 표면의 기온을 상승시켜서 지구환경 자체의 지속성에 대한 불확실성을 초래하고 있다. 이러한 변화들은 현명한 통제와 조정이 없다면 회복하기 어려운 재앙과도 같은 결과를 불러올 수 있다. 따라서 현대 사회가 초래하고 있는 변화 자체를 막을 수 없다면 변화의 속도에 대한 통제와 조정을 할 수 있어야 한다. 현대인들에게서 만성질환이 발생되는 가장 중요한 이유가 유전자의 적응이 환경의 변화 속도를 따라갈 수 없기 때문인 것처럼 변화의 속도가 지나치게 빠르면 심각한 문제를 초래할 수 있다. 그리고 이는 만성질환 관리의 실패나 새로운 질병의 유행과 같은 건강 차원의 문제를 넘어 인류 지속성의 위기로 이어질 수도 있다.

과연 질병이 종식되는 유토피아를 맞을 수 있을까

생산성이란 일정 단위의 노동량이 투입되었을 때 산출되는 생산물이나 서비스의 양을 말하는데 대개 노동 시간당 산출물의 양으로 측정된다. 생산성이 높아지면 그만큼 더 많은 생산물이 산출되고 보다 많은 사람들이 쉽게 그 생산물을 이용할 수 있게 된다. 반면에 생산성이 낮은 사회에서는 생산물이 귀해 많은 사람들이 쉽게 이용하기 어렵게 된다. 1만 년 전 문명사회에 들어오기 전까지 인류의 조상은 돌과 나무로 만든 도구, 불, 그리고 언어 등을 이용해 수렵과 채집을 했고, 이 시기의 생산성은 거주 지역에서 자연적으로 생산되는 식물이나 동물 혹은 어류에 의존해야 했기 때문에 소규모 무리집단을 겨우 유지하는 수준이었다. 문명이 시작된 이후에는 농경과 목축으로 생산성이 높아지자 인류는 일정한 지역에 정착해서 공동체를 확대해 갈 수 있게 되었다. 그러다 산업혁명을 계기로 생산성에 있어서 비약적인 증가를 이루었다. 질소 비료로 농업 생산성이 획기적으로 높아지고 과학과 기술의 발달로 생산 수단이 기계화, 자동화되면서 다수의 대중이 비교적 쉽게 생산물을 이용할 수 있는 시대가 된 것이다.

인류의 역사는 생산력이 증가해온 역사라고 할 수 있다. 생산력 증가를 기반으로 해 현재의 갈등과 모순을 상당히 해결해 나간다면 인류는 지금보다 훨씬 살기 좋은 이상적인 미래를 만들어 갈 수 있을 것이다. 머지않아 다가올 미래에 생산 수단이 보다 자동화되면서 인류 전체가 소비하는 양보다 생산할 수 있는 능력이 훨씬 커질 수 있다. 또한 생산량이 충분해지면서 분배의 문제가 해결되고 누구나 어디서든 자유롭게 생산물을 이용하는 시대가 될 수 있다. 물론 칼 마르크스와 같은 사회주의자들이 이상향처럼 이야기했던 "능력에 따라 생산하고 필요에 따라 분배되는" 사회가 자연스럽게 다가오지는 않을 것이다. 그러나 수많은 국가, 민족, 종교, 이념 등의 갈등에도 불구하고 그 갈등의 근본 원인이었던 생산과 분배의 문제가 생산성의 획기적인 발전에 의해 해소되면서 적절하게 조절되고 관리되는 시대가 올 수 있다.

생산성이 크게 향상되고 과학 기술의 발전으로 적절한 생산과 분배가 기술적으로 가능한 시기가 되면 사회 구성원들은 소수가 다수를 통제하는 생산관계를 벗어나 자율성을 기반으로 필요에 의해 생산하는 유기적인 경제 체계를 이룰 수 있을 것이다. 이러한 생산관계는 다시 정치사회적으로 영향을 미쳐서 인류가 꿈꿔왔던 지배와 피지배 계급이 없는, 즉 자유로운 개인이 연합한 평등사회가 나타날 수도 있다. 그리고 그 사회에서는 사회 구성원의 안전과 건강이 가장 중요한 사회적 가치가 되고 이를 지키기 위한 사회보장 및 의료 체계가 매우 중요한 사회 기반이 될 것이다.

이러한 유토피아 시대에는 필요한 만큼 생산물을 분배받을 뿐 아니라 재능과 필요에 따라 교육이 제공되고 모든 질병에 대한 무상 의료 서비스가 제공되며 사람들은 하고 싶은 일을 할 수 있을 것이다. 또한 지역을 기반으로 한 공동체의 벽이 거의 사라지면서 현재의 국가와 국가 간의 경계는 없어지고 정치 체계도 자유로운 개인이 직접적으로 의사결정에 참여하는 직접민주주의의 형태로 바뀔 수 있다. 생산력의 기반 역시 상품화되거나 노예화된 노동이 아니라 자기를 실현하는 노동으로 바뀌고 소유의 독점화가 해소된 공동체 사회로 나아갈 수도 있을 것이다. 노동은 더 이상 노동이라는 의식 속에서의 행위가 아니라 자유로운 삶의 행위가 될 수 있다. 수렵채집 시기에 노동이 노예화되거나 상품화되지 않고 생활의 중요한 부분을 형성했듯이 노동은 더 이상 남을 위한 것이 아니라 스스로의 존재를 위한 것이 될 수 있는 것이다.

생산력과 생산 양식, 그리고 분배의 구조는 그 사회의 정치 체계, 사회 구조, 문화적 특성 등을 결정하는 기본적인 요인이다. 지난 역사를 통해 나타났던 인류의 발전은 이러한 요인들에 의해 결정되거나 지배를 받아왔다고 할 수 있다. 따라서 생산이 소비를 월등히 뛰어넘고 분배의 문제가 해결되는 미래가 된다면 지금까지의 정치, 사회, 문화의 수준보다 훨씬 발전된 시대가 될 수 있다. 특히 과학과 의학 기술의 진보로 질병이 종식되고, 인간이 생물학적 수명의 한계를 넘어서까지 생존하거나, 수명 자체를 조절할 수 있는 시대로 들어서면 인류는 꿈에 그리던 유토피아를 맞이하는 것이다.

생물학적 불평등은
디스토피아 시대를 불러올 수 있다

그러나 과연 인류가 이와 같은 유토피아 시대로 들어갈 수 있을까? 사실 인류가 현재 겪고 있는 갈등과 위기를 극복하고 변화에 대한 합리적인 통제와 조정을 한다는 가장 최상의 시나리오를 펼친다 하더라도 유토피아로 들어서기는 쉽지 않다. 왜냐하면 지금까지 인류가 겪어온 수많은 문제들을 해결한다고 해도 그 사회에서는 새로운 문제가 등장할 것이기 때문이다. 현재의 문제가 해결된 이후에 닥칠 문제들은 지금까지 우리가 경험해 보지 못한 새로운 문제일 뿐만 아니라 인구의 노령화, 죽음의 선택, 발전의 동력을 상실한 정체된 사회와 같이 결코 쉽게 해결할 수 없는 문제들일 수 있다. 더욱이 특별한 노력을 기울이지 않는 한 최상의 시나리오와 같이 미래가 전개될 가능성 자체가 거의 없다고 할 수 있다. 소득 불평등, 사회의 불균형 발전, 의료 접근성의 차이 등과 같이 인류의 갈등과 위기를 나타내는 지표들이 줄어드는 것이 아니라 커지는 방향으로 나타나고 있기 때문이다. 오히려 가능성이 높은 시나리오는 생산양식과 분배의 구조를 개선하지 못한 채 생산력이 커지고 과학과 의학 기술은 지속적으로 발전해 사회적 불평등뿐 아니라 생물학적 불평등까지 커지는 경우이다. 과학과 의학 기술의 발전이 가져오는 성과를 일부 집단만 비대칭적으로 누리게 되면 그 일부 집단만이 생물학적 기능 강화를 통해 뛰어난 능력을 소유하게 되는 생물학적 불평등으로 이어질 수 있기 때문이다. 이러한 시나리오가 실현된다면 어쩌면 인류의 미래는 유토피아가 아니라 디스토피아가 될 가능성이 크다. 특히 생물학적 불평등이 현실화되는 순간 미래 사회는 돌아올 수 없는 길에 들어서는 것이다. 이는 지배와 피지배의 구조를 영속화시키고 인류를 화해할 수 없는 갈등 속으로 밀어 넣을 수 있다.

현대를 살고 있는 인류가 당면한 정치적, 종교적, 계급적 갈등의 주된 요인은 불평등이다. 인류의 역사를 뒤돌아보면 부의 축적이 없고 계급적 분화가 이루어지지 않았던 수렵채집 시기는 평등사회였다고 할 수 있다. 그런데 문명 시기로 들어오면서 마을, 부락, 도시와 같은 공동체가 형성되고 이어 국가로 발전하면서 불평등 사회가 되는 변화를 겪었다. 공동체를 관리하고 유지 발전시키기 위한 권력의 체계가 만들어지면서 부의 축적과 함께 계급의 분화가 이루어졌는데 이것이 공동체 구성원 간의 불평등을 가져왔다. 계급은 주인과 노예, 시민과 비시민, 귀족과 평민, 그리고 자본가와 노동자로 변화되어 왔지만, 근본적으로는 노동을 관리하고 그 잉여물을 소유하는 사람과 노동을 수행하고 자신을 재생산할 수 있는 정도로만 생산물을 얻는 사람으로 구분할 수 있다.

불평등은 도시, 국가와 같은 공동체 내에서도 일어나지만 근본적으로는 공동체 간의 기술력 혹은 생산력의 차이에서도 생긴다. 현재 지구상에서 동시대에 공존하고 있는 다양한 공동체를 보더라도 기술적 수준에서 상당한 차이를 보이고 있는데 우월한 기술을 갖고 있는 공동체는 기술 수준이 높지 않은 공동체와의 차이를 점점 더 벌여가고 있다. 한마디로, 공동체 간 불평등이 커지고 있는 것이다. 그리고 현재의 추세로 보면 앞선 기술을 가진 공동체는 우월한 기술을 생물학적 인체에 직접적으로 적용할 수 있는 시점에 곧 도달할 수 있다. 특히 이러한 불평등이 배아세포의 유전자 조작으로까지 이어져서 일부 집단에서만 뛰어난 능력이 후세에까지 전달되게 된다면 자연선택에 의한 진화의 시대는 막을 내리고 호모 사피엔스보다 우월한 새로운 인류종이 탄생될 수도 있다.

현재 국가 간, 인종 간, 집단 간에 보이는 다양한 불평등이 아무리 크다 하더라도 그 차이는 소비 및 문화생활이나 교육 및 의료 접근에 대한 기회의 차이에 불과하다. 그런데 미래 사회에 나타날 수 있는 인간 사이의 신체 및 정신 능력의 차이는 단순한 기회의 차이에 그치지 않을 수 있다. 이러한 차이는 인체 능력 강화를 통해 생물학적으로 강력해진 새로운 인간, 즉 인체 능력 강화 인간과 호모 사피엔스의 차이로 나타날 것이다. 어쩌면 이 차이는 수렵채집 시기에 살았던 선행인류와 농업혁명을 거쳐 현대 문명에 도달한 현대인의 차이 그 이상일 수 있다. 침팬지와 인간, 혹은 네안데르탈인과 호모 사피엔스와 같이 생물종 간의 절대적인 능력의 차이가 될 수도 있다.

강화된 인체 능력은 또 다른 지배 도구로 사용될 수 있다

우리가 살고 있는 이 시대는 과거 인류 역사, 그리고 앞으로 다가올 미래의 역사를 모두 합쳐볼 때 질병 양상의 변화가 가장 심했던 시대로, 또한 인간의 생물학적 수명의 증가가 가장 크게 이루어졌던 시대로 기록될 것이다. 낙관적으로 본다면 우리는 비약적으로 발전하는 과학의 힘을 바탕으로 오래지 않아서 질병이 발생하고 진행되는 복잡한 시스템의 현상을 충분히 이해하고 그 해결책을 찾을 수 있을 것이다. 그러나 앞으로 전개될 변화는 그간에 인류가 쌓아온 철학적, 윤리적, 사회적 개념 속에서 이해하고 대처하기에는 그 속도가 너무나 빠르고 클 수 있다. 따라서 미래의 변화를 예측하고 적절하게 준비하는 것은 결코 쉬운 일이 아니다. 그럼에도 불구하고 현재를 살고 있는 우리는 미래에 대한 책임을 피할 수 없다. 미래의 사회는 현재의 우리에게 달려 있고 전염병의 시대나 만성질환의 시대보다 더욱 심각한 도전을 인류에게 안겨줄 수 있기 때문이다.

수렵채집 시기 이래로 기술의 진보는 인간이 사용하는 도구를 변화시켰고 새롭게 등장한 도구들은 문명의 발달을 이끌어 왔지만, 이제는 기술의 변화가 인간 자체를 변화시키는 시대에 들어서고 있다. 그런데 수렵채집 시기에 문명이 어떻게 전개될지 상상하고 예측하기 어려웠듯이 앞으로 다가올 시대 역시 현재의 문명 수준에서는 가늠하기 어려울 수 있다. 또한 미래의 시대에는 만성질환이나 노화와 같은 오랜 난제들을 푸는 열쇠를 갖게 될 수도 있지만 이 열쇠는 동시에 새로운 난제의 문으로 들어가는 열쇠일 수도 있다.

무엇보다도 미래 사회에서는 노인 인구의 구성비가 높아지기 때문에 노화의 진행을 억제해 젊음을 유지하거나 인체 능력 강화를 통해 노화에서 생기는 문제들을 극복하려 할 것이다. 예를 들어 근력이 약화되어 정상적인 보행이 어려운 노인에게 근골격 보조 장치와 같은 인체 능력 강화 장치를 착용케 하여 보행뿐 아니라 일상생활에서도 젊은 사람과 같은 혹은 그 이상의 활동을 할 수 있게 해줄 것이다. 신체활동을 잘하게 하는 장치만이 아니라 기억이나 지능 향상 장치, 그리고 유전공학을 이용한 유전자 변형 혹은 유전자 발현의 조절 등을 통해서 사물을 인식하고 대응하는 생물학적인 능력을 강화시키는 장치들도 개발되어 이용될 것이다.

인체 능력 강화는 경쟁적으로 발전해 처음에는 환자 및 노인 인구를 대상으로 적용되지만 점차 현재의 인간이 갖고 있는 육체적, 정신적 능력을 훨씬 뛰어넘는 수준의 능력 강화로 이어질 수 있다. 예를 들어 어떤 공동체 혹은 집단에서 학생, 군인, 근로자와 같이 환자 혹은 노인이 아닌 일반 인구집단에도 인체 능력 강화 장치를 이용해 다른 공동체나 집단보다 우월한 지위를 얻으려 할지 모른다. 근력이 약화된 노인을 인체 능력 강화 장치로 활기찬 생활을 할 수 있게 해 건강한 노령기를 지낼 수 있게 한다면 우리는 그 장치를 약하고 병든 사람을 돕는 매우 좋은 장치로 인식할 것이다. 그러나 젊고 건강한 사람이 이러한 장치로 강화된 인체 능력을 갖고 다른 사람과의 경쟁에서 이긴다면 이는 경쟁과 지배의 도구로 사용될 수 있는 것이다.

과거에 보다 앞선 무기를 가진 집단이 그보다 뒤처진 무기를 가진 집단을 정복하여 노예로 삼거나 멸종시켰듯이, 유전자 강화나 뇌기능을 강화시켜 주는 인공지능 장치를 통해 보다 힘이 세고 빠르고 건강한 신체적 능력과, 기억 능력이나 지능 면에서 우수한 정신적 능력을 갖춘 집단은 그렇지 못한 집단을 지배하려 들 것이다. 학습, 직업, 스포츠, 그리고 연예 부문에서도 신체적, 정신적 기능이 강화된 사람들이 우위를 점하게 되고 심한 경우 새로운 지배와 피지배, 즉 주인과 노예의 관계가 나타날 수 있다.

그런데 인체 능력 강화는 오랜 시간에 걸쳐 우수한 유전자가 선택되는 자연선택의 과정과는 달리 빠른 시간 안에 우수한 신체적 능력과 정신적 능력이 인위적으로 만들어지는 과정이다. 따라서 유전자가 선택되는 과정에서 걸리는 시간이 생략되었다고 할 수 있다. 이는 충분한 시간 속에서 다양하게 우수성이 검증되는 시간이 없어졌다는 것을 뜻하는 것이기 때문에 안전성이 확인된 선택 과정이라고 할 수 없으며 따라서 인류의 지속 가능성에 어떤 영향을 줄지도 알 수 없다. 호모 사피엔스로서의 인류의 운명이 불확실해지는 시점에 이르는 것이다.

호모 사피엔스가 노예로 전락하는 비극을 막으려면

인류가 지구에서 지배적인 종의 지위에 오를 수 있었던 이유는 단순히 도구를 사용할 수 있었기 때문이 아니라 인류가 만들어 내는 문화적 정보들이 전달되고 축적되었기 때문이다. 단순히 도구를 사용하고 그 사용법을 다음 세대에게 행동 모방의 형태로 전달하는 것은 침팬지도 할 수 있다. 하지만 이러한 정보들을 축적해 생각의 형태로 전달하는 것은 인류만이 할 수 있다. 언어나 문자와 같은 생각의 축적과 전달 도구들은 매우 효율적일 뿐 아니라 새로운 생각이 더해질 수 있는 기반이 되어 문화를 이룰 수 있게 했다. 그런데 문화를 만들어낼 수 있는 능력이 선행인류 초반부터 갖추어져 있었다고 볼 수는 없다. 초식 위주의 먹거리에서 사냥을 통한 육식과 어류 획득이 가능해지면서 인류의 식생활은 잡식으로 전환되었고 이것이 뇌가 커질 수 있는 기반이 되었다. 또한 생존에 대한 자연선택의 압력을 거치면서 대뇌피질이 발달하게 되고 발달된 뇌를 통하여 문화를 만들어 내는 능력도 서서히 갖추어 갔던 것이다.

이처럼 과거에는 정보의 축적과 문화의 발달이 주로 인간의 뇌가 갖고 있는 뇌 신경세포의 능력에 기반했지만 이제는 인간이 뇌에 축적할 수 있는 정보보다 훨씬 많은 양의 정보가 컴퓨터에 저장되고 있다. 이제 곧 저장 용량뿐 아니라 정보 처리 능력에 있어서도 인간과 인공지능은 비교할 수 없는 수준에 이르게 될 것이다. 이는 문화의 창조와 전달에서 중요한 역할을 하는 것이 사람이 아니라 인공지능이 된다는 것을 의미한다. 지금까지 인간은 보고 만지고 느끼는 감각과 생각하고 판단하는 사고능력을 갖춘 덕분에 문화 창조자의 역할을 해왔다. 그런데 이러한 감각과 사고기능을 인공지능이 대신하거나 사람의 능력이 인공지능의 도움으로 향상되어 사람의 능력만으로는 할 수 없었던 일을 하게 되는 시대가 곧 다가올 것이다.

공동체의 틀이 변하고 컴퓨터의 역할이 커지면서 인류는 지역, 인종, 종교적 기반을 가진 문화의 틀에서도 점차 벗어나게 될 것이다. 사람들은 공간의 제약 없이 공동의 관심과 취향에 따라 만남을 가질 수 있고 물리적인 현실의 장벽을 거의 느끼지 못할 만큼 컴퓨터 네트워크는 새로운 생활의 기반을 제공할 것이다. 나이가 들면 노화되어 떨어지는 신체적, 정신적 기능도 인체 강화 도구나 인공지능이 보완하거나 오히려 강화시켜서 연령층에 따른 문화생활의 차이도 줄어들 것이다. 더 나아가 성적인 욕망 자체도 조절할 수 있게 되면서 전통적인 성 역할 또한 의미가 줄어들 것이다. 그리고 이와 같은 변화들은 결국 가족 중심의 사회에서 새로운 인간관계 중심의 사회로 변모시킬 것이다.

이처럼 유례없는 변화의 조짐은 이미 나타나고 있고 이 변화의 바람은 앞으로 더욱 거세게 몰아칠 것이다. 이 속에서 우리가 어떤 선택권을 가질 수 있다면 그것은 다만 변화의 속도와 대상을 조절할 수 있는 선택권이다. 따라서 변화의 속도와 대상에 대한 통제력을 얼마나 가질 수 있느냐에 따라 미래의 운명이 좌우될 것이다. 변화의 속도가 매우 빠르고 그 수혜를 받는 사람들은 부유하고 권력을 가진 사람들이고, 가난하고 지배를 받는 사람들은 변화를 받아들이지 못하고 과거의 세계에 머물러 있게 된다면 현재의 불평등 구조는 더욱 심화될 것이다. 이러한 어두운 전망이 실현될 가능성이 적지 않다. 부유하고 권력을 가진 사람이나 집단은 현재의 지배력을 더욱 공고히 할 뿐만 아니라 과학과 의술의 발전 덕분에 인체를 강화해 보다 우수한 인간이 되고자 할 것이기 때문이다.

어쩌면 영원히 살고자 하는 욕망에 기초한 인체 능력의 강화는 호모 사피엔스의 문명을 종식시키는 데까지 이를 수도 있다. 인체 능력 강화를 통해 새로운 인류종이 탄생할 수도 있기 때문이다. 새로운 인류종이 지배자가 되고 호모 사피엔스가 노예가 되는 비극을 피하려면 변화의 방향을 인류의 지속성을 유지할 수 있는 쪽으로 돌려야 한다. 이는 또한 인류와 생태계, 더 나아가 지구환경 전체의 조화와 균형을 확보하는 것과 연결된다. 인류의 지속성은 인류 전체가 충분히 변화에 적응하면서 공동의 보조를 맞추어 갈 수 있을 때만 가능하기 때문이다.

제5부

질병의 종식, 그 이후

18

노화의 연장인가,
젊음의 연장인가?

영원한 생명,
인류의 이룰 수 없는 꿈

문명 초기에 작성된 기록들을 보면 질병과 죽음, 그리고 얼마나 살 수 있는지는 인류의 가장 오래된 관심사였음을 알 수 있다. 메소포타미아 시대의 『길가메시』는 최초의 도시 중 하나인 우르크의 왕이었던 길가메시에 대한 서사시이다. 길가메시는 신들로부터 강한 힘과 용기를 받아서 3분의 2는 신으로, 나머지 3분의 1은 인간인 채로 태어났다. 왕이었던 길가메시는 대적할 자가 없었기 때문에 군인의 딸이건 신하의 아내건 가리지 않고 빼앗아 자신의 색욕을 채웠다. 이에 백성들의 원성을 들은 신은 길가메시의 폭풍과도 같은 힘에 맞서게 하려고 문명 세계를 전혀 모르는 야생인인 엔키두를 만든다. 그런데 신의 명령에 따라 길가메시와 대적하기 위해 우르크로 간 엔키두는 길가메시를 가로막고 황소처럼 싸우지만 둘은 곧 서로 친구가 된다.

하지만 신의 노여움을 사서 엔키두가 죽게 되자 친구를 잃은 길가메시는 슬픔을 안고 죽음이 없는 영원한 생명을 얻기 위하여 우트나피시팀을 찾아 떠난다. 우트나피시팀은 대홍수 때 신의 명령대로 큰 배를 만들어 살아남았던 유일한 사람이었다. 길가메시는 우여곡절 끝에 그에게서 젊음을 회복하는 풀인 우르샤나비를 얻지만 허망하게 뱀에게 빼앗기고 만다. 결국 길가메시는 긴 여행을 빈손으로 마친 채 우르크로 돌아와 죽음의 운명을 받아들이게 된다.[1] 이와 같이 길가메시 서사시는 아무리 뛰어난 능력을 지녔어도 인간은 결국 죽음을 맞이할 수밖에 없다는 이야기라고 할 수 있다.

중국의 역사에서도 영원한 삶은 매우 중요한 관심사였다는 것을 알 수 있다. 13세의 나이에 왕위에 오른 진시황은 39세의 나이에 여섯 개의 나라를 평정해 중국을 통일함으로써 강력한 국가를 건설했다. 그러나 그도 죽음에 대해서는 두려워하지 않을 수 없었다. 죽지 않는 영생의 약인 불로초를 찾으러 신하들을 사방으로 보냈지만 끝내 실패한 진시황은 어린 소년소녀 3천 명과 많은 보물을 가득 실은 배들을 동쪽 바다로 보내기에 이른다. 진시황의 신하들은 한국의 제주도와 일본까지 찾아갔으나 결국 불로초를 구하지 못했고 이에 대한 벌로 죽임을 당할 것을 두려워해 다시는 중국으로 돌아가지 않았다. 결국 죽음을 면하기 어렵다고 판단한 진시황은 죽은 다음의 세계를 준비하기 위해 1만 명 정도가 들어갈 수 있는 거대한 왕릉까지 만들었다. 진시황은 지방 시찰 중에 사망하게 되는데 역설적이게도 젊음을 유지할 목적으로 수은으로 제조한 약을 먹은 것이 사망을 앞당기게 한 원인이 되었다.

이처럼 동서양을 막론하고 모두 죽음이라는 운명을 벗어나기 위해 많은 노력을 기울였지만 결국 실패로 끝났고 영원한 생명은 이룰 수 없는 인류의 꿈이 되었다. 사실 하이드라나 플라나리아 편충은 죽음이 없는 영원한 생명을 갖고 있는 것처럼 보이기 때문에 모든 생명체가 죽음을 맞이한다고 할 수는 없다. 그러나 인류가 속한 포유류는 예외 없이 모두 죽음을 맞이하기 때문에 인류도 죽음을 피할 수는 없을 것이다. 하지만 평균수명이 20~25세였던 수렵채집 시기에서 평균수명이 70~80세에 도달한 현대 사회로의 변천을 보면 수명은 크게 변화해 왔다. 따라서 죽음은 피할 수 없지만 수명을 연장하고 젊음을 오랫동안 유지하고자 하는 인류의 꿈은 이루어질지도 모른다.

어떻게 하면
오래 살 수 있을까

실험적 연구들은 초파리나 쥐에게 음식을 덜 먹이면 오래 산다는 것을 증명했다. 이것은 곰팡이에서 유인원에 이르기까지 광범위하게 관찰되고 있으며 사람에게서도 어느 정도 확인할 수 있는 현상이다.

그러면 여러 종류의 서로 다른 동물들에게서 공통적으로 나타나는 이러한 현상, 즉 덜 먹으면 더 오래 사는 이유는 무엇일까? 이는 아마도 〈생존〉과 〈번식〉과 관련된 기본적인 생명 현상의 작동기전과 관계가 있을 것이다. 어느 동물이나 먹거리가 없어서 기근을 경험하게 되면 성장과 번식에 에너지를 쓰기보다는 생존을 유지하는 데 우선적으로 에너지를 활용하는 것이 보다 유리하다. 일단 기근을 넘겨서 생존한 이후 다시 먹거리가 풍부해졌을 때 번식하는 것이 종의 유지를 위해서 훨씬 효과적이기 때문이다.

그래서 먹거리가 부족한 시기가 되면 세포들은 세포의 고장 난 부분을 수리하는 데 치중해 세포가 정상적인 작동을 할 수 있게 함으로써 생명이 유지되도록 한다. 이러한 활동은 세포가 비정상적인 활동을 하거나 암세포로 변화되는 것을 막는 데 매우 중요하기 때문에 결국 세포의 노화나 심혈관질환, 암과 같은 만성질환을 막는 데 있어서도 큰 역할을 한다. 결국 덜 먹게 되면 마치 기근과 같은 효과를 초래해 인체의 작동 프로그램이 성장과 번식보다는 생명을 보존하는 방향으로 전환되기 때문에 질병이 줄어들 뿐 아니라 노화의 진행 속도도 느리게 해 수명이 늘어나는 효과를 가져오는 것이다.

1988년 미국의 데이비드 프리드먼과 톰 존슨은 선형동물인 예쁜꼬마선충에서 수명을 연장시키는 Age-1 유전자 변이를 발견했다.[2] 얼마 지나지 않아 Daf-2나 Daf-16 같은 유전자 변이도 추가로 발견되었고 이후 동물 실험을 통해 이들 유전자와 관련이 있는 인슐린과 인슐린유사 성장인자insulin-like growth factor-1의 활동이 줄어들면 노화가 억제되고 수명이 늘어난다는 것을 밝히는 데까지 이르게 되었다.[3] 결국 수명 연장과 관련 있다고 알려진 유전자 변이들은 인슐린의 역할이 줄어드는 것과 관련되어 있고 이 유전자 변이들이 세포에게 마치 음식을 부족하게 공급하는 것과 같은 역할을 하기 때문에 수명이 늘어나게 할 수 있었던 것이다.

사실 과다하게 음식 섭취를 하게 되면 필요한 에너지 이외의 잉여 에너지까지 처리해야 하기 때문에 그 과정에서 우리 몸은 산화스트레스를 많이 받게 되고 산화스트레스는 세포의 여러 가지 정상적인 기능에 손상을 입히기 때문에 만성질환이 잘 생기게 되며 수명 또한 단축시킨다. 미토콘드리아 입장에서 보면 음식이 과도하게 공급되어 세포 내에 당과 같은 영양분이 넘쳐나면 그만큼 에너지로 전환시키기 위한 노력을 많이 해야 한다. 이는 에너지 발전소의 역할을 하는 미토콘드리아가 쉬지 못하고 과도하게 일을 하는 상태가 된다는 뜻이다. 더욱이 생산한 에너지를 제대로 활용하지 못하면 지방으로 전환시켜 쌓아두게 되는데 이처럼 에너지의 생산과 사용 간의 불균형이 지속되면 미토콘드리아도 한계에 이르러 정상적인 작동을 멈출 수 있다.

어떤 제품을 공장에서 만들어 낸다고 하자. 공장에서 제품을 지나치게 많이 만들어 내거나 소비자의 구매력이 떨어지게 되면 생산한 제품을 다 팔 수가 없어서 팔고 남은 제품을 창고에 쌓아두게 된다. 그런데 얼마 지나서 창고마저 가득 차면 공장에서 제품을 더 이상 생산하지 못하고 공장을 멈출 수밖에 없게 된다. 이와 같이 미토콘드리아가 생산한 에너지가 지속적으로 잘 사용되지 않게 되면 미토콘드리아가 더 이상 일을 하지 않는 상태에 이르게 된다. 인체를 움직이는 에너지 생산을 담당하던 미토콘드리아가 제 역할을 하지 못하면 인체의 주요 조직과 기능도 제대로 작동하지 못하게 되고 이는 결국 수명 단축으로 이어진다. 그러나 음식 섭취가 줄어들면 미토콘드리아는 에너지 생산을 다시 적극적으로 하게 되고 한편으로는 자가탐식이나 미토콘드리아끼리의 융합과 분열이 활발해지면서 고장 난 부분을 스스로 수리할 수 있는 기회를 갖게 된다. 따라서 미토콘드리아는 다시 기능을 회복하게 되고 더불어 수명도 늘어나게 되는 것이다.

물론 기근 시기의 영양 결핍은 면역 체계를 약화시켜서 감염성 질환을 증가시키기 때문에 이러한 효과는 지나친 영양 결핍 때문에 감염성 질환이 늘어나는 조건에서는 나타날 수 없다. 실제로 기근 시기와 기근이 없던 시기를 비교해 보면 기근 시기의 수명이 더 짧았던 것을 확인할 수 있는데 이는 영양 결핍으로 면역 체계가 약화되었기 때문이다. 따라서 영양 결핍을 초래하지 않는 정도로 음식 섭취량을 제한하는 경우에만 수명이 늘어나는 효과를 얻을 수 있다. 탄수화물, 단백질, 지방을 균형 있게 섭취하면서 야채, 과일, 견과류 등 다양한 영양소를 섭취하되 전체적인 섭취량을 줄여야 바람직한 결과를 얻을 수 있는 것이다.

하버드 대학의 스티븐 무어 박사는 10년 이상 추적 관찰한 여섯 개의 대규모 연구를 종합해 분석한 결과, 일주일에 75분간 빨리 걷기 정도의 운동을 하면 수명이 1.8년 증가하고, 30분씩 5일 운동을 하면 수명은 4.5년까지 증가한다고 밝혔다.[4] 이를 계산해 보면 운동에 들어가는 시간의 9배 이상에 해당되는 시간만큼 수명이 늘어나는 효과가 있다는 것이다. 더욱이 운동은 단순하게 심혈관계 기능을 좋게 해 수명을 연장시키는 것뿐 아니라 삶의 질도 향상시키는 역할을 한다. 거기에다 긴장을 완화시키고 불안과 우울, 분노와 같은 부정적인 감정들을 줄여줄 뿐만 아니라 정신활동을 증진시키고 기억력을 향상시키는 역할도 하기 때문에 노령기의 치매와 같은 정신기능 장애를 막는 데에도 도움이 된다. 한편 세포가 사용하는 산소의 1-2퍼센트는 반응성 산소기로 전환되는데 이는 대부분 세포 내의 신호 전달 과정에 중요하게 사용된다. 그런데 과도한 운동을 하게 되면 산소 소모가 많아지고 반응성 산소기 역시 정상적인 수준보다 많이 생성되기 때문에 반응성 산소기들이 세포 내의 DNA나 RNA, 단백질 구조물들을 공격해 세포의 기능을 떨어뜨려 오히려 노화를 더 빨리 진행시킬 수 있다. 따라서 운동을 규칙적으로 하되 지나치지 않게 적절하게 하는 것이 매우 중요하다.

술을 만들어 마시기 시작한 시기는 문명의 시작과 궤를 같이하지만 인류는 오랜 기간 음식 속에 들어 있는 알코올을 섭취해 왔다. 때문에 알코올은 우리 몸에 낯선 새로운 화학물질이 아니다. 단지 문명 이전에 섭취하던 알코올은 음식이 자연적으로 발효되면서 만들어진 것이어서 오늘날처럼 많은 양의 술을 마시고 취할 수 있는 정도는 아니었다. 한편 오래되어 발효된 음식을 먹고 활용할 수 있었던 사람들은 발효된 음식을 전혀 먹을 수 없었던 사람에 비해 섭취 음식의 범위가 넓기 때문에 생존에 유리했을 것이다. 이러한 자연선택의 압력에 의해 오늘날의 인류는 적은 양의 알코올에 대해서는 상당한 적응이 이루어져 있다.

따라서 알코올은 어느 정도의 범위까지는 건강에 유리한 작용을 하며 수명도 증가시키는 효과가 있다. 맥주를 하루에 한 잔 정도 마시는 사람들은 심혈관계 사망률이 줄어들면서 수명을 2년 이상 늘릴 수 있다. 더욱이 붉은색 포도주를 하루에 한 잔 정도 마신다면 수명은 이보다도 더욱 늘어나서 5년까지 늘릴 수 있다.[5] 알코올 섭취와 사망과의 관계에 대한 34개의 대규모 전향적 관찰 연구들의 자료를 모아서 정리한 연구에 의하면 알코올 섭취는 하루에 6그램, 즉 반 잔 정도 마실 때 사망률을 최대 19퍼센트까지 줄일 수 있는 것으로 나타났다. 물론 술을 하루에 두 잔 이상 마시게 되면 사망률은 다시 급격히 늘어나기 때문에 절제하며 마시는 것이 매우 중요하다.[6]

2013년에 《뉴잉글랜드 의학 저널》에 금연을 하게 되면 얼마나 수명이 증가되는지를 분석한 논문이 실렸다. 이 논문에서 프라바트자 박사는 담배를 피우는 사람은 평균적으로 10년 정도 수명이 줄어들지만 25세에서 34세 사이의 젊은 나이에 담배를 끊으면 담배를 피우지 않은 사람만큼 오래 살 수 있다는 것을 밝혀냈다. 담배를 늦게 끊을수록 수명이 늘어나는 효과는 줄어들긴 하지만 다소 늦은 나이인 55세에서 64세에 담배를 끊어도 담배를 끊지 않은 사람에 비해 4년은 더 살 수 있는 것으로 나타났다.[7] 같은 저널에 게재되었던 마이클 선 박사의 연구는 담배와 밀접한 연관성이 있는 폐암이나 만성

폐쇄성 호흡기 질환의 여성 사망률이 남성 사망률에 근접해 가고 있는 것을 보여주었다. 이는 1960년대 이후 남성의 흡연율이 감소해온 것에 비해 여성의 흡연율이 증가하면서 나타난 현상이라고 할 수 있다.[8] 흡연을 하면 남자나 여자나 관계없이 사망률이 증가해 수명은 짧아진다.

이와 같은 연구 결과들을 종합해서 보면 건강한 식생활과 함께 운동을 규칙적으로 하고 음주를 적당량 하며 또한 금연을 한다면 수명은 20년 이상 늘어날 수 있다. 여기에다 대기오염과 생활환경에서 노출되는 화학물질의 양, 그리고 여러 가지 스트레스를 줄인다면 그만큼 수명은 더 늘어날 것이다. 따라서 현재 선진국 인구의 평균수명이 80세 정도이므로 생활습관과 환경을 개선하면 멀지 않은 장래에 평균수명이 100세에 도달할 가능성이 높다.

크게 늘어난 생명 보증 기간

결국 우리는 생활환경을 개선함으로써 평균수명 100세 시대로 들어갈 수 있을 것이다. 그러나 과연 100세의 수명이 인간이 살 수 있는 수명의 한계일까? 아니면 우리는 얼마나 더 오래 살 수 있을까? 인류의 평균수명이 이렇게 늘어난 것은 전례가 없는 일이기 때문에 얼마나 오래 살 수 있을지에 대한 과학적 근거는 분명하지 않다. 그러나 100세를 넘어서 사는 사람들이 실제로 존재하고 있고 일부는 120세까지 산 기록이 있는 것을 보면 적어도 인간 수명의 생물학적 한계는 100세는 넘는 것으로 보는 것이 타당하다.

그렇다면 수명의 한계는 왜 있고 어떻게 정해지는 것일까? 인간을 포함해 생명체의 가장 중요한 생존의 목적은 후손을 낳아서 자신이 갖고 있는 유전 정보를 후세에 전달하는 것이다. 만일 인간에게 죽음이 없다면 자신의 유전 정보를 굳이 후세에 전달할 필요가 없기 때문에 후손을 낳는 일 역시 생존의 중요한 목적이 되지 못했을 것이다. 하지만 생존의 목적을 달성하기 위해서는 후손을 낳고 길러서 다시 그 후손이 다음 세대를 낳을 때까지는 생존해 있어야 한다. 이는 유전 정보가 후세에 전달되는 것을 확인할 수 있는 기간까지는 쉽게 죽지 않는 생명의 보증 기간이 있음을 뜻한다.

그런데 생애의 각 시기에 따라 생명의 보증 정도가 조금씩 다를 수 있다. 적어도 자신의 2세를 낳을 때까지는 확실한 보증이 있어야 할 것이다. 그리고 2세 후손이 3세를 낳을 때까지는 2세를 낳을 때만큼 확실한 보증은 아니더라도 어느 정도 보증이 있어야 유전 정보가 후세에 전달되는 것을 확인할 수 있다. 3세가 태어나게 되면 책임과 권한은 2세에게로 넘어가게 되면서 자신의 생존 목적이 더 이상 분명하지 않게 되고 생명에 대한 보증도 거의 없어진다고 할 수 있다. 사실 노화는 후손을 낳고 기르기 위해 필요한 보증 기간이 끝나면서 활발했던 생명이 약화되는 현상이라고도 할 수 있다.

생명 보증 기간의 길이는 사망의 압력에 의해 영향을 받는다. 사망률이 높아지면 후손을 빨리 낳고자 하는 압력이 작용해 일찍 후손을 낳게 되면서 전체적으로 생명의 보증 기간도 줄어들게 된다. 쥐의 경우 다른 동물들에게 잡아먹히기 쉽기 때문에 사망률이 높은데 이는 그만큼 성적인 성숙에 이르는 기간을 짧게 만든다. 따라서 생명의 보증 기간도 짧다고 볼 수 있다. 그런데 위험이 적어지고 사망률이 낮아지면 생명의 보증 기간도 변한다. 북미주머니쥐는 천적이 없는 섬에서 살게 되면서 수명이 50퍼센트 이상 증가했을 뿐 아니라 노화의 속도도 수명에 반비례해서 줄어들었다.[9] 갈라파고스의 거북은 두꺼운 등껍질 때문에 안전하게 지낼 수 있어서 사망률이 높지 않고 35년이 지나서야 정자를 만들어낼 만큼 성적인 성숙에 이르는 기간도 길다. 덕분에 후손을 낳고 기르는 시간도 길어지고 따라서 생명의 보증 기간 또한 길어지게 되었다. 그들은 대개 100년 넘게 사는 것으로 알려졌다.

생명의 보증 기간은 대사율과도 관련이 있다. 특히 포유류의 경우 몸집이 크면 대사율이 낮아지고 수명도 길어지는 반면에 몸집이 작으면 대사율이 높아지고 수명도 짧아진다. 예를 들어 쥐는 사람에 비해 대사율이 일곱 배나 높고 수명도 짧다. 대사율이 높다는 것은 자동차 엔진의 기본적인 회전수가 높은 것과 같다. 이는 엔진을 많이 쓰면 엔진의 수명이 짧아지듯이 대사율이 높으면 그만큼 생명의 보증 기간이 짧아지게 된다는 것을 의미한다. 그런데 흥미로운 점은 대사율이 같은 경우에도 조류와 포유류의 경우 생명의 보증 기간이 크게 차이가 난다는 것이다. 대사율이 비슷한 비둘기와 쥐의 수명을 비교해 보면 비둘기의 수명은 35년 정도인 반면에 쥐는 3-4년에 불과

하다.[10] 무려 10배 정도의 차이가 나는 것이다. 이러한 차이가 생기는 것은 산화스트레스가 포유류에 비해 조류에서 훨씬 적게 생기기 때문이기도 하지만 보다 중요한 것은 사망의 압력에 의해 생명의 보증기간이 크게 영향을 받기 때문이다. 즉 비둘기는 쥐에 비해 다른 동물에게 잡아먹힐 확률이 적기 때문이다.

텔로미어telomere도 수명과 관련성이 있는 것으로 알려져 있다. 1930년대에 바바라 맥클린톡과 허먼 뮬러는 염색체 끝에 있는 반복적인 염기서열구조가 염색체가 닳아 없어지거나 다른 염색체와 붙어버리는 것을 막아서 염색체의 안정성을 유지하는 데 중요한 역할을 한다고 설명했다. 뮬러는 염색체 끝에 뚜껑처럼 붙어 있는 이러한 구조물을 끝이라는 뜻의 텔로스telos와 부분이라는 뜻의 미로스meros를 합쳐서 텔로미어라고 불렀다.[11] 그런데 텔로미어는 세포가 분화되면서 짧아지기 때문에 노화 혹은 수명과 관련이 있는 것으로 생각되고 있지만 아직 노화를 초래하거나 수명을 결정하는 직접적인 요인인지, 아니면 다만 노화를 나타내는 하나의 현상인지는 분명히 밝혀지지 않았다.

이와 같이 분자생물학적인 연구를 통해 우리는 생물학적 현상에 대해 보다 깊이 있는 지식을 갖게 되었지만 노화나 수명을 결정하는 요인에 대해서 분명히 이해하게 되었다고 할 수는 없다. 수명의 변화를 이해할 때에는 세포 혹은 유전자 수준에서 일어나는 현상뿐 아니라 거시적인 변화의 영향을 보는 것이 필요하다. 인간의 경우 최근에 사망률이 크게 떨어지면서 후손을 낳는 시점도 과거보다 훨씬 늦어지고 후손을 기르는 시간도 길어지고 있다. 지난 150년 동안 인류의 평균수명은 거의 2-3배 가까이 증가했다. 이렇게 짧은 기간 안에 몇 배의 수명 증가가 관찰된 경우는 생물종 중에서 인류가 거의 유일하다. 왜 이런 현상이 일어나는 걸까? 유전자, 대사율, 텔로미어 등 인간의 수명에 영향을 끼친다고 알려진 요인들은 지난 150년 동안에 큰 변화가 있었다고 할 수 없다. 결국 인류의 수명 증가는 기본적으로 질병에 의한 사망률이 감소되었기 때문인 것이다.

노화의 연장인가, 젊음의 연장인가

장수와 노화에 관한 많은 연구 결과들은 수명이 늘어나는 경우 활동 제한이나 장애가 생기는 시기도 그만큼 늦춰지고 있다는 것을 밝히고 있다. 즉 수명만 연장되는 것이 아니라 건강한 기간도 그만큼 연장된다는 것이다. 어쩌면 우리 몸에는 유전자에 각인된 수명과 노화를 관장하는 생체시계가 있다고 볼 수 있다. 생체시계는 수명의 기간을 성숙 단계와 노화 단계로 나누는데 수명이 늘어나면 성숙 단계의 기간과 노화 단계의 기간이 같이 늘어난다. 노화 단계란 성숙 단계에서 얻어진 기능과 능력을 갖고 살아가는 기간이라고 할 수 있는데 성숙 단계에서 얻어진 기능과 능력이 많아지면 이를 사용하는 기간도 길어지는 것이다.[12]

따라서 수명이 100세까지 증가되면 노화가 시작되는 시기는 지금보다 훨씬 늦어질 것이다. 평균수명이 80세에 이른 현대 사회에서는 평균수명이 50세였던 50년 전에 비해 노화 과정이 시작되는 시기가 늦춰졌다는 것을 지금의 노인 세대를 잘 관찰해 보면 알 수 있다. 마찬가지로 평균수명이 100세에 이르게 되면 노화 과정이 시작되는 시기는 지금보다도 훨씬 더 늦춰져서 50세 정도에 가장 활기차게 생활을 하고 그 이후에야 노화 과정에 들어갈지 모른다. 그때가 되면 오늘날 노인의 기준 연령인 60세나 65세는 더 이상 노인의 기준이 되기 어려울 것이다. 노화가 시작되는 시기가 늦춰지기 때문에 80세나 85세가 넘어야만 사회적 활동을 적극적으로 하기 어려운 노인이라고 볼 수 있을지도 모른다.

실제로 오늘날의 노령 인구에 대한 연구 결과들을 보면 만성질환이 젊은 연령층에 비해 증가하긴 하지만 활동 제한이나 장애는 과거 같은 연령의 노인에 비해 줄어든 것을 알 수 있다. 과거에는 85세 이전에 나타났던 장애들이 이제는 85세 이후의 초고령 노인들에게서 나타나고 있다. 이러한 현상은 조기 진단이나 효과적인 치료와 같은 의학적 관리의 발전뿐만 아니라 주거환경의 개선, 편리해진 대중교통, 그리고 높아진 교육수준과 생활수준의 향상과 같은 생활환경의 개선도 같이 이루어졌기 때문에 가능하다.

수명이 늘어나는 것은 인류의 오랜 꿈이 실현되는 것이지만 그 결과 노인 인구수만이 아니라 전체 인구에서 노인 인구가 차지하는 비율도 크게 증가하게 된다. 건강한 사회를 이루고자 하는 목적에서 보았을 때 이를 성공이라고 할 수 있을까? 이를 실패로 보는 사람은 초고령 인구에 도달하는 사람이 많아지게 되면 그만큼 질병이나 장애를 가진 사람이 늘어난다는 것을 그 이유로 든다. 이는 막대한 사회적 부담을 의미하는 것이기도 해서 사회 전체로 보았을 때 수명 연장은 장밋빛 꿈이 아니라 고통스러운 실패로 귀결될지도 모른다는 것이다.

반면에 이를 성공이라고 보는 사람들은 건강한 사람이 초고령에 도달하는 것이기 때문에 연령이 증가한다고 해도 질병이나 장애를 가진 사람들의 비율은 늘어나지 않는다고 주장한다. 실제 미국에서 110세 이상 살고 있는 초고령 노인에 대한 연구를 보면 40퍼센트 정도는 아직도 독립적인 생활이 가능한 것으로 보고되고 있다. 이들의 기능 수준 또한 92-100세 정도 된 노인들과 크게 다르지 않았다. 이는 초고령 사회로 진입한다고 해서 반드시 의료비가 증가하지는 않을 것이라는 것을 의미한다.[13] 만약 성공 가설이 맞는다면 질병 예방 및 치료에 의해 수명이 연장되고 건강한 사람이 초고령 인구가 되기 때문에 의료비 증가 없이도 초고령 사회를 맞을 수 있을 것이다. 노령화되면서 기능 저하는 동반될 수밖에 없지만 사회적 부담을 요하는 장애와 질병이 반드시 증가되는 것은 아닐 수 있기 때문이다.

한편 노화와 관련된 그리스 신화는 수명이 늘어나면서 노화 과정을 겪는 것이 불가피하다면 죽음이 있다는 것이 얼마나 다행인지를 보여준다. 영원한 젊음을 갖고 있었던 새벽의 여신 에오스는 어느 날 트로이 왕자인 티토노스의 잘생긴 모습에 반했다. 그래서 제우스를 찾아가 티토노스가 죽지 않고 영원한 삶을 살 수 있게 해달라고 간청을 하는데 그만 늙지 않게 해달라는 요청을 빠뜨리고 말았다. 제우스가 에오스의 간청을 들어주어서 죽지 않는 인간이 된 티토노스는 죽지만 않을 뿐 계속해서 늙어가게 되었다. 결국 여신이기 때문에 젊은 모습을 항상 갖고 있는 에오스를 바라만 보아야 했던 티토노스는 괴로움 속에 살 수밖에 없었다.

아마도 과학 기술과 의료 수준이 급격히 발전하면서 수명이 생물학적인 한계까지 늘어나고 사망률 또한 급격히 낮아지게 되면 노인이 인구의 대다수를 차지하는 시기가 머지않아 올 것이다. 그리고 만일 질병이 종식되고 인체 강화와 재생 등을 통해 수명이 생물학적인 한계 너머까지 늘어나면서 죽음의 압력이 사라져 간다면 인류는 새로운 위기를 맞게 될 것이다. 왜냐하면 성, 후손, 경쟁 등을 통해 인간의 역사를 이끌어 왔던 가족, 사회, 문화 등 전통적 요소를 계승하고 발전시킬 추진력을 잃게 될 것이기 때문이다. 따라서 질병의 종식과 함께 수명을 연장시키고 노화의 과정을 늦추는 방법을 찾는 것이 앞으로 인류가 풀어야 할 숙제이지만, 한편으로는 비극 없이 죽음을 맞이할 수 있는 여건을 만드는 것도 매우 중요한 과제일 것이다.

19

질병의 종식이 가져올 인류의 또 다른 위기

사망률 감소가 출산율 감소를 불러온다

인류가 아프리카에서 나와 대이동을 한 다음 전 세계로 흩어져 거주하기 시작했을 때의 수렵채집인의 수는 대략 5만 명 정도였는데 그 후에 조금씩 증가해 농업혁명이 시작되기 전에 이르러서는 5백만 명이 되었다.[14] 이때의 인구 증가는 생산력의 변화에 따른 것이 아니라 단순히 거주 영역이 확장되었기 때문에 수렵채집만으로 부양할 수 있는 인구가 증가하면서 생겼다고 볼 수 있다. 즉 5백만 명은 자연적 상태에서 특별한 기술과 도구 없이 지구환경에 인류가 거주할 수 있는 인구수라고 할 수 있다. 그러나 수렵채집으로 부양할 수 있는 인구의 규모보다 인구수가 더 늘어나는 정도는 결국 생산성이 얼마나 증가하느냐에 의해 규정된다. 생산성은 사회경제적 관계 및 수준에 영향을 미쳐서 건강 상태에 영향을 주기 때문이다.

수렵채집 시기에는 걷거나 뛰는 방법 외에는 이동 수단이 없었고 또 사냥이나 채집을 통해 얻은 획득물을 맨손으로 옮겨야 했기 때문에 이동 거리에도 한계가 있었다. 즉 먹거리를 충분히 얻을 능력이나 도구가 없었기 때문에 생산성이 낮을 수밖에 없었다. 그런데 인구가 늘면 수렵채집 생활의 낮은 생산성으로는 무리집단을 유지해 나가기 어렵기 때문에 수렵채집 시기의 낮은 생산성은 인구 증가를 억제하고 인구수를 비교적 일정하게 유지시킨 가장 중요한 요인이었다.[15] 또한 무리집단이 적정한 생활을 유지할 수 있는 수렵채집 지역을 확보하기 위해서는 자주 거주지를 바꾸는 이동을 해야 했다. 잦은 거주지 이동도 출산과 양육을 어렵게 하기 때문에 인구 증가를 억제한 또 다른 요인이 되었다.

인구 증가는 대개 출산율과 사망률의 차이로 정해지지만 근본적으로 출산율과 사망률에 영향을 미치는 요인은 위에서 살펴본 것처럼 생산의 기반이 되는 지역의 생산성이다. 생산성이 낮으면 인구는 증가할 수 없고 생산성이 증가하면 높아진 생산성으로 유지할 수 있을 만큼 인구는 증가될 수 있다. 생산성 증가에 따라 가장 먼저 나타나는 현상은 출산율의 증가이다. 또한 보다 풍요로운 생활을 할 수 있고 생활수준도 높아지면서 전반적으로 사망률이 감소되는 변화가 뒤따르게 된다. 이 시기에 이르면 출산율의 증가와 사망률의 감소에 의해 인구가 급속하게 증가하는 현상이 나타난다. 한편 사망률의 감소는 사망의 압력이 줄어든다는 것을 의미하며 그렇게 되면 후손을 출산하고자 하는 욕구도 그만큼 감소하기 때문에 어느 정도 시간이 경과한 후에는 출산율이 다시 줄어드는 현상이 나타난다. 따라서 생산성이 지속적으로 높아진다고 해서 인구가 지속적으로 증가되지는 않는다.

산업혁명 이후에 생산성이 크게 증가하면서 출산율도 높아졌는데 19세기 이후에 이르자 사망률이 감소하기 시작했고 출산율과 사망률의 차이가 커지면서 인구는 크게 증가하기 시작했다. 20세기에 들어서자 선진국뿐 아니라 많은 나라에서 산업화가 진행되면서 인구 증가는 전 세계적인 현상이 되었다. 특히 후진국에서의 출산율 증가와 사망률 감소는 폭발적인 인구 증가의 원인이 되었다. 그런데 21세기에 들어서면서 대부분의 선진국에서는 사망률의 감소에 이은 출산율의 감소를 경험하고 있다. 아마도 현대 사회보다 훨씬 생산력이 고도화된 미래 사회에서는 건강 관리의 수준도 지금보다 훨씬 높은 수준에 이를 것이고 사망률은 더욱 크게 떨어질 것이다. 사망률이 떨어지면 사망의 압력이 줄어들기 때문에 얼마 후에는 출산율 역시 감소되는 현상이 나타날 것이다. 따라서 전 세계적으로 보면 앞으로 당분간 인구가 증가한다고 해도 일정한 정점에 이른 다음에는 출산율의 감소로 인해 인구가 다시 줄어들 것이라고 예측할 수 있다. 아마도 세계 인구가 지구상에서 정점을 이루는 시기는 바로 21세기일 것이다.

수명의 증가로 전통적인 가족관계가 사라져 간다

수렵채집 시기를 지나 산업혁명 이전까지 인구는 서서히 증가하기는 했지만 평균수명의 획기적인 증가는 없었다. 이는 출산율은 증가해도 사망률의 감소가 두드러지게 나타나지 않았기 때문이다. 운이 좋아 40세를 넘겨서까지 생존하는 사람들이 더러 존재했을 뿐이다. 그러다 19세기 중반에 이르자 사망률이 본격적으로 감소하고 수명의 증가가 두드러지게 나타나기 시작했다. 인구에 대한 최근 기록이 상당히 정확하게 남아 있는 스웨덴의 경우를 보면 1840년에 출생한 사람의 기대수명은 여성의 경우 45세였지만 지금은 83세에 이른다.[16] 이러한 변화는 해마다 3개월씩의 수명 증가가 이루어졌다는 것을 의미한다. 스웨덴뿐만 아니라 서유럽이나 북미에서도 거의 비슷한 수준의 수명 증가를 경험했다. 이 같은 현상은 서유럽과 북미보다 늦게 사회 발전이 이루어진 아시아에서 더욱 가파르게 나타났다. 한국처럼 지난 60년 동안에 본격적으로 수명 증가가 이루어졌던 국가에서는 거의 해마다 6개월씩 수명이 증가하는 놀라운 현상이 나타났다. 수명의 증가는 항생제나 백신 개발 같은 의료 기술의 향상도 크게 기여했지만 기본적으로는 산업혁명의 열매가 갖고 온 풍요로운 먹거리, 그리고 위생 환경의 개선이 결정적인 영향을 미쳤다.

물론 수명의 증가는 인류의 오랜 꿈이었지만 앞으로도 계속 수명이 늘어날 것으로 예측되는 지금은 수명의 증가가 가져올 수 있는 여러 가지 변화들을 생각해 봐야 한다. 수명의 증가는 장밋빛 미래를 가져다 주기보다는 심각한 변화를 초래할 수 있기 때문이다. 우선 수명이 길어지면서 출산율이 줄어들게 된다. 출산율 저하의 이유로 여성들의 사회활동이 많아졌을 뿐 아니라 교육 기간이 길어지고 사회활동과 함께 육아를 같이 해야 하는 부담이 커졌기 때문이라고 해석하기도 하지만, 무엇보다도 결정적인 역할을 하는 것은 수명이 늘어나고 사망의 압력이 줄어들면서 출산에 대한 동기가 줄어들었기 때문이다. 실제로 지난 50년간 대부분의 나라에서 수명은 20-30년 늘어났는데 출산율은 30-60퍼센트가량 줄어들었다. 출생 시 기대수명이 50-60세인 나라는 자녀를 5-6명 정도 낳는데 비해 수명이 80세에 이른 나라들은 대부분 자녀를 2명 이하로 낳는다는 사실도 수명과 출산율의 반비례 관계를 잘 나타낸다.

수명이 보다 늘어나게 되면 출산율은 아마도 1에 가까워질 것이다. 즉 한 명의 자녀를 갖는 방향으로 변해갈 것이다. 기본적으로 출산율 변화의 이유는 사망률 변화 때문이다. 사망률이 높을 때는 한 명의 자녀를 통하여 그 다음 후손에게 유전자를 전달할 확률이 줄어들기 때문에 유전자가 후손에게 전달될 확률을 높이기 위해서 많은 자녀를 낳게 된다. 반면에 사망률이 낮으면 자녀를 한 명만 두어도 후손에게 유전자가 전달될 수 있기 때문에 출산율은 낮아지게 된다. 그런데 두 명의 부부에서 두 명의 자녀를 두지 않고 한 명의 자녀만을 두는 방향으로 출산율이 낮아지는 이유는 부부 각자의 입장에서 보면 한 명의 자녀에게라도 유전자는 전달되었기 때문이다. 유전자를 전달하는 기본적인 목적을 이루었기 때문에 굳이 두 명 이상의 자녀를 낳을 이유가 사라지는 것이다.

수명이 늘어난다는 것은 결혼을 한 부부에게는 자녀가 성장해 출가한 이후의 기간이 매우 길어지는 것을 뜻한다. 더욱이 한 명의 자녀만을 갖게 되면 자녀의 양육 기간이 결혼 이후의 생애 기간에서 차지하는 비중이 그만큼 줄어든다는 것을 의미한다. 또한 결혼 이후의 생애에서 생식 기간보다 비생식 기간이 더 길어지기 때문에 부부관계의 의미가 변화할 것이다. 즉 성을 바탕으로 한 전통적인 부부관계에서 동반자로서의 관계가 더 중요한 것으로 인식될 것이다. 따라서 이성 간의 다양한 동거 방식, 동성의 부부관계, 집단 거주 공동체 등 다양한 형태의 가족이 더욱 많이 나타날 수 있다. 예를 들어 부부가 60세가 되고 자녀들도 출가해서 단둘이 남게 되었다고 하자. 수명이 80세 정도일 때는 결혼생활을 계속 유지할 가능성이 높지만 수명이 100세를 넘는다면 비생식 기간의 생활을 40년 이상 더 지속해야 하기 때문에 결혼생활이 계속 유지될 가능성이 줄어들게 된다. 더욱이 수명 증가와 함께 건강 수명도 함께 늘어나서 상당 기간 사회적 활동을 할 수 있는 경우라면 새로운 짝을 만나 결혼이나 동거생활을 다시 할 가능성도 높아진다.

사망의 압력이 높기 때문에 출산율을 높여 후손에게 유전 정보를 확실히 전달하려 했던 산업혁명 이전의 시기부터 사망률이 낮아지면서 출산율 또한 감소하기 시작한 현대 사회에 이르기까지 가족생활은 많은 변천을 거쳐 왔다. 산업혁명 이전에는 큰 규모의 가족이 서로 친밀감을 갖고 생활을 해왔으나 현대 사회에서는 가족의 규모가 작아지고 가족 간의 친밀감도 줄어들어 가고 있다. 미래에 수명이 크게 늘어나면서 출산율이 더욱 감소해 부부가 한 자녀를 갖게 되고 가족을 구성하는 각 개인이 가족관계보다 사회적인 네트워크 시스템에 대한 의존성이 커지게 된다면 가족 간의 친밀도는 더욱 떨어질 것이다. 즉 전통적인 가족생활은 줄어들 수밖에 없고 각 개인에게는 가족 구성원으로서의 의미보다 사회 구성원으로서의 의미가 훨씬 커지게 될 것이다.

네트워크 사회에 부합하는 새로운 공동체의 건설

미래 사회에서는 업무나 교육도 직장이나 학교라는 특정한 장소에서 행해지지 않고 거주지에서 컴퓨터 네트워크를 이용해 이루어지는 방향으로 바뀌게 될 것이다. 이러한 변화는 거주지 자체를 공동체 사회를 이루는 하나의 중요한 장소로 변화시켜 갈 수 있다. 따라서 거주지는 한 단위의 가족이 아니라 개인이나 가족들이 모여서 공동체를 이루는 형태로 발전해 가고 혈연 중심의 가족관계 역시 다양한 형태의 가족관계로 변해갈 것이다. 오늘날 나타나고 있는 독신주의나 별거, 이혼과 재혼의 증가, 동성결혼의 증가 등은 새로운 가족관계의 단초라고 볼 수 있다. 또한 다양한 형태의 실험적인 주거 공동체들은 미래 사회의 중심이 될 지역사회 공동체를 만들어 가는 모색으로 볼 수도 있다.

사망률이 감소하고 출산율마저 급격하게 줄면서 미래 사회에서 65세 이상의 노인 인구가 인구 전체에서 차지하는 비율은 급격하게 높아질 것이다. 그런데 인구의 대부분이 노인화되면 의료뿐 아니라 사회, 문화, 정치 등 문명의 모든 요소들이 영향을 받아 변할 수 있다. 이는 성과 권력이 추진력이 되어서 이끌고 왔던 인류의 역사가 노인이 대다수인 사회에서는 그 추진동력을 점차 잃어가면서 정체된 사회로 들어갈 수 있음을 의미한다. 이러한 정체사회를 지탱하는 기능을 하는 것은 결국 인체 강화 도구들과 인공지능 혹은 로봇이 될 것이다. 인체 강화 도구들이 인간의 신체적, 정신적 능력을 보강해 주어 인간의 활동을 지원해 주긴 하지만 기본적으로는 인공지능과 로봇이 직접 생산을 담당하고 서비스를 제공해 주는 사회가 될 것이다. 바야흐로 인간이 노동의 주체였던 시대로부터 인공지능이나 로봇이라는 기계가 대부분의 노동을 대신하는 시대로 들어서는 것이다.

인류의 공동체 사회는 문명 이전부터 현재까지 그 규모가 점차 커지는 방향으로, 즉 초기의 무리집단에서 현재의 국가 혹은 지역사회 공동체로 변화되어 왔지만 그 기본 단위가 가족인 것에는 변함이 없었다. 그런데 수렵채집 시기의 무리집단에서는 개인의 자의식이 가족과 구분되지 않을 정도로 가족 간의 유대감이 컸지만, 문명 이후 공동체의 크기가 커지면서 가족보다 공동체에 대한 소속감이 생겨남에 따라 가족 간의 유대감은 약화되어 왔다. 미래에는 국가나 지역 공동체의 범위를 넘어 글로벌 공동체로 변하고 다양한 형태의 가족이 출현하게 되면서 전통적인 가족의 유대감은 더욱 약화될 것이다. 이러한 변화는 질병 관리에 있어서도 전통적인 가족의 돌봄에서 점차 네트워크로 이루어진 사회의 시스템, 즉 인공지능과 로봇, 그리고 전문가로 이루어진 의료 시스템에 의해 돌봄을 받는 방향으로 변화된다는 것을 뜻한다. 가족은 선행인류 혹은 그 이전부터 현대 사회에 이르기까지 절대적인 귀속감을 갖게 하는 공동체 단위였기 때문에 가족이 전통적인 역할을 못하게 된다면 각 개인은 절대적으로 의지할 수 있는 소속집단을 잃어 가는 것이다.

한편 가족은 사회적 산물이기도 하지만 남녀의 성 분화와 자손을 낳고 기르는 생물학적 특성에 기인한 것이라고 볼 수도 있는데 이는 인간만이 아니라 동물의 세계에서도 대부분 나타나는 현상이다. 이것은 가족이라는 단위는 환경에 보다 효율적으로 적응하기 위한 진화의 산물이라는 것을 의미한다. 따라서 사회적인 변화가 아무리 크다고 하더라도 생물학적인 인간은 진화가 만들어 온 특성을 완전히 버릴 수는 없다. 아마도 가족의 의미가 사라져 간다고 해도 올더스 헉슬리의 『멋진 신세계』와 같이 공장에서 아기들의 출산이 이루어지지 않는 한 가족은 호모 사피엔스의 사회에서는 어떤 형태로든 남아 있을 것이다.[17] 결국 가족에 대한 소속감 혹은 가족 구성원 간의 유대감을 유지하면서 네트워크 시스템에 대한 심리적 적응을 순조롭게 할 수 있는 새로운 공동체를 만드는 것이 미래 사회의 과제가 될 것이다.

보이지 않는 절대권력이 등장한다

미래 사회에서 국가나 정부가 갖는 힘은 상대적으로 작아질 것이다. 행정적으로는 소도시 중심의 공동체 사회로 바뀌어 가고 입법, 사법, 행정의 기능은 존재하지만 오늘날의 인종, 민족, 종교에 기반을 둔 국가 권력은 점차 소멸되어 갈 것이다. 개인은 국가의 구성원이라기보다는 세계 혹은 인류의 구성원이 되어가는 것이다. 이러한 변화를 주도하는 것은 정보 유통의 증가이다. 개인이 갖게 되는 정보의 양이 많아질수록 권력 기관만 소유해 오던 정보의 비중이 상대적으로 작아지면서 개인에 대한 통제력이 줄어들게 되기 때문이다. 개인이 갖게 되는 정보량의 증가는 대부분 생산력의 증가와 동반되며 정치사회적 관계에 대한 변화의 요구를 수반하는 경우가 많다.

시민혁명, 민주주의 발전, 왕정이나 독재체제의 붕괴 등 18세기 유럽에서 시작된 시민의 자유와 정치적 권리의 혁명적 변화뿐 아니라 그 이전 14세기 유럽의 르네상스 또한 개인이 갖는 정보량의 증가가 가져온 변화들이었다. 이는 유럽에서 구텐베르크가 만든 금속 활판 인쇄기에 의해 성경이 대량으로 인쇄되면서 권력 기관과 성직자가 위협을 받았던 사례에서도 볼 수 있다. 성경이 일반인들에게도 보급되면서 새로운 종교인 개신교를 등장시켰고 이것이 새로운 사회의 동력이 되었던 것이다. 그리고 새로운 종교의 등장은 이후 이어졌던 종교전쟁의 시작을 알렸다. 역사를 돌이켜보면 개인에 대한 통제력이 줄어들면 개인의 자유가 늘어나면서 사회는 한 단계 더욱 발전했지만 그러한 변화의 시기에는 불안정성이 커지게 되면서 전쟁이나 혁명으로 귀결되기도 했고 때로는 전체주의와 같은 폭력적 권력이 만들어지는 계기가 되기도 했다.

생산관계 역시 생산력이 커지면서 지금까지의 역사에서 등장한 것과는 전혀 다른 양상을 나타낼 것이다. 컴퓨터 네트워크 시스템이 생산관계의 기반을 이루면서 인터넷이라는 전산망에 뚜렷한 지배와 피지배의 관계가 나타나지 않듯이, 생산관계 역시 지배 계급과 피지배 계급의 구분이 명확하게 나타나지 않은 상태에서 그 관계를 효율적으로 활용하는 개인이나 집단이 사회를 이끌어 가게 될 것이다. 개인들이 갖고 있는 정보량이 많아진다고 했을 때 이는 정보 제공 체계에 대한 의존성이 커지는 것이기 때문에 정보를 모으고 정리해서 나누어주는 눈에 잘 보이지 않는 새로운 권력이 등장하는 것이라고도 볼 수 있다. 조지 오웰의 『1984』에 등장하는 빅 브라더가 적어도 표면적으로는 드러나지 않을지 모르지만 네트워크 시스템을 이끌어 가는 개인이나 집단이 존재하게 된다.[18] 이들은 아마도 군림하는 지도자나 지배 계급과 같이 특정한 개인이나 집단이 아니라 끊임없이 변하기 때문에 전통적인 계급으로 정의하기는 어려울 것이다. 그러나 네트워크 시스템을 통해 권력을 행사하는 새로운 지배 계급이라고 할 수는 있다.

이러한 권력은 지금까지 역사에서의 권력과는 다르게 국경이나 지역이 없으며 폭력적이지도 않지만 개인의 판단이나 감정까지를 조절하며 각 개인을 절대적 종속의 위치에 둘 수 있다. 예를 들어 대학을 졸업하고 회사에 다니는 30대 중반의 남자가 있다고 해보자. 결혼, 가정생활, 거주지, 출퇴근 방법, 식사 패턴, 동료, 운동, 독서, 여행 등 그에 관한 모든 정보들이 컴퓨터 네트워크 시스템을 통해 모아지고 정리되어 분석된 후에 필요한 정보들이 제공된다. 그 정보에 의하면 이 남자는 5년 뒤에는 혈당이 정상치를 넘게 되고 10년 뒤에는 약물 치료를 해야 되는 상태라는 것이 나타난다. 또한 이를 예방하기 위한 자세한 조치가 이 남자의 유전자와 생체 모니터링 정보에 따라 제공된다. 이러한 결과는 질병을 예방하는 데 있어서 매우 필요한 정보이기 때문에 이 같은 정보를 제공해 주는 시스템에 고마움을 느끼고 더욱 의존하게 될 것이다. 따라서 이 시스템은 신뢰할 만하고 안정적이며 각 개인을 이해하고 이들의 요구를 반영해 준다고 믿게 되는 것이다. 여기서 바로 누구보다도 믿고 의지하게 되는 절대권력이 탄생할 수 있다. 문제는 이러한 눈에 보이지 않는 권력을 특정한 소수가 가진다거나 혹은 통제할 수 없는 인공지능이 갖게 된다면 인류는 운명을 이들에게 맡길 수밖에 없는 상태가 된다는 것이다.

지금의 질병이 종식되면 새로운 질병이 유행할 수 있다

전염병 시대는 농업혁명이 시작되면서 공동체의 크기가 커지고 목축을 통해 동물과 밀접한 생활을 하면서 시작되었고, 만성질환 시대는 산업혁명 이후 생활양식이 크게 변화되면서 칼로리 섭취가 증가하고 흡연, 화학물질, 스트레스 등의 요인들이 늘어나면서 시작되었다고 할 수 있다. 이와 같이 질병의 양상은 기본적으로 그 시대적 환경에 의해 결정된다고 할 수 있다. 이미 시작된 오늘날의 시대적 변화, 즉 전산혁명에 이은 네트워크 사회로의 변화는 수명의 증가, 출산율의 감소, 노인 인구의 증가 및 가족 구속력의 약화를 초래하고 있다. 이러한 변화는 인간과 인간의 관계뿐 아니라 인간과 기계의 관계도 변화시켜서 지금까지의 시대와는 전혀 다른 관계로 이끌어 갈 것이다.

현대 사회는 이처럼 변화의 과정 중에 있다. 현재의 만성질환 혹은 후기만성질환에 대한 예방과 치료에 성공할수록 위에서 언급한 변화는 가속될 것이다. 그리고 과거 문명과 질병의 역사에서 볼 수 있었듯이 사회의 변화가 빠를수록 신체적, 정신적, 사회적 부적응의 문제가 발생할 소지가 높고 이는 〈새로운 질병의 시대〉를 열 수 있다. 결국 현재 유행하는 질병이 종식되면 새로운 질병의 유행이 나타날 수 있다는 이 모순적 상황을 해결하기 위해서는 단순히 변화를 받아들이는 것만으로는 부족하다. 왜냐하면 현재의 변화가 지금보다 더욱 가속화된다면 그만큼 새로운 문제 혹은 질병이 등장할 가능성이 높아지기 때문이다.

질병의 종식을 가져올 수 있는 의학 기술의 발달 또한 그 자체가 또 다른 문제들을 초래할 가능성을 충분히 갖고 있다. 인체 능력 강화 장치를 통해 우수한 능력을 갖출 수 있는 여건이 되고 그것이 부나 권력 혹은 특정 인구집단 등에 따라서 차별적으로 이루어지게 된다면 어떤 일이 일어날까? 더 이상 인간의 능력을 자연 그대로 주어진 대로 받아들이지 않고 특정 장치의 도움을 통해 우수한 능력을 갖추어 다른 사람과의 경쟁에서 이기고 남들보다 더욱 건강하게 오래 살고자 하는 욕구가 생길 것이다. 이는 지금까지 자연선택에 크게 의존하던 생물학적 법칙과 인류가 쌓아온 도덕적, 윤리적 기반을 뒤흔드는 일이 될 것이다.

사람들은 그동안 주어진 생물학적 능력을 받아들여 부모로부터 받은 조건을 감수하면서 살아왔지만 우수한 능력을 인위적으로 만들어서 갖출 수 있다면 자신의 존재를 더 이상 그대로 받아들이지 않을 것이다. 또한 경쟁은 타고난 인체 능력이 아니라 인체 능력 강화 장치를 통해 보강된 능력에 더욱 의존하게 되는데 이는 곧 기계나 장치에 더욱 의존한다는 뜻이 된다. 결국 인간성을 점차 기계나 장치에 양도하게 되는 것이다. 이러한 변화는 정체성 혼란, 자존감 상실, 적응 장애 및 우울증과 같은 문제를 초래하여 새로운 질병 시대, 즉 〈정신질환 시대〉를 열게 될 수도 있다. 따라서 현재 인류는 매우 중요한 순간을 맞고 있는 것이다. 이와 같은 변화가 인류의 위기로 이어지지 않게 하기 위한 노력을 본격적으로 시작할 때가 되었다.

20

생명과 죽음을 생각하다

생명체는 죽음을 향해 변화해 간다

이제는 인간의 가장 본질적인 문제, 즉 생명과 죽음의 문제를 생각하면서 인류의 존재에 대한 의미를 새롭게 하고 미래 의료 기술의 올바른 적용을 생각해야 할 때가 되었다. 오늘날과 같은 불확실성의 시대에 역사를 돌아보아야 하는 이유는 우리가 현재의 현상 안에 갇혀 있을 때는 시대의 흐름을 정확하게 이해하기가 어렵기 때문이다. 근원적인 시각에서 본다면 135억 년이라는 시간의 흐름 속에서 우주는 복잡한 변화를 거쳤고 그 변화가 지구와 같은 행성들과 인류와 같은 생물체들이 존재할 수 있는 기반을 만들었다. 그리고 변화는 멈추어 있는 것이 아니라 오늘날에도 여전히 진행되고 있다. 그 변화가 궁극적으로 어디를 향하고 있는지, 그 목적이 무엇인지를 분명하게 알 수는 없다. 다만 생물체를 포함한 모든 것이 변화하고 있다는 것을 알 수 있을 뿐이다.

지구가 탄생한 지 10억 년쯤 지났을 때, 즉 지금으로부터 35억 년 전쯤 지구상에 첫 번째 생명체가 나타났을 것으로 추정된다. 첫 생명체는 아마도 작은 분자들이 결합해 만들어진 핵산이라는 단순한 형태였을 것이다. 무생물에서 탄생한 이 최초의 생명체는 놀라운 능력을 가졌는데 그것은 바로 스스로를 복제할 수 있는 능력이다. 다시 말해 복제를 통해 유전자 정보의 전달을 시작한 것이 생명체의 시작이다. 사실 생명이 어떻게 시작되었는지 구체적으로 알아낼 방법은 없어 보이지만, 첫 번째 생명체는 DNA로 이루어진 유전 물질을 다음 세대에게 물려줌으로써 후손을 만들었고 그 단 하나의 생명이 지구상의 모든 생명체의 기원이 되었다고 볼 수 있다. 그리고 이 생명은 오랜 시간이 지난 후 인류에까지 이어졌다.

생명체와 대비되는 무생물 역시 지구의 역사와 함께 끊임없이 변해 왔다. 지각이 변동하면서 대륙이 움직이고 섬이 만들어졌으며 산맥이 형성되었다. 공기나 흙과 같은 무생물은 생물체의 활동으로부터 상당한 영향을 받으면서 생성되었다. 그런데 생명체가 무생명체와 구분되는 점은 자신과 같은 후손을 만들어 낸다는 점이다. 그리고 매우 중요한 임무가 생명체에게 부여되었는데 그것은 바로 후손에게 DNA라는 핵산으로 이루어진 핵심 정보를 전달하는 것이다. 핵산들은 서로 연결되어 다양한 형태를 만들어 내면서 경쟁해 왔는데 보다 환경에 잘 적응함으로써 살아남는 데 있어서 유리하게 된 형태가 경쟁에서 우위를 차지하게 되고 따라서 자손을 더 많이 퍼뜨리는 방식으로 변화되어 왔다. 즉 자연선택이 생명체의 변화와 적응을 가져온 밑바탕의 힘이었다.

리처드 도킨스는 생명체의 존재의 목적은 생명의 골격이라고 할 수 있는 DNA로 구성되어 있는 유전체를 후손에게 전달하는 데 있다고 했다.[19] 도킨스에 의하면, 사람이 존재하는 이유는 자신이 갖고 있는 DNA를 후손에게 물려주기 위한 것이다. 그런데 DNA를 후손에게 전달하는 과정이란 경쟁적으로 우수한 짝을 골라서 새로운 DNA의 조합을 가진 후손을 만들어 내는 것이다. 따라서 이 과정을 거친 개체는 존재의 목적을 달성했기 때문에 더 이상 살아야 할 이유가 없어져서 필연적으로 죽음을 겪게 된다. 그런데 수명이 제한되어 있지 않다면 굳이 유전자를 경쟁적으로 후손에게 전달해야 할 이유가 없어진다. 즉 제한된 수명 안에서 유전자의 전달이 이루어져야 인간의 삶의 목적을 이루는 것이다. 그렇다면 인간의 삶의 목적을 달성하기 위해서는 죽음 혹은 제한된 수명은 필수적인 것이 아닐까?

생명의 또 다른 매우 중요한 속성은 일생 동안 끊임없이 변해 간다는 사실이다. 오늘의 나 자신은 내일의 나라고 할 수 없으며 우리 존재의 절대성, 즉 변하지 않는 나로서의 속성이라는 것은 없다. 내일의 나는 존재 자체가 불확실할 뿐만 아니라 존재가 보장된다고 해도 오늘의 나와는 생물학적으로 다르다. 이미 많은 세포가 바뀌거나 그 수가 변했고 기능 또한 같다고 할 수 없기 때문이다. 사회적으로도 인간관계가 변했고 자연환경도 변했기 때문에 생태학적으로도 존재의 위치가 변했다. 결국 우리는 지속적으로 변하고 있고 생명체의 성장과 노화라는 과정을 거쳐서 죽음을 향해 가는 끝없는 변화의 과정 속에 있는 것이다. 따라서 생명이라는 것은 성장, 노화, 죽음의 과정 속에서 이해해야 한다. 고정된 생명이나 고정된 존재는 허구적 개념인 것이다. 또한 이러한 변화의 과정은 시간의 흐름 속에서 이해해야 한다. 시간은 양방향성이 있어서 갔다가 돌아올 수 있는 것이 아니다. 생명체의 변화도 출생, 성장, 노화, 죽음의 순서를 거슬러 갈 수가 없다. 다만 우리는 시간의 흐름 속에서 일어나는 변화의 과정을 다소 늦출 수 있을 뿐이다.

생명성을 유지하기 위한 〈죽음〉이라는 장치

금세기 안에 질병이 종식되는 수준으로 관리되고 인간의 생물학적 강화 또한 진행되어 새로운 역사가 써지는 날이 올 수도 있다. 질병의 종식과 죽음을 극복한 뛰어난 존재로의 변화는 인간의 오랜 꿈이었다. 이러한 꿈은 지구상의 생물체를 이끌어 왔던 자연선택이라는 역사적 법칙을 뛰어넘어서 스스로 초생물체가 되고자 하는 인류의 희망이라고 할 수 있다. 따라서 노화 과정을 조절해서 수명의 한계를 변화시키고 젊음을 오랫동안 유지할 수 있게 된다면 그것은 인류가 갖고 있는 오랜 꿈이 실현된 것이라고 볼 수 있다. 그러나 이는 대가를 치러야 하는 꿈의 실현일지 모른다. 왜냐하면 지금까지 인간의 생물학적 한계를 바탕으로 해서 만들어온 공동체의 기반을 뒤흔들고 새로운 공동체를 모색해야 하는 도전을 줄 것이기 때문이다.

죽음은 모든 인간이 맞닥뜨릴 수밖에 없는 개체적인 생명성의 끝이라고 할 수 있다. 전쟁이나 전염병이 인간에게 위협이 될 수 있는 이유는 그것들이 가져오는 죽음 때문이다. 죽음에 대한 공포가 인류의 발전을 견인해 왔고 그 공포가 클 때마다 인류는 철학, 과학, 의학에서 도약적인 발전을 이루었다. 죽음은 경험을 공유할 수 없는 절대적 공포이기 때문에 생명을 이어가고자 하는 본질적 욕구를 가진 개인들은 삶을 새롭게 인식하고 개선할 부분을 개선해 조금이라도 죽음이 가져오는 단절을 피하고 자신의 생명이 이어지게 하려는 노력을 하게 된다. 그래서 죽음을 앞두게 된 개인은 자신이 과거에 추구했던 삶의 목표들을 새롭게 성찰하고 경우에 따라서는 권력, 돈, 명예와 같은 가치들보다 가족이나 친구와의 관계에 보다 더 큰 의미를 부여하며 삶에 대한 새로운 태도를 취하기도 한다. 이는 생명의 이어짐, 즉 자신의 것을 후세에 넘겨줘야 하는 사명감에 있어서 권력, 돈, 명예와 같은 불확실한 것보다 가까운 사람들과의 기억처럼 보다 확실한 것에 투자하고자 하는 마음에서 나온 태도라고 할 수 있다.

그런데 죽음은 개체 차원에서만 일어나는 현상이 아니라 개체 내의 세포에서도 끊임없이 일어난다. 세포가 죽는 경우는 두 가지 중 하나에 해당된다. 세포를 둘러싼 환경이 나빠졌을 때, 즉 독성물질의 자극이나 바이러스의 감염과 같이 세포가 생존하기 어려운 조건이 될 때 세포는 괴사되거나 파열되어 죽는다. 그런데 세포의 기능이 떨어질 때 스스로 사멸하는 것을 선택해 조직을 구성하고 있는 세포 집단이 기능을 유지할 수 있도록 하는 죽음도 있다. 세포에서 일어나는 아포토시스apoptosis가 바로 이러한 죽음 프로그램이다. 전자가 타살에 의한 죽음이라면 후자는 자살에 의한 죽음에 가깝다고 할 수 있다.

예를 들어 방사선을 쪼이게 된 세포는 세포 내에 있는 DNA나 단백질과 같은 거대분자들이 손상되어 세포의 기능이 떨어진다. 이러한 세포들은 어느 정도 기능을 할 수는 있지만, 인간 개체 수준에서 보면 기능이 떨어진 세포들이 활동하는 것보다는 이들을 제거하거나 새로운 세포로 대체해 기능을 정상적으로 유지하는 것이 훨씬 유리하다. 그래서 기능이 떨어진 세포는 스스로 죽는 아포토시스 프로그램을 가동하는 것이다. 만약 이 프로그램이 없다면 새로운 세포들로 끊임없이 바뀌는 세포의 재생이 이루어지지 않아 인체를 이루는 각 기관의 기능이 급속도로 떨어지게 되고, 따라서 개체의 생존 능력도 크게 떨어질 것이다.[20]

아포토시스는 염증을 사전에 차단하는 기능도 한다. 어떤 조직의 일부 세포가 외부 요인으로부터 공격을 받아 세포의 기능이 상실되면 외부의 공격에 대항하는 염증세포들을 동원하게 된다. 하지만 이 경우에는 불가피하게 조직에 염증이 퍼져서 기능이 정상적인 세포까지 염증의 영향을 받게 되어 조직 전체의 기능이 떨어지게 된다. 그런데 공격을 받은 일부 세포에게 아포토시스에 의한 자살을 유도해 그들만 제거하면 염증이 유도되지 않으므로 조직은 정상적인 기능을 유지할 수 있다. 이처럼 아포토시스라는 프로그램은 세포의 자살을 통해 조직의 기능을 손상시키지 않음으로써 생존 능력을 유지하기 위한 장치라고 할 수 있다.

아포토시스를 세포의 자살 프로그램이라고 볼 수는 있지만 이 프로그램을 가동하는 것이 세포 자체인지 아니면 더 높은 컨트롤타워에서 세포에게 명령을 내리는 것인지는 명확하지 않다. 그러나 단세포에서 다세포 생물로 진화한 이후 세포 간의 동맹관계는 굳건하게 맺어져 있기 때문에 일부 세포의 희생이 조직이나 개체에게 유리하다면 명령을 어느 수준에서 내렸는지는 중요하지 않을 것이다. 세포 수준의 죽음이 전체에게 유리하다면 당연히 세포의 죽음이 선택되고 그 죽음을 통해 개체의 생명이 지속되는 것이다.

이 죽음의 장치가 어디서 왔는지는 정확하게 알 수 없지만 이종 세균 간의 연합으로 진핵세포가 탄생할 때 미토콘드리아로 진화한 세균이 남겼을 가능성이 크다. 미토콘드리아는 분열과 융합을 통해 세포 내의 환경을 건강하게 유지하는 역할을 하는데 아포토시스의 진행 과정을 보면 미토콘드리아의 분열과 융합이 조화를 이루지 못하고 분열이 많아져서 미토콘드리아가 조각나 버리면서 시작되기 때문이다. 아포토시스라는 미세한 죽음의 장치와 같이 조직 전체의 생명을 유지하기 위한 기능도 미토콘드리아라는 공생체가 만들어지면서 시작되었다는 것은 흥미로운 점이다. 미토콘드리아는 진핵세포 이후 생명체의 진화와 발달에 가장 큰 역할을 한 세포 내의 소기관인데 아포토시스와 같은 죽음의 장치도 미토콘드리아에서 시작한다는 것은 죽음이 생명체의 진화와 발달에 중요한 역할을 했다는 것을 의미한다. 즉 세포의 아포토시스는 인간 개체의 생명성을 유지하고 발전시키기 위해 만들어진 프로그램인 것이다. 이는 또한 인간 개체의 죽음 역시 인류의 생명성을 유지하기 위해 필요한 프로그램이라는 것을 시사하는 것인지도 모른다.

노화는,
자연스러운 현상이다

무엇이 세상을 이루고, 또 생명이란 무엇인가에 대한 질문은 아마도 인류가 존재를 자각한 이후 끊임없이 던져왔던 질문일 것이다. 죽음 역시 피할 수 없다는 이유로, 또 생명의 종말이라는 이유로 생명에 대한 질문만큼이나 중요한 질문이었다. 한편 노화는 생명과 죽음의 중간지대인 것처럼 생각해볼 수 있지만 과거에는 수명이 짧았기 때문에 노화 자체가 흔히 발생되는 현상이 아니어서 진지하게 다룬 적이 많지 않았을 것이다. 그렇다면 노화란 생명체가 죽음에 이르는 과정인가? 아니면 비정상적인 건강 상태의 하나인가?

노화는 스트레스에 대한 반응이 떨어지고 생리학적인 균형이 깨지기 쉽고 질병에 취약한 상태로 나타난다. 노화는 나이가 많아지면서 필연적으로 겪어야 하는 현상으로 인식되고 또 죽음으로 이어진다고 알려졌다. 하지만 노화는 어느 특정한 시기에 모든 기관에서 동시에 진행되는 것은 아니다. 주름살은 30세를 넘으면 생기기 시작하고, 인지능력은 30대 후반에 떨어지기 시작하며, 40대 후반에는 원시가 생겨서 가까운 것을 잘 볼 수 없게 된다. 또한 60세를 넘으면 관절에 퇴행성 변화들이 나타나고 70세 이후에는 급격히 청력이 떨어지기 시작한다. 만성질환도 노화 현상과 더불어 크게 증가하는데 특히 알츠하이머병이나 파킨슨병과 같은 신경퇴행성질환은 나이가 많아질수록 급속히 증가한다.

세포가 새로운 세포로 대체되지 않는 분화후세포로 주로 이루어진 근육, 심장, 뇌와 같은 기관에서도 젊었을 때는 세포가 충분히 많이 있기 때문에 기능이 떨어진 세포를 죽이는 아포토시스가 가동되어 기관의 기능을 유지한다. 그러나 이들 기관에서는 기능이 떨어진 분화후세포가 죽어도 새로운 세포로 대체되지 않기 때문에 전체적으로는 세포의 수가 줄어들게 된다. 따라서 근육, 심장, 뇌와 같이 분화후세포로 이루어진 기관에서는 노화가 되면 이미 세포의 수가 줄어들어 있어서 더 이상 세포의 수를 줄이기가 어려워지고 따라서 아포토시스가 원활하게 진행되지 않게 된다.

한편 세포에는 자가탐식 기능이 있어서 세포가 손상되면 손상된 세포 내 분자나 소기관들을 스스로 청소하고 새롭게 만들어내 세포가 다시 기능을 유지하도록 하는데 이 자가탐식 기능도 노화가 진행되면서 감소된다. 결국 이러한 기관의 노화 세포는 손상되어도 회복하기 어렵고 아포토시스에 의해 사멸되지도 않기 때문에 점점 기능을 잃어가는데 이는 조직과 개체 수준에서의 기능 저하로 나타난다. 기능이 떨어진 세포들이 죽지 않고 계속 남아 있기 때문에 이미 세포 수가 감소된 근육, 심장, 뇌의 기능 감소는 더욱 빠르게 진행된다. 따라서 근육의 양이 줄어들고 심장과 뇌의 기능이 떨어지면서 쇠약에 이르게 되고 결국은 죽음을 맞이하게 되는 것이다.

그런데 나이가 들면 아포토시스 억제는 분화후세포뿐 아니라 분화되는 세포에서도 나타난다. 손상되거나 기능이 떨어진 세포를 제거하는 아포토시스 능력 자체가 노화가 되면서 줄어들게 되어 인체의 모든 기관에서 기능 저하가 나타나는 것이다. 세포의 손상은 대부분 세포 내 당이 쌓여서 다른 분자나 소기관들을 손상시키는 당화현상과 반응성 산소기들이 세포 내 구조물들을 공격하는 산화스트레스 등에 의해 생긴다. 특히 이러한 공격은 미토콘드리아의 수적 감소와 기능 저하를 초래하는데 노화가 진행되면 이를 회복하지 못해서 미토콘드리아가 정상적인 역할을 점차 못하게 된다.

한편 미토콘드리아는 만성질환에 있어서도 중심적인 역할을 하는 것으로 알려져 있다. 미토콘드리아에 산화스트레스가 생겨서 기능이 저하되면 이것을 외부의 공격에 대한 위험 신호로 받아들여 염증 반응을 초래하는데 만성적으로 산화스트레스가 생기면 염증을 지속적으로 일으켜서 당뇨병이나 심혈관질환과 같은 만성질환이나 암을 초래하는 원인이 되기도 한다.

결국 노화나 만성질환 혹은 암을 예방하는 가장 확실한 방법은 미토콘드리아 기능을 유지하는 것이다. 이를 위해서는 칼로리 섭취를 줄이고 화학물질과 같은 외부의 공격에 대한 노출을 줄이는 것이 중요하다. 당화현상이나 산화스트레스가 적어지면 염증 반응도 나타나지 않고 미토콘드리아 수도 늘어날 뿐 아니라 활성화되어서 노화가 빠르게 진행되거나 만성질환이 발생하는 것을 막을 수 있기 때문이다. 한편 노화는 생명의 탄생에서 죽음까지의 진행 과정에서 나타나는 자연스러운 현상이라고 할 수 있다. 생명체의 변화에 있어서 탄생에서 성장과 발달 과정이 이어지듯이 노화 과정은 자연스럽게 죽음으로 이어지는 것으로 볼 수 있다. 따라서 노화를 늦출 수는 있어도 이를 완전히 막거나 거꾸로 돌리는 것은 불가능하다.

영원한 생명의 패러독스

생물학적인 의미에서 영원한 생명은 노화의 과정을 거치지 않기 때문에 시간이 경과해도 죽음에 이르지 않는 상태라고 할 수 있다. 예를 들어 플라나리아의 세포는 기능이 다하면 줄기세포에 의해 다시 새로운 세포들이 끊임없이 만들어져 대체되기 때문에 수명이 정해져 있지 않다. 다른 생물체에게 잡아먹히거나 서식환경이 달라져서 죽을 수는 있지만 적어도 안전한 환경에서는 생물학적인 수명은 한계가 없는 것이다. 그런데 플라나리아의 경우도 잘 살펴보면 무성생식으로 자신의 유전자를 계속 유지하는 종류와 유성생식으로 후손을 통해 유전자를 보존하는 두 가지 종류가 있다. 흥미로운 것은 무성생식을 하는 경우에는 수명의 제한이 없으나 유성생식을 하는 경우에는 수명이 3년 정도로 제한되어 있다는 점이다. 즉 양성 간에 유전자 정보를 교환하고 후손을 낳는 경우에는 수명이 제한되는 것이다.[21]

이와 같이 플라나리아는 유전자의 전달과 수명에 대한 관계를 잘 나타낸다고 할 수 있다. 유전자가 유성생식을 통해 후손에게 전달된다면 수명이 일정하게 정해질 수밖에 없고 만일 스스로가 유전자를 오랫동안 유지할 수 있다면 수명 또한 한계가 없어질 수 있다는 것을 나타내고 있기 때문이다. 즉 유전자의 전달과 수명은 서로 밀접한 관계가 있는 것이다. 그런데 전자의 경우 유성생식 과정에서 유전자들이 섞이면서 환경에 보다 적합한 우수한 유전자가 나타날 수 있으므로 개체의 수명은 짧지만 종의 수준에서는 유전자가 발전할 수 있는 가능성이 크다. 반면에 무성생식을 하면서 동일한 유전자를 가진 후손을 낳는 경우 개체의 수명은 한계가 없지만 종의 수준에서는 환경에 보다 적합한 우수한 유전자를 만들어낼 방법이 없기 때문에 발전이 없고 제한된 환경 조건에서만 살 수가 있다.

사실 수명이 있다는 것은 세대를 교체해 가면서 주어진 환경에 보다 적합한 유전자를 만들어 내는 메커니즘을 갖고 있는 것이라고 할 수 있다. 따라서 수명의 한계가 없어지면 이러한 메커니즘도 사라진다. 특히 유성생식에 포함되어 있는 짝짓기에서의 짝 선택 과정은 우수한 유전자를 확보하기 위한 경쟁이라고 할 수 있는데 수명의 한계가 없어진다는 것은 이러한 경쟁이 사라진다는 것을 의미한다. 대부분의 생물체의 역사, 특히 인간의 역사를 발전시킨 동력은 우수한 유전자를 확보하기 위한 경쟁이었다. 그런데 이 경쟁이 사라지게 된다면 인간은 어떻게 될까? 아마도 불멸의 인간이 탄생하는 순간 인간의 삶의 동기이자 추진력이었던 우수한 유전자를 확보하기 위한 경쟁은 막을 내리고 인간은 삶의 목적을 상실하게 될지 모른다. 즉 성, 경쟁, 사랑과 같은 활기찬 생명활동은 더 이상 존재하지 않을 수 있다.

결국 영원한 생명은 자연선택을 위한 경쟁의 동기를 잃어버리기 때문에 더 이상 발전할 수 없어서 영원한 생명을 얻는 순간 생명의 발전은 정지되는 것이다. 이는 생명성을 상실하는 것이어서 영원한 생명은 생명성의 상실이라는 패러독스에 빠지게 된다. 따라서 여러 가지 인체 강화 장치를 이용해 수명의 한계를 획기적으로 늘린다고 해도 그 이후의 문명이 어떻게 전개될지는 현재로서는 알 수 없다. 다만 그 문명은 역경과 고난을 거치면서 이룩해온 생물학적 진화와 이를 바탕으로 문명적 발전을 이룬 인류의 역사와는 전혀 다른 형태가 될 것임에는 틀림없다.

죽음은,
생명의 전제 조건이다

인간의 수명을 결정하는 가장 중요한 장기는 뇌와 심장이다. 이 두 기관은 분화후세포로 이루어져 있어서 세포의 수명이 다하면 새로운 세포로 대체되지 않고 없어지기 때문에 뇌와 심장이 더 이상 기능을 할 수 없는 상태에 이르게 되면서 결국 죽음을 피할 수 없게 된다. 그런데 줄기세포에 의한 새로운 세포의 공급, 인체 기능 강화, 혹은 인공장기 삽입 등 기술의 발전으로 뇌와 심장도 생물학적인 수명을 훨씬 넘도록 기능할 수 있게 될 가능성이 있다. 그러면 인간의 수명은 현재 생물학적 한계라고 생각되는 120세를 크게 넘을 수도 있다. 간이나 신장, 쓸개 같은 기관들도 수명의 한계를 넘어서 기능하게 할 수 있을 것이다.

하지만 수명 연장이 가능하다고 해도 인간이 갖고 있는 생물학적인 기관을 보다 우수한 기계적 기관으로 모두 교체하지 않는 한 시간이 지나면 기능은 전반적으로 떨어질 수밖에 없다. 예를 들어 혈관은 시간이 지나면 노화 현상이 생겨서 경화되고 혈관내막이 거칠어지는데 혈관내피 줄기세포를 이용해 새로운 세포를 공급하거나 소형 로봇을 이용해 정기적으로 혈관 내부를 청소한다고 해도 노화되는 현상 자체를 완전히 막기는 어렵다. 또한 노화된 혈관 시스템 전체를 기계적 시스템으로 바꿀 수도 없다. 혈관은 독립된 기능을 하는 장기가 아니라 인체의 모든 장기와 연결되어 있기 때문이다. 이와 같이 인체의 모든 기관을 아무리 잘 유지한다고 해도 노화를 완전히 막을 수는 없기 때문에 인간은 수명의 한계를 가질 수밖에 없다.

결국 개체적 인간의 불멸성은 호모 사피엔스로 존재하는 한 가능하지 않다. 미래학자인 레이 커즈와일이 이야기한 특이점Singularity은 기술적 진보가 기하급수적인 속도로 이루어지면서 인공지능의 능력이 우리가 상상할 수 없을 정도로 급속히 발전해 지금 우리가 해결할 수 없는 기술적 문제들을 모두 해결할 수 있는 시점을 말한다. 이때가 되면 인간은 죽음이라는 한계를 넘어 불멸성에 이를 것으로 보는 견해도 있지만 인간이 갖고 있는 생물학적 기관이 모두 기계로 바뀌어 생물학적 인간의 특성이 없어지지 않는 한 죽음은 존재할 수밖에 없다.[22] 따라서 인간에게는 수명의 한계를 넘어서 상당 기간을 살 수 있게 되더라도 죽음이 존재한다. 사실 죽음은 새로운 생명으로 이어지는 문이기 때문에 역설적이게도 개체적 인간의 죽음 없이는 인류가 지속되기 어렵다. 죽음이 있어야 출산의 동기가 생기고 다음 세대가 이어지기 때문이다. 죽음은 생명의 전제 조건인 것이다.

21세기 말쯤 이르면 사망률이 매우 낮아져서 자연적인 죽음이 쉽게 발생하지 않고 수명의 증가로 노령 인구가 크게 늘 것이다. 동시에 출산이 크게 줄어들기 때문에 새로 태어나는 출산아의 수가 매우 적어져서 인구가 대부분 노인으로 구성될 것이다. 그렇게 되면 인구의 재생산이 제대로 되지 않아서 인구는 정체되고 인류는 발전의 동기를 상실해 가면서 인류의 지속성에 대한 위기가 찾아오게 될 수 있다. 따라서 노령 인구의 비율을 일정 규모 이상 되지 않게끔 유지하는 것이 바람직한데 이를 위해서는 생물학적인 한계 수명을 넘는 인위적인 생명 연장을 억제해 인구 구조를 조절해야 할 필요가 생길 수도 있다. 어쩌면 인류가 지속성을 갖고 발전하며 인류의 구성원인 각 개인이 행복한 삶을 사는 이상사회를 이루려면 어느 시점에서는 인체 강화 및 생명 유지 장치를 제거하고 존엄성을 유지한 채 죽음을 맞이하는 프로그램이 필요할 수도 있다.

21

인류 공동체의 지속성을 위하여

생물학적 진화는 끝났다

최초의 생물체에서 호모 사피엔스에 이르는 생물학적인 진화는 그야말로 놀라운 성취였지만 35억 년이라는 긴 시간을 필요로 했다. 그 시간은 최초의 생물체에 담겨 있던 유전자가 스스로를 복제해 후손을 만들었던 사건에서 시작했다. 그리고 그 후손 유전자 중에서 환경에 보다 잘 적응한 유전자가 경쟁관계에 있는 다른 유전자보다 더 잘 살아남아서 또 다른 후손을 만드는 작업을 반복해온 시간이었다. 무수히 많았던 그 반복 작업은 완전한 복제가 아니라 조금씩 다른 후손들을 만들었고 그 결과 다양성으로 가득한 생물학적 세계를 만들어냈다. 그 중의 한 종이 바로 오늘날의 인류, 즉 호모 사피엔스이다.

호모 사피엔스는 불, 도구, 언어 등을 사용하면서 다른 생물체를 지배하거나 멸종시켰으며 5만 년 전부터는 지구 각 지역에 흩어져 살기 시작했다. 바늘을 발명하면서 의복을 입게 된 이들은 유라시아 대륙의 추위를 견뎌낼 수 있는 기반을 마련했다. 이후 수없이 많은 도구들을 만들어 내면서 문명의 발달을 이루어 갔다. 오늘날에는 훨씬 발달한 의복과 함께 안경, 시계, 신발 등 인간의 몸에 부착해 주위 환경에 보다 잘 적응할 수 있게 해주는 도구들이 많아졌고 이 도구들은 마치 신체의 일부인 것처럼 자연스럽게 여겨지게 되었다. 또한 이러한 도구들은 가까운 미래에 더욱 발전할 것이다. 안경은 보다 발전해 외부의 정보를 실시간으로 받아들이고 분석해 주는 매체가 되고, 시계 또한 보다 편리한 생활을 할 수 있도록 주변의 모든 매체와 연결되고, 신발 혹은 개인 이동 수단 역시 발전해 이동을 보다 쉽게 해줄 것이다.

이와 같은 개인 장구의 발달은 신체에 부착해 생활을 더 편리하게 해주는데 그 다음 단계로는 신체 내에 삽입되어 정신적, 신체적 능력을 강화시켜 주는 장치들이 개발되고 그것을 갖게 되는 사람들 또한 늘어날 것이다. 그런 장치를 갖춘 사람들은 힘이 더 세지고, 더 빨리 달리게 되며, 더 높은 지능을 갖게 되어 그 장치를 갖지 못한 사람보다 모든 면에서 유리하게 될 수 있다. 이런 방법을 통해 인체 기능이 강화된 사람들은 생물학적 존재라기보다는 〈초생물화〉되어 가는 존재라고 할 수 있다. 왜냐하면 정신적, 신체적 능력에서 점차 생물학적인 요소와 기계적인 요소가 구분되기 어려울 정도로 합쳐져서 기능을 발휘할 것이기 때문이다.

한편 인류가 문명의 시기에 들어온 이후 자연선택에 기반한 생물학적 진화의 힘은 약해져 갔다. 특히 최근의 사회 발전 속도에 비해 유전자 변화에 기초한 생물학적 진화가 일어나는 데 걸리는 시간이 훨씬 길기 때문에 과거에 생물학적 조건이 크게 영향을 주었던 인간의 수명, 질병, 신체적 특성 등에서 이제는 그 영향을 찾아보기가 어렵다. 오히려 인간 스스로가 만든 인위적 환경이 인간의 생물학적 특성에 더 큰 영향을 미치고 있다. 더욱이 질병을 일으키는 유전자나 열등한 능력을 나타내는 유전자를 조작해 질병에 걸리지 않게 하거나 보다 우수한 능력을 가질 수 있게 된다면 인간에게서 생물학적 진화의 역사는 종말을 고하게 될 것이다.

기하급수적인 변화의 속도

호모 사피엔스는 단순한 발성이나 짧은 의사소통 수단을 넘어 언어를 만들었고 그 이후에는 언어를 이용해 어려운 협력 작업을 수행할 수 있었으며 이를 통해 다른 모든 생물종을 지배하는 위치에 서게 되었다. 신체적 능력으로는 그다지 뛰어나지 못했던 인류가 언어라는 수단을 통해 지구의 지배자가 될 수 있었던 것이다. 이는 언어라는 협력 작업의 도구가 매우 우수했기 때문이다. 그러나 지금의 정보 전달 수단인 인터넷에 비하면 매우 느리고 또 정확하지도 않다. 따라서 미래의 인체 강화 장치들은 언어의 한계 또한 뛰어넘을 것이다. 즉 인체 강화 장치들을 이용해 개별적 인간의 신체적, 정신적 능력이 향상될 뿐만 아니라 인간과 인간, 인간과 기계의 네트워크를 통해 협력 작업의 신속성과 정확성을 갖추게 됨으로써 이러한 장치를 갖춘 인간은 놀라운 능력을 소유하게 될 것이다.

컴퓨터화되거나 기계화된 인체 강화 장치들은 인간과 비슷한 구조를 갖추고 기능 또한 신체를 구성하고 있는 각 기관을 본받아서 만들어지게 된다. 생물체의 구조와 기능이 주어진 환경에 보다 적합하게 변화하는 방향으로 생물학적 진화가 이루어진 것과 같이, 인체 강화 장치들은 인간과 전혀 별개의 구조와 기능을 갖는 것이 아니라 미래 사회의 환경에 맞게 인간의 구조와 기능을 변화시키는 장치들이라고 볼 수 있다. 어떤 의미에서는 인체 강화 장치들의 발전은 생물학적 진화는 아니지만 생물학적 구조와 기능에 기반한 또 다른 진화의 형태라고도 볼 수 있다.

기계화된 인간의 능력 중 가장 두드러지게 향상될 능력은 지적 능력이다. 전산화된 장치가 인간의 뇌와 인터페이스를 통해 직접적 혹은 간접적으로 연결되면서 인간은 엄청난 양의 지식과 함께 매우 빠른 정보 처리 속도를 갖게 될 것이다. 현재 컴퓨터가 발전하는 속도를 감안하면 이는 그리 어렵지 않은 예측이다. 그러나 이러한 장치가 뇌와 연결되었을 때 뇌가 감당해야 하는 부하 또한 상당한 수준일 것이다. 사실 생물학적 부분과 기계적인 부분이 서로 연결되어 공존하는 상태는 또 다른 의미에서는 두 부분 간의 경쟁을 의미한다. 어쩌면 기계적인 발전의 속도가 생물학적 진화의 속도보다 훨씬 빠르기 때문에 기계적인 부분이 생물학적인 부분의 역할을 잠식해 가고 생물학적인 부분은 발전이 아니라 퇴화의 방향으로 변해갈 수도 있다.

예를 들어 우리는 스마트폰의 일정 관리 프로그램을 이용하는 것이 일정을 외워서 관리하는 것보다 훨씬 편하고 정확하다는 것을 알고 있다. 따라서 굳이 외우지 않아도 일정을 정확하게 관리할 수 있게 되었지만 한편으로는 일정을 외우는 능력이 떨어지는 것을 경험한다. 즉 기억, 정보 처리, 판단과 같은 프로그램이 뇌와 인터페이스를 통해 연결되면 그러한 역할을 담당하던 생물학적인 부분은 급속히 퇴화될 가능성이 높다. 뇌의 생물학적 프로그램은 지적 능력뿐 아니라 인체의 생물학적 작용을 전반적으로 조절하는 역할도 하기 때문에 이러한 작용이 퇴화된다는 것은 인간에게 중대한 도전일 수 있다.

결국 인간의 능력 강화는 신체적, 정신적으로 새로운 상태에 이르는 것이기 때문에 이로 인한 문제들을 지금 정확하게 예측하기는 어렵다. 다만 인류의 질병 역사에서 일관성 있게 확인할 수 있는 것은 새로운 환경에 인간이 노출될 때에는 그에 대한 적응이 일어날 때까지 질병 발생의 증가가 동반되었으며 때로는 역사의 방향을 바꿀 만큼 심각한 경우들이 많았다는 것이다. 특히 앞으로 일어날 인간의 능력 강화는 일회적으로 일어나는 것이 아니라 끊임없이 이루어지고 그 변화의 속도 또한 인간의 적응 속도보다 빠를 것으로 예상되기 때문에 그 영향은 질병이나 건강의 문제뿐 아니라 인류의 운명을 좌우할 만큼 심각할 수 있다. 이러한 변화는 현재의 변화 속도로 진행되는 것이 아니라 기하급수적인 속도로 진행될 것이다. 앞으로 백 년 동안 일어날 변화는 지금의 기술 수준으로는 2천 년에 해당하는 것일 수 있기 때문에 우리는 금세기가 지나기 전에 엄청난 문명의 변화를 맞이할 수도 있다.[23]

충적세에서 인류세로

인간은 지구환경에 의존해 생활하는 많은 생물체 중의 하나이다. 따라서 지구환경이라는 보호막이 깨지고 부서지다 보면 인간도 존재의 근거를 잃게 된다. 그런데 지구환경의 지형학적, 물리화학적, 생물학적 요소들과 이들이 연결된 생태학적 환경이 역사상 유례없을 정도의 속도로 파괴되거나 변하고 있다는 것은 인간 존재의 지속성이 불확실하게 되었다는 것을 의미한다. 인간 자신이 그러한 변화를 만들어 내는 가장 큰 요인이지만 인간 역시 생태학적 환경의 일부이기 때문에 그 같은 변화가 주는 영향을 피할 수 없다.

기후변화가 멈추지 않고 계속 진행되어 현재 지구 표면의 기온보다 평균적으로 3-4도 넘게 상승한다면 사람들의 거주지는 시베리아, 북부 캐나다, 아이슬란드의 동토지역까지 확장될 것이다. 과거를 돌이켜보면 아프리카나 남아메리카 우림을 개발하면서 숲 속의 동물을 숙주로 하고 있던 바이러스가 사람과 빈번하게 접촉하게 되자 새로운 감염성 질환의 유행이 나타났었다. 따라서 기후변화는 동토층이나 빙하 속에 잠재해 있는 바이러스나 박테리아가 인류의 건강을 위협하는 새로운 위험 요인으로 등장할 수 있는 계기가 될 수 있다.

지구환경은 기후변화 외에도 대기, 토양, 수질 등의 오염과 지나친 작물 경작, 가축 사육 및 어류 양식으로 인한 자연환경의 교란, 그리고 무분별한 토지 개발로 인한 생물 서식환경의 악화 등 여러 가지 위기를 맞고 있다. 이에 대한 증거는 기후변화가 해수면을 높임으로써 서태평양 군도의 존립 자체에 위협이 되고, 아프리카의 우림지역 개발이 에볼라와 같은 신종 전염병을 초래하고, 겨울철 석탄을 이용한 난방이 중국 등 동아시아에 광범위한 대기오염을 일으키는 현상 등에서 나타나고 있다. 이러한 변화를 일으키는 근본적인 원인은 인구의 증가와 과거보다 크게 늘어난 일인당 소비의 증가라고 할 수 있다. 인구가 증가하는 만큼 사람이 먹을 수 있는 음식과 생활할 수 있는 공간이 더 필요하게 되면서 그만큼 지구환경을 더 이용해야 하기 때문이다. 따라서 이와 같은 추세가 계속된다면 이미 과사용된 징후가 나타나고 있는 지구는 금세기 안에 지형학적, 화학적, 생물학적으로 회복하기 어려운 위기를 맞게 될 수 있다.

생물종의 감소 또한 급속도로 진행되어 앞으로 수십 년 안에 현존하는 생물종의 30퍼센트가 줄어들 것으로 예상되고 있다.[24] 이 규모는 과거 지구의 역사에서 생물종이 대량으로 멸종되었던 사건과 유사한 수준이다. 지구환경의 이러한 변화는 마지막 빙하기가 끝나면서 온난화된 기후에서 생물종이 다양해지고 인류가 문명의 탄생을 맞이한 충적세의 시기가 끝나고 있다는 것을 나타낸다. 이는 앞으로 인류는 새로운 지구환경의 조건에서 살아가야 한다는 것을 의미한다. 그런데 이러한 변화가 지금까지의 지구환경 변화의 역사와 다른 점은 자연적인 환경의 변화에 의해 일어나는 것이 아니라 인간이 주도해서 일어나고 있다는 점이다. 즉 인간이 지구환경에 결정적인 영향을 미치는 인류세가 시작된 것이다.

새로운 환경, 새로운 질환

인류는 끊임없이 새로운 정착지를 찾아서 개척하면서 살아왔다. 5만 년 전 아프리카 대륙에서 나와 세계 각지로 흩어져 살면서 오늘날의 문명을 이루게 된 것은 이러한 개척정신 때문이라고 할 수 있다. 인류가 대이동을 해 세계 각지에 흩어져 살아오기 시작한 이후 실크로드 혹은 바닷길의 개척 등으로 인류는 다시 한 번 크게 이동과 교류를 하게 되었고 오늘날은 전 세계 인구의 10퍼센트에 가까운 사람들이 매년 여행이나 사업 등을 이유로 이동을 한다. 인류는 이동에 익숙하고 이를 즐기는 종이다. 아마도 미래에는 이동의 편의성이 더욱 증가해 세계는 마치 하나의 마을 같은 수준이 될 것이다.

앞으로도 지구상의 여러 지역이 탐사되고 정착지로서 활용될 것이다. 이는 새로운 환경의 위험을 무릅쓰고 기존 지역에서의 경쟁을 피하거나 생활에 필요한 새로운 자원을 얻어서 더 큰 이익을 얻기 위한 행동이라고 할 수 있다. 또는 현재의 정착지에 상당한 위험이 잠재해 있을 때 이를 피하기 위한 행동이기도 하다. 이렇게 새로운 정착지를 개척하려는 행동은 지구에 그치지 않고 다른 행성이나 위성으로까지 범위가 넓혀질 가능성도 매우 높다. 지구에 거주하는 것 자체가 혜성의 충돌이나 핵무기의 폭발과 같은 돌이킬 수 없는 재난의 위험에 노출되는 것일 수 있고 또 우주에서는 지구에서 얻기 어려운 자원을 쉽게 얻을 수도 있기 때문이다.

이 경우 과거에 새로운 지역을 탐험하고 정착지를 넓혀 나갔던 역사에서 교훈을 얻을 수 있다. 15세기에 사람들이 바다로 나가 장기간 생활을 하게 되자 그 전에는 볼 수 없었던 증상이 나타났다. 잇몸에서 피가 나고 이가 빠지고 체중이 줄며 뼈와 근육의 통증이 심해져 결국에는 사망하는 질환이 선원들 사이에서 유행을 한 것이다. 18세기에 제임스 린드는 오렌지나 레몬 등에 들어 있는 영양소가 부족해서 이러한 질환이 나타난다고 주장했고 나중에 그 영양소는 비타민 C로 밝혀졌다. 대항해 시대에 오랜 바다 생활을 하게 되면서 신선한 야채나 과일을 먹지 못해 괴혈병이 생겼던 것이다.

아마도 우주와 같은 전혀 새로운 환경으로 나가게 되는 경우에도 지구환경과는 매우 다른 환경을 접하는 것이기 때문에 새로운 질환이 발생하는 것은 필연적일지 모른다. 지구 궤도를 벗어났던 우주인에 대한 연구 결과, 지구 궤도를 벗어나지 않았던 우주인에 비해 심혈관질환 사망률이 4-5배 정도 높아지는 것으로 나타났다.[25] 아마도 이는 여러 가지 우주 방사선과 무중력과 같이 지구환경에서 경험할 수 없는 새로운 환경 요인이 작용했을 것으로 추정된다. 15세기에 시작된 대항해 시대가 많은 실패와 도전의 과정을 거쳤듯이 우주에 거주지를 건설하거나 새로운 정착지를 만들어 가는 과정 또한 쉽지 않을 것이다. 인류는 인체 기능이 강화된 인간, 인간을 지원하는 로봇, 그리고 오늘날과는 비교할 수 없이 발달한 기술 체계를 통하여 성공적인 정착지 개발을 이뤄낼 수 있을지 모른다. 그러나 지금까지의 역사에서 그랬던 것처럼 이러한 과정에서 새롭게 등장하는 질환들은 인류에게 큰 시련과 도전을 줄 것이다.

하나의 생명체인 인류 공동체

우주의 팽창은 인류의 생존과 동떨어진 개념적 영역에 있는 것은 아닐 것이다. 그것은 우리의 존재를 규정하는 근본적 환경일 수 있다. 팽창이 있다는 것은 에너지의 작용에 의한 것이고 에너지가 분출되면서 나타나는 현상이라고 할 수 있다. 뉴턴의 중력의 법칙이나 이를 시공간의 개념으로 설명하려 했던 아인슈타인의 일반상대성원리도 영원한 진리가 아니라 어찌 보면 이러한 우주의 구성 요소들이 팽창이라는 현상을 보이고 있는 시기에 관찰할 수 있는 일시적인 법칙일 수 있다. 예를 들어 폭죽을 터트리면 동그랗게 원을 이루면서 밤하늘을 아름답게 수놓으면서 퍼지다가 에너지가 소멸하면 퍼지는 것을 멈추고 땅으로 떨어진다. 어쩌면 우리가 관찰하고 있는 현상은 밤하늘을 수놓으면서 퍼지고 있는 순간을 보는 것과 같을지도 모른다.

중력의 법칙이나 일반상대성원리와 같은 물리학적 법칙 자체들도 우주 팽창의 단계에 따라 달라질 수 있기 때문이다. 즉, 우리가 알고 있는 물리적 원리들이 영원한 법칙이라고 할 수 없고 생물학적 현상은 더욱 일시적으로 나타나는 현상일 수 있다.

인류는 아마도 우주의 팽창과 소멸의 단계를 모두 경험하면서 변천하는 생물학적 현상들 전체를 관찰할 기회를 갖지는 못할 것이다. 인류가 앞으로 다가올 수많은 역경을 헤치고 나아가면서 현생인류 이후의 새로운 종에게 인류의 모든 경험과 유산을 넘겨준다고 해도 그 다음의 종, 그리고 또 그 다음의 종이 계속 이어질지도 불확실한 일이다. 더욱이 미래에 인류의 후손 종이 현생인류를 존경과 감사의 눈으로 바라볼지 아니면 원시적인 선행 종의 하나로 바라볼지는 더욱 모를 일이다. 그렇게 긴 미래를 내다보지 않아도 앞으로 수십 년 혹은 늦어도 금세기 말 전후에 일어날 것으로 생각되는 만성질환과 후기만성질환의 종식, 그리고 인체 능력의 강화와 생물학적 한계를 넘은 수명의 연장과 같은 인류의 눈부신 업적과 성과가 장기적으로 인류에게 축복이 될지 아니면 감당하기 어려운 도전이 될지 지금 알기는 어렵다. 다만 미래를 열어가면서 내리는 현재 인류의 결정이 미래의 전개 방향을 다르게 할 수 있다는 것만 알 수 있을 뿐이다. 따라서 미래에 대한 예측을 통해 파국을 피하고 보다 나은 미래를 준비하는 최선의 결정을 해야 한다.

앞으로 다가올 미래에는 인간의 수명이 늘어나고 인구 구성이 크게 바뀌면서 주거환경 및 먹거리와 생활환경이 변하게 되고 이는 또한 생태계 전체에 영향을 줄 것이다. 이러한 변화는 공존의 관계에 다시 영향을 미치고 변화에 대한 적응이 충분히 되지 않으면 새로운 질병을 초래할 수 있다. 또한 미래는 새로운 물리적, 화학적 환경, 그리고 때로는 새로운 생물학적 환경에 대한 노출을 가져올 것이고 이는 이제까지 인류가 경험하지 못한 질병의 유행으로 나타날 수도 있다. 즉, 만성질환을 성공적으로 종식시킬 수 있다 하더라도 새로운 질병이 발생하는 것을 막아낼 수 없을지도 모른다.

더욱 문제가 되는 것은 기술의 발전 속도가 매우 크고 또한 균등하지 않게 발전한다면 그 기술을 충분히 누릴 수 있는 사람과 그 기술에 접근하기 어려운 사람 사이의 간격이 커지게 된다는 것이다. 그리고 그 차이는 문화생활을 향유할 수 있는 기회의 차이 정도가 아니라 신체적, 정신적 능력의 차이를 초래하고 질병 양상과 수명의 차이를 가져올 수 있기 때문에 호모 사피엔스의 동질성에 의문을 던지는 방향으로 전개될 수 있다. 새로운 환경이나 이로 인해 생기는 질환, 그리고 이를 극복하는 전략 등이 지금까지는 호모 사피엔스의 생물학적 능력과 범위 내에서 이루어졌지만 그러한 차원을 넘는 도전이 생기고 따라서 이에 대한 전략 역시 호모 사피엔스의 능력과 범위를 넘는 것이라면 인류의 지속성에 대한 근본적인 질문이 던져질 것이다.

생명체가 위기를 맞게 되면 에너지 자원을 성장과 번식에 사용하지 않고 우선적으로 내부의 손상된 부분을 고쳐 생존을 유지하는 데 사용하는 것이 유리하다. 생존이 성장과 번식보다 우선하기 때문이다. 인류 공동체 역시 유기적인 네트워크로 연결된 하나의 생명체라고 할 수 있다. 따라서 인류 공동체의 손상된 부분을 고치지 않고 빠른 속도로 계속적인 성장만을 추구한다면 공동체는 지속 가능성을 잃어버릴 수 있다. 지금은 사회, 경제, 정치, 문화 등 공동체를 구성하는 기본적인 요소 및 건강과 의료 접근성에 있어서의 불평등이라는 인류 공동체 내부의 손상된 부분을 고치는 데 더 힘을 쏟아야 할 때이다. 인류의 지속 가능성을 확보하면서 본격적으로 과학 기술의 발전에 의한 성장을 추구하는 경우에만 질병이 종식된 건강한 미래 사회를 만들 수 있기 때문이다.

맺음말

성공적인 질병의 종식을 위해

질병이 인간의 삶과 죽음, 수명에 커다란 영향을 미쳤던 시대는 이제 저물어갈 것이다. 동시에 질병의 진단과 치료에 초점을 두고 발전해 왔던 의학 역시 변화를 수용해야 하는 도전을 맞고 있다. 질병 양상의 변화, 수명의 증가, 그리고 노인 인구의 증가 등으로 질병 자체가 변할 뿐 아니라 질병의 변화가 인간의 삶에 커다란 영향을 미치고 있기 때문이다. 또한 유전자뿐 아니라 다양한 생활환경 요인들이 질병 발생 및 경과에 미치는 영향에 대한 이해가 커지면서 질병 관리 방법도 바뀌고 있다. 사실 이미 질병에 초점을 두는 것이 아니라 〈건강〉에 초점을 두어야 하는 시대에 들어서고 있다. 따라서 단순하게 질병을 진단하고 치료하는 것이 아니라 질병 발생과 경과에 영향을 미치는 요인들을 모두 밝혀내고 이 중에서 변화될 수 있는 부분을 어떻게 변화시켜서 건강을 관리해 나갈 것인가에 대한 방법론적인 모색과 수행이 질병 관리의 핵심이 될 것이다.

특히 성공적인 질병의 관리를 위해 무엇보다도 중요한 것은 의학적 기술의 발전과 의료 시스템의 변화를 통해 누구나 쉽게 질병을 치료할 수 있고 이를 통해 신체적, 정신적, 사회적 기능을 유지할 수 있게 하는 것이다. 또한 건강에 영향을 미치는 생물학적 특성, 환경적 요인, 그리고 사회적 결정인자를 확인하고 그 영향을 줄여나가야 하며 누구든지 쉽게 의료에 대한 접근이 가능한 제도가 만들어져야 한다. 이를 위해서는 시스템 의학적 접근과 함께 포괄적 의료가 제공되어야 한다. 즉 가정이나 학교 혹은 직장에서부터 병원까지 진단, 치료, 관리가 연속적으로 이어지는 체계가 만들어져야 한다. 공동체 사회 구성원의 건강 상태에 대한 광범위하면서도 심층적인 평가가 상시적으로 이루어지고 생물학적이고 임상적인 자료들과 생활 속에서 노출되는 요인들을 모두 연결해 평가할 수 있는 의료 체계를 갖추어야 한다. 무엇보다도 복잡하게 얽힌 정보들을 분석해 쉽게 다룰 수 있는 정보로 각 사람에게 전달해 스스로 자신의 건강을 관리할 수 있는 체계를 만드는 것이 필요하다. 알기 쉽고 실천하기 쉬운 내용이 아니면 아무리 유용한 정보라 하더라도 수행할 수 없기 때문이다.

이러한 의료 체계를 만들어 가는 노력과 함께 질병에 대한 개념, 그리고 의학 교육이 바뀌어야 한다. 진료도 질병을 중심으로 이루어지는 것이 아니라 개개인의 환자를 중심으로 이루어져야 한다. 아마도 시스템 의학에 기반한 이 같은 변화가 성공적으로 이루어진다면 우리에게는 건강한 사회를 만들어 갈 수 있는 기회가 올 것이다. 그리고 이러한 변화를 통하여 우리는 어쩌면 머지않은 미래에 감염성 질환, 만성질환, 그리고 후기만성질환에 이르기까지 상당한 수준으로 질병을 예방하고 치료할 수 있는 능력을 가지게 됨으로써 〈질병 시대의 종식〉을 맞이하게 될지 모른다.

역사의 다음 장을 준비하자

우리가 꿈꾸는 건강한 미래 사회는 인류가 지속성을 가지면서 각 개인은 공동체의 구성원으로서 행복한 삶을 누리는 사회라고 할 수 있다. 또한 인류의 지속성은 후손이 지속적으로 태어나서 호모 사피엔스로서의 인류가 존속하는 것을 뜻하고, 인간의 행복한 삶이란 인간 개체만이 아니라 서로 관계를 맺는 공동체의 구성원으로서 물질적 풍요를 누리고 질병의 고통 없이 활력을 유지하는 삶일 것이다. 그러나 건강하고 멋진 미래가 그렇게 쉽게 오지는 않을 것이다. 진정한 질병의 종식과 건강한 사회를 이루기 위해서는 그 전에 불평등의 해소, 변화 속도에 대한 통제, 개인과 인류 공동체의 대립적 이해관계의 해소 등 해결해야 할 과제들이 있다. 특히 수명의 한계를 넘는 생명 연장이나 인체 능력 강화와 같은 의학 기술이 무분별하게 사용되면 생명, 죽음, 그리고 인류의 지속성에 대한 근본적인 문제가 제기되고 혼란에 빠질 수도 있다.

사실 생존경쟁에서 보다 유리한 위치를 차지하고자 하는 인간의 욕망은 변화를 초래할 수밖에 없다. 따라서 의료 기술의 발전을 이용해 이익을 얻고자 하는 노력 자체를 막을 수 없을 뿐 아니라 변화를 막는다는 것은 보다 나은 미래를 만들어 가려는 노력을 막는 것과 같을 수 있다. 문제는 변화의 속도에 대한 통제와 조정이다. 인류의 지속성을 확보하기 위해서는 결국 변화의 속도를 조절해 인간이 변화에 적응할 수 있는 시간적 여유를 가질 수 있어야 한다.

지나치게 빠른 속도로 변화하고 있는 과학 기술과 생활환경을 자세히 들여다보면 인류 전체가 이러한 변화를 초래하고 있는 것은 아니라는 것을 알 수 있다. 지구상의 공동체를 둘러보면 경제 성장이라는 변화를 주도하는 선진국만이 아니라 변화를 이루지 못하고 그 변화의 피해만을 받아야 하는 낙후된 공동체까지 다양한 스펙트럼을 이루고 있다는 것을 알 수 있다. 변화의 속도가 빠르다는 것은 이러한 스펙트럼이 넓어져서 불평등이 커진다는 것을 의미한다. 인류 내의 불평등이 커지면 그 자체가 인류의 지속 가능성을 담보할 수 없는 위기를 초래하게 되고 국지적 분쟁 혹은 세계적 대전과 같은 파멸적 결말에 이르게 할 수도 있다. 더욱 두려운 것은 사회경제적 불평등이 생물학적 불평등으로 발전해 인류의 역사가 막을 내릴 수도 있다는 점이다. 파멸적 결말이나 인류 역사의 종식 가능성은 호모 사피엔스의 운명이 밝지 않은 미래를 맞이할 수도 있다는 것을 나타낸다.

지금 우리는 과학과 기술의 발전, 생활양식의 변화와 같은 긍정적인 변화에 힘입어 질병을 종식시키느냐, 아니면 빈부격차의 심화와 불평등, 의학 기술의 무분별한 이용, 통제를 벗어난 환경적 변화 때문에 지금까지 이룩해온 인류 문명이 회복할 수 없는 상황에 이르러 충격적인 결말에 이를 것이냐의 갈림길에 서 있다. 이제 우리 앞에는 과거에 경험하지 못했던 새로운 도전이 있고 이를 해결하지 못하면 진정한 질병의 종식 그리고 후손에게 물려줄 멋진 미래는 없을지 모른다. 그런 점에서 이 시대에 우리가 마주하고 있는 위협 요소들에 대한 해결 방안을 시급히 마련해 역사의 다음 장을 준비할 필요가 있다.

이 책의 기본적인 목적은 인류의 오랜 꿈이었던 질병의 종식에 대해 방법론적인 모색을 하는 것이었지만 그와 더불어 나타날 수 있는 여러 가지 문제들도 같이 설명하고자 했다. 또한 우리가 현재 경험하고 있는 질병들이 대부분 사라지더라도 또 다시 새로운 질병이 등장할 가능성이 높다는 것과 죽음은 인류의 생명성을 유지하기 위해 필요한 장치라는 것을 설명했다. 현재 인류 앞에 놓여 있는 문제들은 수렵채집 시기부터 지금까지 겪어왔던 기아와 전쟁, 전염병과 만성질환 등과 같이 결코 쉽지 않은 도전들이다. 어쩌면 인류의 존재 자체를 위협한다는 측면에서 더 어려운 도전적 과제라고 할 수도 있다. 그러나 수많은 고난과 역경을 헤쳐 왔던 지금까지의 역사적 경험을 바탕으로 인류는 이러한 문제들 역시 슬기롭게 극복해 문명의 도약적 발전을 이루면서 지금보다 훨씬 나은 미래를 맞이하게 될 것이라는 예측을 조심스럽게 해본다.

참고문헌

제1부 : 질병의 탄생에서 전염병의 대유행까지

1장 : 마침내, 질병이 시작되다

1. Strassman BI and Dunbar RIM. *Human evolution and disease: putting the Stone Age in perspective.* In Stearns SC (ed.), *Evolution in health and disease*. Oxford University Press. 91-101. 1999
2. Edmond Dounias and Alain Froment. When forest-based hunter-gatherers become sedentary: consequences for diet and health. http://www.fao.org/docrep/009/a0789e/a0789e07.html
3. Mark Nathan Cohen. *Health and the rise of civilization*. Yale University Press. 1989
4. John F. Nunn. *Ancient Egyptian Medicine*. University of Oklahoma Press. 1996
5. Wang Zhenguo, Chen Ping, Xie Peiping. *History and Development of Traditional Chinese Medicine.* Science Press. 1999
6. Susan Toby Evans and David L. Webster. *Archaeology of Ancient Mexico and Central America: An Encyclopedia*. Garland Publishing, Inc. 2001
7. Debra L Martin and Alan H Goodman. Health conditions before Columbus: paleopathology of native North Americans. *Culture and Medicine*. 176: 65-68. 2002
8. Danielle S. Kurin. Trepanation in South-Central Peru during the early late intermediate period(ca. AD 1000 – 1250). *American Journal of Physical Anthropology*. 152 (4): 484 – 494. 2013

2장 : 이성의 눈으로 질병을 보기 시작하다

9. Antony Black. The Axial Period: What Was It and What Does It Signify? *The Review of Politics*. 70: 23-39. 2008
10. 여인석, 이기백. 『히포크라테스 선집』. 나남. 2011
11. Michael T. Kennedy. *A Brief History of Disease, Science and Medicine.* Asklepiad Press. 2009
12. 여인석, 이기백. 『히포크라테스 선집』. 나남. 2011
13. William Bynum. *The history of medicine - a very short introduction.* Oxford University Press. 2008
14. 진 벤딕. 『의학의 문을 연 갈레노스』. 실천문학사. 2006
15. Michael T. Kennedy. *A Brief History of Disease, Science and Medicine.* Asklepiad Press. 2009
16. Fears JR. The plague under Marcus Aurelius and the decline and fall of the Roman Empire. *Infect Dis Clin North Am.* 18(1):65-77. 2004
17. 장치청(오수현 옮김). 『황제내경 양생대도』. 판미동. 2010
18. History of Indian Medicine. http://quatr.us/india/science/medicine.htm
19. V. Narayanaswamy. Origin and Development of Ayurveda. *Ancient Science of Life.* 1(1): 1-7. 1981

3장 : 전염병의 대유행, 세계의 역사를 바꿔놓다

20. Ethne Barnes. *Diseases and Human Evolution*. University of Mexico Press. 2007
21. Donald R. Hopkins. *The Greatest Killer: Smallpox in History*. The University of Chicago Press. 2002
22. F. Fenner, D. A. Henderson, I. Arita, Z. Jezek, I. D. Ladnyi. *Smallpox and its eradication.* WHO. 1988
23. Ligon BL. Plague: a review of its history and potential as a biological weapon. *Semin Pediatr Infect Dis.* 17(3):161-70. 2006
24. John Frith. The History of Plague – Part 1. The Three Great Pandemics. *Journal of Military and Veterans' Health*. 20: 2: 11-16. 2012
25. Michael Kennedy. *A Brief History of Disease, Science and Medicine*. Asklepiad Press. 2004
26. William Bynum. *The history of medicine-a very short introduction*. Oxford University Press. 2008

4장 : 생의학적 질병관, 의학의 중심이 되다

27. D. Lippi and E. Gotuzzo. The greatest steps towards the discovery of Vibrio cholera. *Clinical Microbiology and Infection.* 1-5. 2013
28. William Bynum. *The history of medicine-a very short introduction*. Oxford University Press. 2008
29. J. M. 로버츠, O. A. 베스타(노경덕 외 역). 『세계사 1, 2』. 도서출판 까치. 2015
30. 로버트 B. 마르크스(윤영호 역). 『어떻게 세계는 서양이 주도하게 되었는가』. 사이. 2014

제2부 만성질환 및 후기만성질환 시대, 새로운 질병관으로 접근하다

5장 : 인류, 만성질환 시대로 진입하다

1. Ray M. Merrill, Spencer S. Davis, Gordon B. Lindsay, Elena Khomitch. Explanations for 20th Century Tuberculosis Decline: How the Public Gets It Wrong. *Journal of Tuberculosis Research*, 4: 111-121. 2016
2. J. M. 로버츠, O. A. 베스타(노경덕 외 역). 『세계사 1, 2』. 도서출판 까치. 2015
3. Ross C. Brownson, Frank S. Bright. Chronic Disease Control in Public Health Practice: Looking Back and Moving Forward. *Public Health Reports* / May–June 2004 / Volume 119
4. Marju Orho-Melander, Mia Klannemark, Malin K. Svensson, Martin Ridderstråle, Cecilia M. Lindgren and Leif Groop. Variants in the Calpain-10 Gene Predispose to Insulin Resistance and Elevated Free Fatty Acid Levels. *Diabetes.* 51(8): 2658-2664. 2002

6장 : 후기만성질환 시대가 도래하고 있다

5. World Health Organization. Global Health Observatory data. http://www.who.int/gho/ncd/mortality_morbidity/en/
6. World Health Organization. Global status report on noncommunicable diseases 2010. 2011
7. Murray CJ, Lopez AD. Measuring the global burden of disease. *N Engl J Med.*

369(5):448-57. 2013
8. Wang H, Dwyer-Lindgren L, Lofgren KT, Rajaratnam JK, Marcus JR, Levin-Rector A, Levitz CE, Lopez AD, Murray CJ. Age-specific and sex-specific mortality in 187 countries, 1970-2010: a systematic analysis for the Global Burden of Disease Study 2010. *Lancet.* 380(9859):2071-94. 2012
9. Tunstall-Pedoe H, Kuulasmaa K, Mähönen M, Tolonen H, Ruokokoski E, Amouyel P. Contribution of trends in survival and coronary-event rates to changes in coronary heart disease mortality: 10-year results from 37 WHO MONICA project populations. Monitoring trends and determinants in cardiovascular disease. *Lancet.* 353(9164):1547-57. 1999
10. Cancer Trends Progress Report - 2011/2012 Update, National Cancer Institute, NIH, DHHS, Bethesda, MD, August 2012, http://progressreport.cancer.gov
11. Healthy People 2020 Leading Health Indicators: Progress Update. Department of Health & Human Services. USA, www.healthypeople.gov

7장 : 질병은 시스템들의 조화와 균형이 깨질 때 발생한다

12. 에른스트 마이어(최재천 외 역). 『이것이 생물학이다』. 바다출판사. 2016
13. Kunihiko Kaneko. *Life: An Introduction to Complex Systems Biology*. Springer 2006

8장 : 질병의 종식에 한 걸음 다가서다

14. Christopher Paul Wild. The exposome: from concept to utility. *International Journal of Epidemiology.* 41:24-32. 2012
15. Roseboom T, de Rooij S, Painter R. The Dutch famine and its long-term consequences for adult health. *Early Hum Dev.* 82(8):485-91. 2006
16. Charles Auffray, Zhu Chen and Leroy Hood. Systems medicine: the future of medical genomics and healthcare. *Genome Medicine 1*(1):2. 2009

9장 : 미생물과 협력하며 함께 살아가야 한다(공생 시스템)

1. Gilbert SF, Sapp J, Tauber AI. A symbiotic view of life: we have never been individuals. *Q Rev Biol.* 87(4): 325-41. 2012
2. Lee YK, Mazmanian SK. Has the microbiota played a critical role in the evolution of the adaptive immune system? *Science*. 330(6012): 1768-73. 2010
3. Larsen, N., Vogensen, F. K., van den Berg, F. W., Nieseon, D. S., Andreasen, A. S., Pedersen, B., K., Al-Soud, W. A., Sorensen, S. J., Hansen, L. H., and Jakobsen, M. Gut microbiota in human adults with type 2 diabetes differs from non-diabetic adults. *PLoS One.* 5: e9085. 2010

10장 : 독성물질에 대한 방어를 강화해야 한다(독물대사 시스템)

4. Emily Monosson. *Evolution in a Toxic World: How Life Responds to Chemical Threats*. Island Press. 2012
5. Moi P, Chan K, Asunis I, Cao A, Kan YW. Isolation of NF-E2-related factor 2 (Nrf2), a NF-E2-like basic leucine zipper transcriptional activator that binds to the tandem NF-E2/AP1 repeat of the beta-globin locus control region. *Proc Natl Acad Sci U S A.* 91(21): 9926-30. 1994
6. Liska DJ. The detoxification enzyme systems. *Altern Med Rev*. 3(3): 187-98. 1998
7. Bessems JG, Vermeulen NP. Paracetamol (acetaminophen)-induced toxicity: molecular and biochemical mechanisms, analogues and protective approaches. *Crit Rev Toxicol.* 31(1): 55-138. 2001
8. Ferguson LR, Philpott M. Nutrition and mutagenesis. *Annu Rev Nutr*. 28: 313-29. 2008

11장 : 외부 침입자로부터 자신을 지키는 면역 능력을 향상시켜야 한다(면역 시스템)

9. Lee YK, Mazmanian SK. Has the microbiota played a critical role in the evolution of the adaptive immune system? *Science*. 330(6012): 1768-73. 2010
10. Jim Kaufman. Evolution and immunity. *Immunology.* 130: 459-462. 2010

11. Bravo IG, Félez-Sánchez M. Papillomaviruses: viral evolution, cancer and evolutionary medicine. *Evol Med Public Health.* pii: eov003. 2015
12. Gilbert SF, Sapp J, Tauber AI. A symbiotic view of life: we have never been individuals. *Q Rev Biol.* 87(4): 325-41. 2012
13. Mehmet Coskun. Intestinal epithelium in inflammatory bowel disease. *Frontiers in Medicine.* 1(24): 1-5. 2014
14. DeLisa Fairweather. *Autoimmune Disease: Mechanisms. ENCYCLOPEDIA OF LIFE SCIENCES.* John Wiley & Sons, Ltd. http://www.roitt.com/elspdf/Autoimmune_Disease_Mechanisms.pdf. 2007

12장 : 건강한 노화 과정을 거쳐야 한다(건강노화 시스템)

15. Wolf Singer. The Brain, a Complex Self-organizing System. *European Review.* 17(2): 321-329. 2009
16. World Population Ageing 2015. United Nations. New York. 2015
17. Shaw-Smith C, Pittman AM, Willatt L, Martin H, Rickman L, Gribble S, Curley R, Cumming S, Dunn C, Kalaitzopoulos D, Porter K, Prigmore E, Krepischi-Santos AC, Varela MC, Koiffmann CP, Lees AJ, Rosenberg C, Firth HV, de Silva R, Carter NP. Microdeletion encompassing MAPT at chromosome 17q21.3 is associated with developmental delay and learning disability. *Nat Genet.* 38(9): 1032-7. 2006
18. Quilty MC, King AE, Gai WP, Pountney DL, West AK, Vickers JC, Dickson TC. Alpha-synuclein is upregulated in neurones in response to chronic oxidative stress and is associated with neuroprotection. *Exp Neurol.* 199(2): 249-56. 2006
19. Fried LP, Tangen CM, Walston J, Newman AB, Hirsch C, Gottdiener J, Seeman T, Tracy R, Kop WJ, Burke G, McBurnie MA; Cardiovascular Health Study Collaborative Research Group. Frailty in older adults: evidence for a phenotype. *J Gerontol A Biol Sci Med Sci.* 56(3): M146-56. 2001
20. Shamliyan T, Talley KM, Ramakrishnan R, Kane RL. Association of frailty with survival: a systematic literature review. *Ageing Res Rev.* 12(2): 719-36. 2013
21. Nick Lane. *Power, Sex, Suicide–Mitochondria and the Meaning of Life.* 2005. Oxford University Press
22. Seo AY, Joseph AM, Dutta D, Hwang JC, Aris JP, Leeuwenburgh C. New insights into the role of mitochondria in aging: mitochondrial dynamics and more. *J Cell Sci.* 1;123(Pt 15): 2533-42. 2010

13장 : 인체 기능을 강화시켜야 한다(재생 시스템)

23. Bely AE, Nyberg KG. Evolution of animal regeneration: re-emergence of a field. *Trends Ecol Evol.* 25(3): 161-70. 2010
24. Chiranjib Chakraborty and Govindasamy Agoramoorthy. Stem cells in the light of evolution. *Indian J Med Res.* 135(6): 813 - 9. 2012
25. Maximina H. Yun. Changes in Regenerative Capacity through Lifespan. *Int. J. Mol. Sci.* 16(10): 25392-432. 2015
26. Chin L, Artandi SE, Shen Q, Tam A, Lee SL, Gottlieb GJ, Greider CW, DePinho RA. p53 deficiency rescues the adverse effects of telomere loss and cooperates with telomere dysfunction to accelerate carcinogenesis. *Cell.* 97(4): 527-38. 1999
27. Ameur A, Stewart JB, Freyer C, Hagström E, Ingman M, Larsson NG, Gyllensten U. Ultra-deep sequencing of mouse mitochondrial DNA: mutational patterns and their origins. *PLoS Genet.* 7(3): e1002028. 2011
28. Jinek M, Chylinski K, Fonfara I, Hauer M, Doudna JA, Charpentier E. A programmable dual-RNA-guided DNA endonuclease in adaptive bacterial immunity. *Science*. 337(6096): 816 - 821. 2012

제4부 질병 종식을 위한 방법론과 미래의 의료 시스템

14장 : 시스템 의학과 정밀 의료가 질병 종식의 지름길이다

1. Tinetti ME, Fried T. The end of the disease era. *Am J Med*. 116(3): 179-85. 2004
2. 루이스 캐럴(최지원 역). 『거울나라의 앨리스』. 심야책방. 2015
3. 토머스 새뮤얼 쿤(김명자, 홍성욱 역). 『과학혁명의 구조』. 까치글방. 2013
4. Thomas P. Duffy. The Flexner Report - 100 Years Later. *YALE JOURNAL OF BIOLOGY AND MEDICINE*. 84: 269-276. 2011
5. Collins FS, Varmus H. A new initiative on precision medicine. *N Engl J Med*. 372(9): 793-5. 2015
6. PMI Working Group Report to the Advisory Committee to the Director, NIH. The Precision Medicine Initiative Cohort Program - Building a Research Foundation for 21st Century Medicine. 2015

15장 : 국경 없는 질병 시대, 세계적 전략이 필요하다

7. Anthony J. McMichael. *Human Frontiers, Environments and Disease: Past Patterns, Uncertain Futures.* Cambridge University Press. 2001
8. Cardis E, Krewski D, Boniol M, Drozdovitch V, Darby SC, Gilbert ES, Akiba S, Benichou J, Ferlay J, Gandini S, Hill C, Howe G, Kesminiene A, Moser M, Sanchez M, Storm H, Voisin L, Boyle P. Estimates of the cancer burden in Europe from radioactive fallout from the Chernobyl accident. *Int J Cancer*. 119(6): 1224–35. 2006

16장 : 인류를 가장 끝까지 괴롭힐, 정신질환의 대유행이 온다

9. Fredette, John et al. Chapter 1.10: The Promise and Peril of Hyperconnectivity for Organizations and Societies. The Global Information Technology Report. 2012
10. 유영성 등. 『초연결 사회의 도래와 우리의 미래』. 도서출판 한울. 2014

17장 : 경제적, 사회적 불평등이 생물학적 불평등으로 이어진다

11. Anthony D. Barnosky and Elizabeth A. Hadly. *Tipping Point for Planet Earth*. HarperCollins. 2015

제5부 질병의 종식, 그 이후

18장 : 노화의 연장인가, 젊음의 연장인가?

1. 김유동, 『충적세 문명』, 도서출판 길. 2011
2. Friedman DB, Johnson TE. A mutation in the age-1 gene in Caenorhabditis elegans lengthens life and reduces hermaphrodite fertility. *Genetics*. 118(1): 75-86. 1988
3. Kenyon C. The first long-lived mutants: discovery of the insulin/IGF-1 pathway for ageing. *Philos Trans R Soc Lond B Biol Sci.* 366(1561): 9-16. 2011

4. Moore SC, Patel AV, Matthews CE, Berrington de Gonzalez A, Park Y, Katki HA, Linet MS, Weiderpass E, Visvanathan K, Helzlsouer KJ, Thun M, Gapstur SM, Hartge P, Lee IM. Leisure time physical activity of moderate to vigorous intensity and mortality: a large pooled cohort analysis. *PLoS Med.* 9(11): e1001335. 2012
5. Streppel MT, Ocké MC, Boshuizen HC, Kok FJ, Kromhout D. Long-term wine consumption is related to cardiovascular mortality and life expectancy independently of moderate alcohol intake: the Zutphen Study. *J Epidemiol Community Health.* 63(7): 534-40. 2009
6. Augusto Di Castelnuovo, ScD; Simona Costanzo, ScD; Vincenzo Bagnardi, ScD; Maria Benedetta Donati, MD, PhD; Licia Iacoviello, MD, PhD; Giovanni de Gaetano, MD, PhD. Alcohol Dosing and Total Mortality in Men and Women: An Updated Meta-analysis of 34 Prospective Studies. *Arch Intern Med.* 166: 2437-2445. 2006
7. Prabhat Jha, M.D., Chinthanie Ramasundarahettige, M.Sc., Victoria Landsman, Ph.D., Brian Rostron, Ph.D., Michael Thun, M.D., Robert N. Anderson, Ph.D., Tim McAfee, M.D., and Richard Peto, F.R.S. 21st-Century Hazards of Smoking and Benefits of Cessation in the United States. *N Engl J Med.* 368: 4. 2013
8. Michael J. Thun, M.D., Brian D. Carter, M.P.H., Diane Feskanich, Sc.D., Neal D. Freedman, Ph.D., M.P.H., Ross Prentice, Ph.D., Alan D. Lopez, Ph.D., Patricia Hartge, Sc.D., and Susan M. Gapstur, Ph.D., M.P.H. 50-Year Trends in Smoking-Related Mortality in the United States. *N Engl J Med.* 368: 4. 2013
9. David L. Wilson. Evolution and Experiment Show the Way. http://www.bio.miami.edu/dwilson/Chapt6.pdf
10. 닉 레인(김정은 역). 『생명의 도약: 진화의 10대 발명』. 글항아리. 2011
11. Geraldine Aubert, Peter M. Lansdorp. Telomeres and Aging. *Physiological Reviews.* 88(2): 557-579. 2008
12. Neill D. Life's timekeeper. *Ageing Res Rev.* 12(2): 567-78. 2013
13. Schoenhofen EA, Wyszynski DF, Andersen S, Pennington J, Young R, Terry DF, Perls TT. Characteristics of 32 supercentenarians. *J Am Geriatr Soc.* 54(8): 1237-40. 2006

19장 : 질병의 종식이 가져올 인류의 또 다른 위기

14. Tony McMichael. *Human Frontiers, Environments and Disease–Past Patterns, Uncertain Futures.* Cambridge University Press. 2001

15. Mark Nathan Cohen. *Health and the Rise of Civilization*. Yale University Press. 1989
16. Gregg Easterbrook. What Happens When We All Live to 100? http://www.theatlantic.com/features/archive/2014/09/what-happens-when-we-all-live-to-100/379338/
17. 올더스 헉슬리(이덕형 역). 『멋진 신세계』. 문예출판사. 1998
18. 오지 오웰(박유진 역). 『1984』. 코너스톤. 2015

20장 : 생명과 죽음을 생각하다

19. 리처드 도킨스(홍영남 역). 『이기적 유전자』. 을유문화사. 2009
20. Bin Lu, Hong-Duo Chen, Hong-Guang Lu. The relationship between apoptosis and aging. *Advances in Bioscience and Biotechnology*, 2012, 3, 705-711
21. Schmidtea mediterranea. http://www.geochembio.com/biology/organisms/planarian/#dev_stages
22. Ray Kurzweil. *The Singularity is Near: When Humans Transcend Biology*. Penguin. 2006

21장 : 인류 공동체의 지속성을 위하여

23. Ray Kurzweil. *The Singularity is Near: When Humans Transcend Biology*. Penguin. 2006
24. Michael J. Novacek and Elsa E. Cleland. The current biodiversity extinction event: Scenarios for mitigation and recovery. *PNAS.* 98(10): 5466-5470. 2001
25. Michael D. Delp, Jacqueline M. Charvat, Charles L. Limoli, Ruth K. Globus, Payal Ghosh. Apollo Lunar Astronauts Show Higher Cardiovascular Disease Mortality: Possible Deep Space Radiation Effects on the Vascular Endothelium. *Scientific Reports* 6 (29901). 2016

찾아보기

질병의 종식

1판 1쇄 펴냄 2017년 2월 15일
1판 4쇄 펴냄 2021년 10월 10일

지은이 홍윤철
펴낸이 권선희
펴낸곳 사이
출판등록 제313-2004-00205호
주소 03993 서울시 마포구 동교로 215 재서빌딩 501호
전화 02-3143-3770
팩스 02-3143-3774
email saibook@naver.com

ISBN: 978-89-93178-73-9 03510

값 18,000원

• 잘못된 책은 구입하신 서점에서 교환해 드립니다.